ABRÉGÉ
DE CYTOLOGIE

DU MÊME AUTEUR

ELEMENTS DE CYTOLOGIE ANIMALE, par MARC MAILLET. Ed. Bordas. (Collection Etudes). Paris. 1970.

HISTOPHYSIOLOGIE DE L'APPAREIL GENITAL FEMININ, par MARC MAILLET, MICHEL MAILLET et CLAUDE DAVID. Ed. Gauthier-Villars. Collection Université. Paris. 1974.

CARDIOLOGIE : BASES BIOLOGIQUES ET EXPLORATIONS FONCTIONNELLES, par MARC MAILLET et J.-P. LANFRANCHI. Ed. Doin. Paris. 1974.

HISTOLOGIE ET HISTOPHYSIOLOGIE HUMAINE, par MARC MAILLET :

- LES EPITHELIUMS DE REVETEMENT. Ed. Vigot. Paris. 1975.
- LE TISSU MUSCULAIRE. Ed. Vigot. Paris. 1975.
- LES EPITHELIUMS GLANDULAIRES. Ed. Vigot. Paris. 1977.

CHEZ LE MÊME ÉDITEUR

Dans la même série :

ABREGE D'HISTOLOGIE, par J. POIRIER et J.-L. RIBADEAU DUMAS. 1974, 260 pages, 119 figures, 31 tableaux en couleurs.

ABREGE D'ANATOMIE PATHOLOGIQUE, par H.U. ZOLLINGER. Traduit de l'allemand par P. de Saint-Maur et Ch. Tousch.

Tome I. – *Pathologie générale.* 1977, 2e tirage, 318 pages, 136 figures en noir et en couleurs,

Tome II. – *Pathologie spéciale.* 1971, 554 pages, 375 figures en noir et en couleurs.

Autres ouvrages :

ATLAS D'HISTOLOGIE, TRAVAUX PRATIQUES, par J. POIRIER et J.-L. RIBADEAU DUMAS. 1977, 120 pages, 150 figures en 4 couleurs, 150 schémas.

HISTOLOGIE, par Th. S. LEESON et C. Roland LEESON. Traduit de l'anglais par J. Chevreau. 1976, 2e tirage, 452 pages, 470 figures dont 4 en couleurs.

BIOLOGIE CELLULAIRE, par A.-G. LOEWY et Ph. SIEKEVITZ. Traduit de l'américain par P. Berreur et Mme N. Dubois. 1974, 536 pages, 105 figures en noir et 171 en couleurs.

PRÉFACE

Peu de sciences présenté dans ces quinze dernières années, une évolution aussi raj que la cytologie. Les techniques ultra-structurales, mais égalemer nzymologiques et immunologiques ont profondément modifié nos naissances sur la cellule. Parce que cet élément est commun à tou s systèmes vivants, il en est résulté également de grands changeme dans notre conception des différents appareils, organes et tissus.

Cette progress accélérée de nos connaissances dans ce domaine, correspond à la p ition d'un nombre de plus en plus élevé de publications scientifique pécialisées, rendant, malgré l'apparition de nouvelles techniques b ographiques utilisant les ordinateurs, la tâche de ceux qui accepte de réaliser des synthèses de plus en plus complexe et lourde.

La publicatio traités de cytologie tels qu'avaient pu l'envisager plusieurs auteur siècle dernier est maintenant devenue difficilement réalisable, en r n de l'ampleur des documents existants. Mais la parution d'abré se heurte également à de grandes difficultés; elle suppose en effet u oix et quelquefois une simplification des faits exposés. Peu de co ues se sentent tentés par un tel travail, qui à peine achevé, paraît assé et qui pour beaucoup semble du temps dérobé à la recherche. ependant l'utilité de semblables synthèses paraît plus que jamais év te. Le nombre sans cesse accru d'étudiants, souvent mal préparés enseignement qu'ils reçoivent, rend un livre tel que celui que nou ésente le professeur Maillet indispensable.

Sous le tit nodeste d'abrégé de cytologie, notre collègue de la Faculté de M ine de Tours, a réalisé une remarquable mise au point des questions ologiques essentielles. Il ne s'agit pas là d'un livre de vulgarisation, mais d'un manuel de haut niveau écrit surtout pour des étudiants en médecine, et également pour ceux qui abordent des études pharmaceutiques et scientifiques. En raison de sa riche documentation, il me paraît également utile aux chercheurs qui souhaitent renouveler leurs connaissances dans un domaine où ils ne sont pas directement engagés.

Étienne LEGAIT,
Professeur d'Histologie à
la Faculté de Médecine A de Nancy.

AVERTISSEMENT

Dans un ouvrage publié en 1970, intitulé « Éléments de Cytologie animale » [1], l'auteur avait, pour chaque organite, décrit simultanément la structure et la fonction. Cette formule devait être satisfaisante : des livres récents reprennent en effet ce type de présentation. Malheureusement, si ces derniers ouvrages permettent d'acquérir une bonne connaissance de l'anatomie cellulaire et des mécanismes de fonctionnement, il n'en reste pas moins qu'ils sont toujours très éloignés des préoccupations médicales.

Or, les étudiants en médecine ne comprennent pas, et en cela ils ont bien raison, que des disciplines scientifiques et de surcroît biologiques leur soient enseignées sans qu'ils puissent en saisir les rapports avec la pathologie. Pour cette raison essentielle, l'auteur a entrepris la rédaction d'un livre qui tente de combler cette lacune en exposant la structure et le fonctionnement normal de chaque organite, ainsi que ses altérations morphologiques et fonctionnelles provoquées expérimentalement ou apparaissant au cours de processus morbides.

L'auteur a parfaitement conscience de la difficulté d'introduire un maximum d'informations dans un minimum de place, tout en permettant une lecture facile. Ceci justifie le peu d'importance donnée aux notions biochimiques que le lecteur peut facilement trouver dans les ouvrages de biochimie, et explique l'utilisation de petits caractères pour la présentation de certains paragraphes.

Un glossaire, en fin de livre, donne des définitions volontairement simplifiées des termes que le lecteur pourrait ne pas comprendre.

L'auteur ne saurait terminer cet avertissement sans remercier Mlles Anne-Marie Brigand et Christiane Langner qui se sont chargées de la bibliographie et des nombreux travaux nécessaires à la préparation de cet ouvrage. Il remercie également M. le Professeur Agrégé Moraine pour ses conseils, M. le Professeur Agrégé Poirier (faculté de Médecine de Créteil) pour les critiques constructives formulées à l'occasion de cette réédition, et Mlle Dominique Visset qui a réalisé l'illustration de ce livre.

(1) Bordas éditeur, Paris, 1970.

TABLE DES MATIÈRES

1

LA CONNAISSANCE MORPHO-FONCTIONNELLE DE LA CELLULE

La théorie cellulaire naquit en 1839, il y a un peu plus d'un siècle, de la confrontation des travaux de Mathias Jacob Schleiden, botaniste, et de Théodore Schwann, zoologiste. *Elle apportait la notion essentielle que la cellule vivante est l'unité fondamentale de tous les organismes vivants.*

Rudolf Virchow, vingt ans après, complétait cette vérité indiscutée, en prouvant que toute cellule provient d'une cellule préexistante.

Mais à cette époque, la cellule n'apparaissait guère aux biologistes que comme une masse protoplasmique, concept très vague, dans laquelle ils découvraient un noyau, corps arrondi, réfringent, situé au centre d'un cytoplasme, sorte de gelée dont la nature inconnue permettait d'imaginer les hypothèses les plus audacieuses.

Il fallut, au cours du siècle et demi qui nous sépare de la naissance de la théorie cellulaire, que s'associent pour cette étude, les moyens développés par la physique, la biophysique, la biochimie.

Les progrès dans la connaissance de la cellule se révélèrent être tributaires du développement de la microscopie, de l'augmentation considérable du pouvoir de résolution des microscopes optiques, de l'apparition du microscope électronique, de l'analyse biochimique des constituants du cytoplasme et du noyau.

Ainsi, la convergence de plusieurs disciplines a permis d'établir « l'anatomie de la cellule ».

ANATOMIE DE LA CELLULE NORMALE

Celle-ci est constituée par :
- un ***protoplasme*** qui contient le *noyau* et le *cytoplasme,*
- une limite, la ***membrane plasmique,*** d'une épaisseur moyenne voisine de 85 Å (mais variant d'un type cellulaire à un autre).

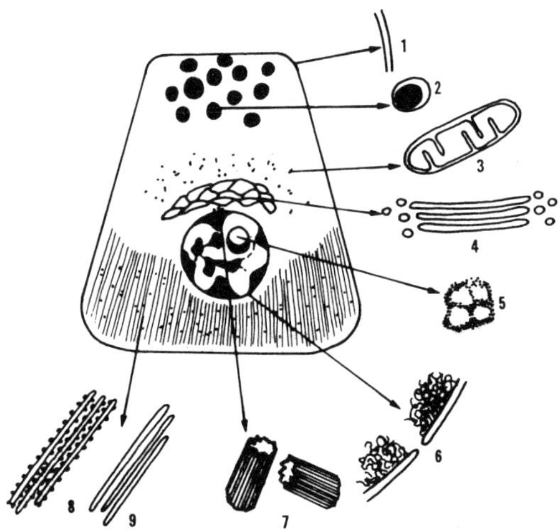

FIG. 1. – *Représentation schématique en microscopie optique d'une cellule pancréatique.* Les flèches indiquent la structure en microscopie électronique de chacun des organites. De haut en bas : membrane cellulaire (1), grains de sécrétion (2), mitochondrie (3), Golgi (4), nucléole (5), chromatine et enveloppe nucléaire (6), diplosome (7), réticulum endoplasmique lisse (8), réticulum endoplasmique granulaire (9).

Le **noyau,** élément arrondi ou ovalaire, entouré d'une membrane chromatique, renferme dans le nucléoplasme, un ou deux nucléoles et des mottes de chromatine. L'affinité tinctoriale de la membrane nucléaire et de la chromatine est la même : en fait, la membrane nucléaire, observée en microscopie optique, correspond à l'hétérochromatine qui adhère à la véritable limite du noyau, visible seulement en microscopie électronique, l'*enveloppe nucléaire.* Cette dernière possède deux membranes, une membrane externe en relation avec le cytoplasme, c'est la face cytoplasmique de l'enveloppe nucléaire, et une membrane interne en rapport avec la chromatine qui s'y accole. Un espace périnucléaire sépare ces deux membranes.

Des pores, ouverts dans l'enveloppe, offrent aux substances exogènes ou endogènes une possibilité de transit, aussi bien dans le sens noyau-cytoplasme que dans le sens cytoplasme-noyau.

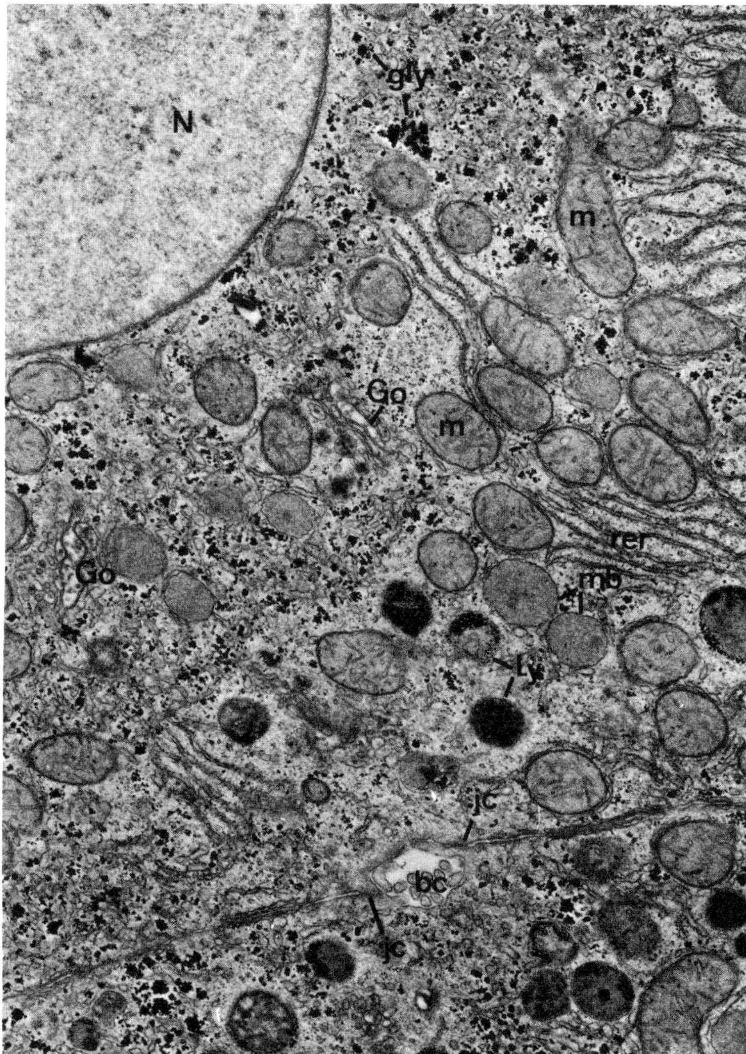

FIG. 2. – *Cellule hépatique observée en microscopie électronique.* N : noyau, gly : glycogène, m : mitochondrie, Go : Golgi, rer : réticulum endoplasmique, mb : microbody (peroxysome), Ly : lysosome, bc : canalicule biliaire, jc : jonction cellulaire (X 12 750).
(Cliché de L. ORCI, A. MATTER et CH. ROUILLER; *J. Ultrastructural Res. 35,* 1971, 1-19.)

La **chromatine,** substance fortement colorable par les colorants basiques et dont les nucléoprotéines sont les principaux constituants, s'organise en filaments spiralés ou non, d'un diamètre égal ou inférieur à 250 Å.

Le **nucléole,** avec sa matrice dense, dessine un réseau de mailles anastomosées sur lesquelles se détachent des composants « ribonucléoprotéiques » granulaires et fibrillaires disposés au hasard; il occupe une place variable.

Le **cytoplasme** comporte deux entités différentes :

- le morphoplasme,
- le hyaloplasme.

Sous le terme de *morphoplasme* se regroupent tous les éléments figurés du cytoplasme, c'est-à-dire *tous les organites cellulaires* comme :

- le reticulum endoplasmique granulaire,
- le reticulum endoplasmique lisse,
- les mitochondries,
- l'appareil de Golgi,
- les lysosomes,
- les peroxysomes,
- le centre cellulaire,
- les microtubules et les microfibrilles.

Le *reticulum endoplasmique granulaire* englobe l'ensemble des saccules aplatis dont les membranes portent sur leur face externe des granulations ou ribosomes. Le *reticulum endoplasmique lisse* est un ensemble de tubules dont les membranes sont dépourvues de ribosomes.

Les *mitochondries,* éléments de petites dimensions, (1 μ en moyenne), sont limitées par deux membranes :

- une membrane externe, périphérique, lisse;
- une membrane interne, dont les crêtes augmentent la surface.

L'*appareil de Golgi* représente l'ensemble des dictyosomes de la cellule. Chaque dictyosome comprend des citernes empilées, des vésicules de petites dimensions et des vacuoles disposées sur l'une de ses faces lorsqu'il est actif.

Les *lysosomes,* organites limités par une membrane, tiennent captive une substance homogène, modérément dense, dont les activités enzymatiques multiples pourraient détruire la cellule-hôte.

Les *peroxysomes,* d'un diamètre voisin, renferment dans leur membrane cellulaire un nucléoïde (formation paracristalline) au sein d'une substance homogène.

Le *centre cellulaire* est souvent placé près du noyau. Il est formé d'un ou deux centrioles. Chaque centriole a l'aspect d'un cylindre dont la paroi, légèrement opaque, contient neuf triples tubules (triplets) équidistants, qui cheminent parallèlement.

Des *microtubules,* isolés ou groupés en faisceaux, dispersés ou localisés, parcourent le cytoplasme.

Les *inclusions cytoplasmiques* (le terme de paraplasme est encore utilisé dans certains ouvrages français récents pour définir la partie inerte de la cellule; cette étiquette englobe toutes les inclusions cytoplasmiques) : ces termes

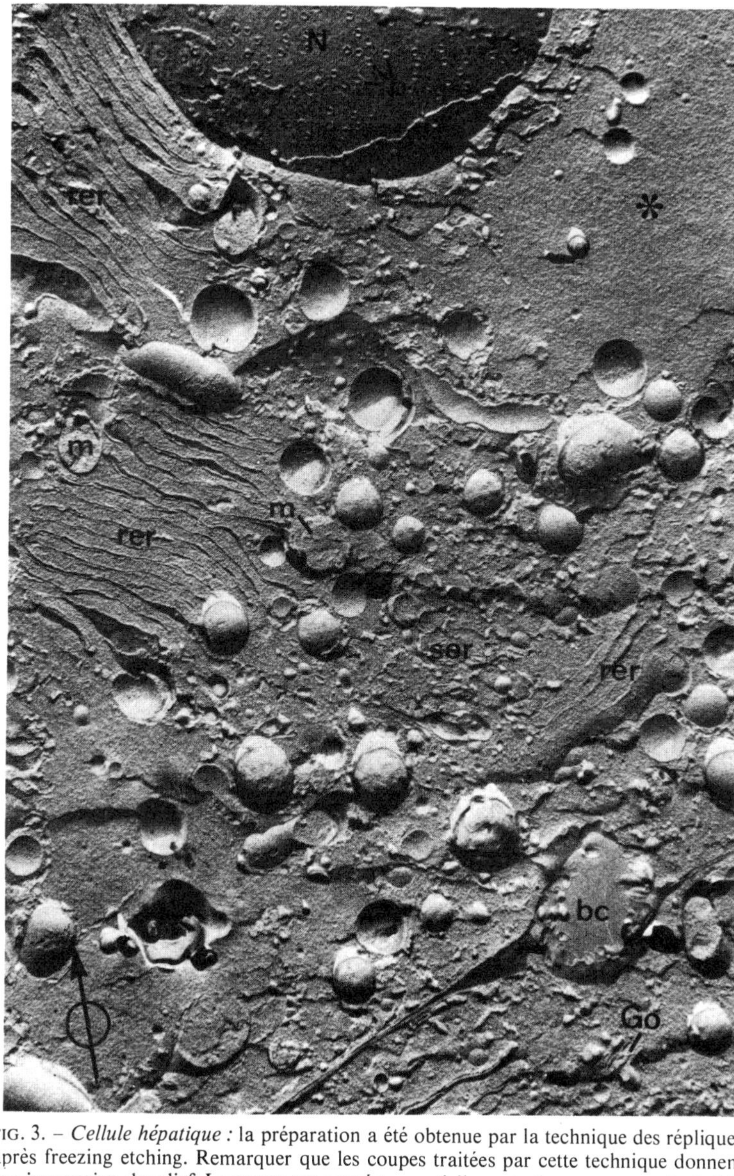

FIG. 3. – *Cellule hépatique :* la préparation a été obtenue par la technique des répliques après freezing etching. Remarquer que les coupes traitées par cette technique donnent une impression de relief. Le noyau est coupé tangentiellement : les pores sont ainsi visibles. Comparer la structure des organites révélée par cette technique avec celle des organites de la fig. 2. N : noyau, m : mitochondrie, Go : Golgi, bc : canalicule biliaire, p : pores nucléaires, ser : réticulum endoplasmique lisse (x 12 750).

(Cliché de L. ORCI, A. MATTER et CH. ROUILLER; *J. Ultrastructural Res. 35,* 1971, 1-19.)

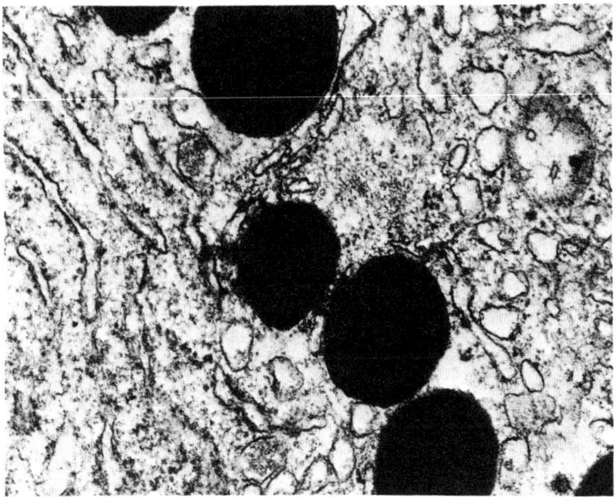

FIG. 4. – *Inclusions lipidiques.* Les éléments arrondis colorés intensément en noir sont des inclusions lipidiques (× 14 400). (Cliché du Département de Biologie Humaine, Service de Microscopie électronique, Tours.)

s'appliquent à des structures, granules, matériaux divers produits par le métabolisme cellulaire. Elles n'appartiennent pas au groupe des organites, agents effectifs de la machinerie de synthèse ou de dégradation. Elles sont le plus souvent des substances mises en réserve sous forme de granulations comme le glycogène, ou de vacuoles comme les *inclusions lipidiques* (fig. 4).

Elles comprennent les *pigments,* aboutissement de l'accumulation de produits exogènes ou endogènes, dégradés ou non, les *cristalloïdes,* formations protéiques n'ayant des cristaux que l'apparence.

2

LE CYCLE CELLULAIRE

Toutes les cellules, à l'exception des hématies et des cellules nerveuses, sont susceptibles de se diviser, c'est-à-dire de former par *mitose* deux cellules filles ayant les mêmes caractères morphologiques et physiologiques que la cellule mère.

Les cellules passent donc par des alternances de mitoses et de phase intermitotique appelée interphase.

A. – DÉFINITION

Le cycle cellulaire est l'ensemble des modifications qu'une cellule subit entre sa formation par division de la cellule mère et le moment où cette cellule a fini de se diviser en deux cellules filles (fig. 5).

B. – L'INTERPHASE

La plus grande partie du cycle est occupée par l'interphase, période comprise entre la fin d'une division et le début de la suivante : le noyau est alors mécaniquement inactif. Par contre, au cours de cette phase, l'activité de synthèse de la cellule double ses composants.

L'interphase se décompose en une phase G1, une phase S, et une phase G2.

I. – LA PHASE G1

La phase G1 succède immédiatement à une mitose.

■ ***Durée de cette phase.*** – La durée de cette phase, variable en fonction de la nature de la cellule étudiée, est de courte durée (en général de 5 à 10 heures

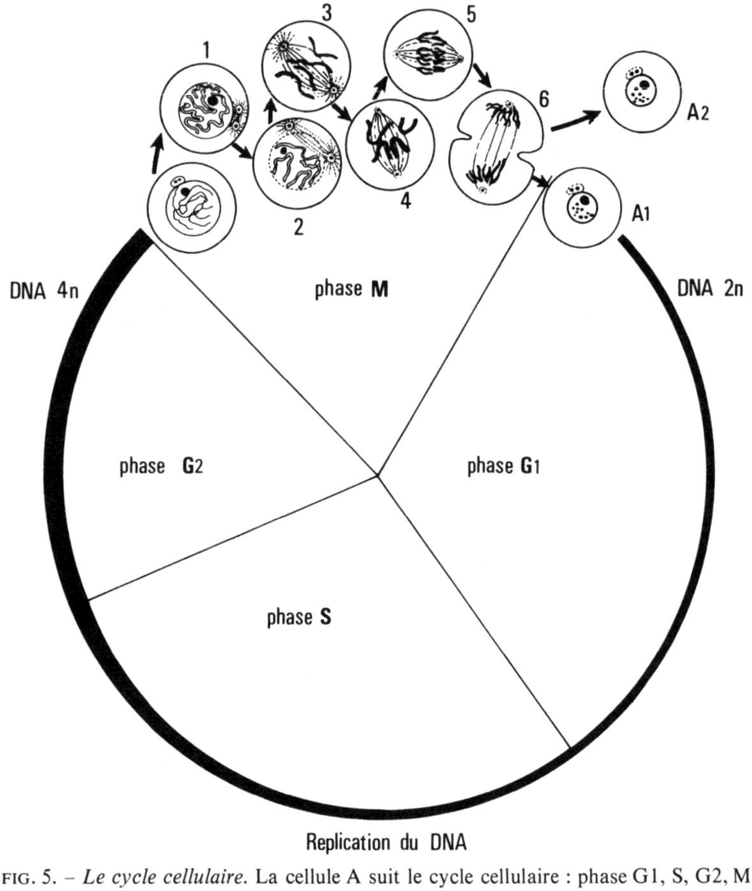

FIG. 5. – *Le cycle cellulaire.* La cellule A suit le cycle cellulaire : phase G1, S, G2, M. Elle donne naissance à deux cellules A1 et A2. Chacune des cellules filles A1 et A2 peut subir la même évolution. Le trait épais représente la quantité de DNA au cours de chaque phase.
1 : prophase; 2 et 3 : prométaphase; 4 : métaphase; 5 : anaphase; 6 : télophase.

chez les mammifères); elle est parfois raccourcie dans les cellules cancéreuses, voire même nulle.

■ ***Les synthèses au cours de la phase G1.***

a) **Pas de synthèse du DNA** (1) (acide désoxy-ribonucléique). – Tout d'abord

(1) Le DNA, support héréditaire des caractères de l'espèce et de l'individu, est une succession linéaire de gènes; chaque gène est une partie plus ou moins longue de la molécule : ils sont capables d'autoreplication, ce qui signifie qu'ils peuvent se reproduire en donnant une copie identique. Un gène est responsable de la transmission d'un caractère d'une génération à la suivante.

il n'y a pas de synthèse de DNA : cette période peut donc être appelée (par rapport au DNA) phase de présynthèse ou de préduplication.

La cellule contient la quantité de DNA caractéristique de l'espèce, correspondant dans les cellules somatiques à 2n chromosomes (par exemple 46 dans l'espèce humaine); cette quantité reste constante pendant toute la phase G1.

Le DNA, associé à des protéines (histones), est l'élément structural essentiel des chromosomes. A ce stade, ils sont formés par un filament sinueux de chromatine ayant au maximum 250 Å de diamètre : dans les chromocentres (mottes de chromatine ou hétérochromatine), il se replie sur lui-même. Dans les zones où le nucléoplasme est clair, les filaments chromosomiques n'ont pas une disposition en peloton; ils sont sinueux (euchromatine).

Durant cette phase G1, chaque chromosome est formé d'une molécule de DNA (double hélice) combinée à une protéine (l'histone).

b) **La phase G1 est la phase de croissance cytoplasmique.** – Elle est caractérisée par la synthèse de protéines. Cette synthèse dépend de l'activité des gènes. Chaque gène synthétise une molécule de RNA (acide ribonucléique) dont le rôle essentiel est de transmettre au cytoplasme les informations qu'il contient et qui sont nécessaires à la synthèse des protéines, d'où le nom de RNA messager donné à cette molécule.

Les protéines sont formées par des unités, les acides aminés (la séquence des acides aminés conditionne la structure spécifique et les fonctions de la protéine).

Au cours de la phase G1, la synthèse de RNA messager assure la production des protéines nécessaires à l'accroissement de la cellule (le DNA responsable de la synthèse du RNA est contenu dans l'euchromatine).

II. – LA PHASE S

La durée de cette phase est constante (6 à 8 heures).

La quantité de DNA double : cette duplication est le résultat d'un mécanisme de replication.

La replication assure le maintien qualitatif et quantitatif du DNA caractéristique de l'espèce, puisque les molécules ainsi formées ont la même structure, les mêmes caractéristiques génétiques que celles de la cellule mère. A la fin de la replication, les chromosomes sont constitués de deux filaments ayant chacun la même structure. Chaque filament porte le nom de chromatide (fig. 6).

Les synthèses de RNA messager ne s'interrompent pas pendant cette phase.

III. – LA PHASE G2

Phase courte, d'une durée de 4 à 5 heures, elle débute dès que la replication du DNA est achevée.

Les synthèses de RNA persistent tandis que la quantité de DNA est double de celle observée au cours de la phase G1.

C. – LA PHASE M : DESCRIPTION SCHÉMATIQUE

La mitose intéresse :
- tous les éléments nucléaires : *caryodiérèse;*
- tous les éléments cytoplasmiques : *cytodiérèse.*

Elle est caractérisée par :
- la spiralisation des chromosomes qui se groupent puis se séparent en nombres égaux pour se répartir entre les deux cellules filles;
- l'apparition, dans le cytoplasme, d'un fuseau de microtubules qui guideront les chromosomes dans leur mouvement.

La mitose sera décrite en tenant compte à la fois des observations faites en cinématographie en contraste de phase par Frédéricq et Chèvremont, dans une culture de fibroblastes à 37° et les cellules fixées et colorées par l'hématoxyline.

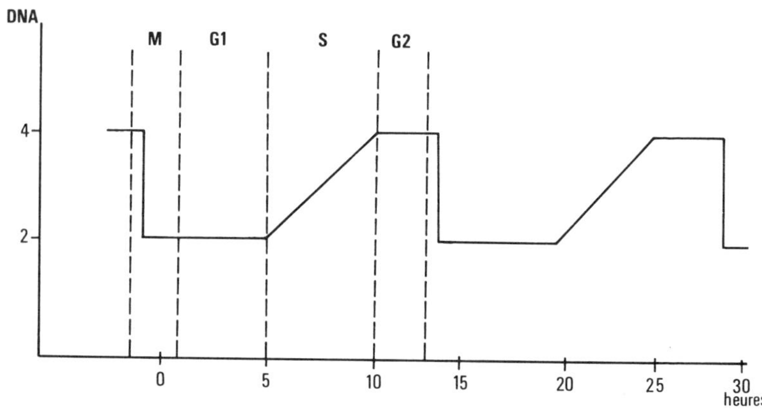

FIG. 6. – *Chronologie du cycle cellulaire.* La courbe indique les variations de la teneur en DNA (en ordonnées) par rapport au temps (en abscisses). Les traits en pointillés perpendiculaires aux abscisses limitent les diverses phases du cycle M, G1, S, G2, dont les durées sont respectivement de 1 h 30, 4 h, 5 h, 3 h.

I. – LA PROPHASE
(durée 10 à 15 minutes)

■ ***Phénomènes nucléaires.*** – Tandis que la cellule devient sphérique, plus réfringente et visqueuse, les chromosomes commencent à être visibles en microscopie optique; cela se traduit en contraste de phase par une augmentation en nombre des grains chromatiques, et une diminution en taille.

Les chromosomes, d'abord minces, s'épaississent et se raccourcissent par spiralisation des chromatides.

Le centromère, zone claire et circulaire, dont la position est constante pour chaque chromosome, devient bien visible.

Les chromosomes se rapprochent de la membrane nucléaire, laissant un espace centro-nucléaire vide.

■ ***Phénomènes cytoplasmiques.*** – Juste avant la mitose, les centrioles (voir 11ᵉ partie) sont disposés à un pôle nucléaire sous la forme d'un *diplosome* (2 centrioles).

Le diplosome s'entoure d'un aster, puis les centrioles s'éloignent l'un de l'autre alors qu'apparaissent tendus entre eux des microtubules groupés en un fuseau (chaque centriole est accompagné d'un procentriole).

II. – LA PROMÉTAPHASE [1]

Elle débute par la disparition de la membrane nucléaire.

Les chromosomes occupent l'emplacement du noyau : rien ne les sépare du cytoplasme, et les fibrilles du fuseau traversent cette région. Ils vont se mouvoir librement dans cette portion centrale de la cellule qui semble plus fluide.

Ils migrent vers la région équatoriale de la cellule et s'attachent alors aux fibres du fuseau par leur centromère.

Les mitochondries ne bougent plus ou presque : elles se fragmentent et certaines d'entre elles disparaissent.

Les nucléoles ne sont plus visibles.

III. – LA MÉTAPHASE

Elle débute lorsque les chromosomes ont gagné le plan équatorial de la cellule.

Les chromosomes sont placés dans un plan passant par le milieu de la cellule et perpendiculaire à la direction du fuseau : ils forment la plaque équatoriale.

Dans la plaque équatoriale, les chromosomes étendent leurs bras vers l'extérieur de la cellule, le centre de la plaque étant occupé par les centromères fixés sur le fuseau (chaque chromosome ne possède qu'un seul centromère).

La surface cellulaire se modifie brusquement : il se forme des bulles, des boursouflures qui se rompent. Cette sorte de bouillonnement deviendra plus actif par la suite.

Puis le centromère de chaque chromosome se divise en deux centromères qui sont d'abord accolés l'un à l'autre. Les deux chromatides de chaque chromosome se séparent et forment chacune un chromosome.

IV. – L'ANAPHASE (durée 5 à 8 minutes)

Le début se caractérise par la séparation des deux centromères qui se déplacent chacun vers un pôle, entraînant chaque chromosome.

Durant la deuxième moitié de l'anaphase, dans la zone séparant les deux groupes de chromosomes, les fibres du fuseau sont tendues (fibres interzonales).

Les deux groupes de chromosomes atteignent chaque pôle de la cellule.

---

(1) Durée des deux phases, prométaphase et métaphase : 25 à 35 minutes.

V. – LA TÉLOPHASE (durée 20 minutes)

Elle débute par l'arrêt de la migration des chromosomes.

Les chromosomes se regroupent en éventail, aux pôles cellulaires en une masse compacte, hyperchromatique.

La reconstruction du noyau commence : c'est une sorte de prophase se déroulant à l'envers.

Les chromosomes deviennent moins compacts, ils se déspiralisent. La membrane nucléaire se reconstitue.

A la fin de cette période, les nucléoles réapparaissent à partir des organisateurs nucléolaires de certains chromosomes.

En même temps, une membrane se forme et sépare les deux futures cellules filles : c'est la plasmo- ou cytodiérèse. La partie moyenne de la cellule s'amincit progressivement : cet amincissement est comparable à la fermeture d'un diaphragme. Le fuseau est étranglé par la formation de la membrane séparant les cellules filles. Les mitochondries se répartissent au hasard entre les deux cellules filles.

Le bouillonnement périphérique diminue, puis disparaît.

Les cellules s'écartent : la télophase est finie.

D. – MITOSES ET AGENTS ANTIMITOTIQUES

Les agents antimitotiques sont soit des substances, soit des radiations capables d'inhiber ou de modifier le déroulement de la mitose.

Certaines substances n'exercent pas un effet spécifique, c'est-à-dire qu'elles n'agissent pas à un moment donné de la mitose. D'autres au contraire ont une action spécifique sur :

- le DNA pendant l'interphase,
- le fuseau,
- les chromosomes,
- la cytodiérèse.

I. – INHIBITION PAR ACTION SUR LE DNA

Les antibiotiques, les antimétabolites et les agents alkylants, certains colorants ont une activité antimitotique en agissant sur le DNA au cours de certaines périodes de l'interphase. Ils peuvent bloquer la cellule en phase G2, juste avant la mitose.

■ ***Les antibiotiques.*** – Un antibiotique est une substance chimique capable d'arrêter in vivo le développement des micro-organismes [1]. Certains antibiotiques sont capables d'inhiber les mitoses.

(1) La définition du terme Antibiotique s'est considérablement élargie dès qu'il a été possible d'en faire la synthèse. A l'origine (WAKSMAN, 1941) un antibiotique était une substance produite par un micro-organisme qui, en solution, inhibe la croissance d'autres micro-organismes.

L'actinomycine D, la daunomycine, la nogalomycine se fixent sur le DNA. Elles inhibent les synthèses des acides nucléiques.

La cycloheximide, la puromycine bloquent les synthèses des protéines en agissant sur les ribosomes.

Toutes les substances extraites de streptomyces bloquent les cellules en phase G2.

■ ***Les antimétabolites.*** – Ce sont des substances dont la configuration spatiale est très voisine des métabolites indispensables aux synthèses cellulaires.

Ils inhibent les synthèses par un mécanisme de compétition. Leur forme leur permet en effet de se substituer aux métabolites et de provoquer ainsi la synthèse de molécules non fonctionnelles ou incomplètes.

Des substances analogues aux bases puriques ou pyrimidiques comme la 6-mercaptopurine, la 5-bromodésoxyuridine, la fluoro-désoxyuridine, bloquent la synthèse du DNA par un tel procédé.

■ ***Les agents alkylants (alcoylants).*** – Ces substances chimiques possèdent une ou plusieurs chaînes de la série alkyle (alcoyle) dont la propriété est de se combiner avec les nucléoprotéines qu'elles dénaturent.

Ils groupent :

- les moutardes azotées (leukeran, chlorambucol, cyclophosphamide),
- les éthylénamines,
- les esters d'acide sulfonique (myleran),
- les époxides.

Ces substances très toxiques pour la cellule se complexent avec le DNA (au cours de la fin de la phase G1 et de la phase S dans les cellules HeLa) au cours de la phase G2. Elles provoquent un blocage des cellules en post-synthèse, et sont parfois responsables d'une polyploïdie.

■ ***Les colorants.*** – Des substances colorantes sont capables de se fixer sur le DNA : elles s'intercalent entre les bases.

C'est le cas du bromure d'éthidium, de la proflavine, qui inhibent les synthèses de DNA préparant la mitose.

II. – ATTEINTE FUSORIALE

Les substances végétales comme la colchicine, la colcémide, la podophylline, la vincristine et le sulfate de vinblastine, sont des poisons fusoriaux qui inhibent la formation de l'appareil mitotique. La mitose reste bloquée en métaphase. Elle aboutit à la formation de gros noyaux tétraploïdes. La cytodiérèse ne se produit pas et la cellule dégénère.

III. – LÉSIONS DES CHROMOSOMES

Les chromosomes, sous l'action de certaines substances, peuvent :

- soit se séparer d'une manière défectueuse,
- soit se fragmenter.

■ ***Séparation défectueuse des chromosomes.*** – La trypaflavine entraîne des altérations de la mitose : à l'anaphase, les chromosomes ne se clivent pas; ils restent en arrière, montent difficilement aux pôles.

Cette substance entraîne donc un retard dans l'ascension de certains chromosomes : les retardataires restant emprisonnés dans la partie du cytoplasme pincée à la cytodiérèse.

■ ***Fragmentation des chromosomes.*** – L'ypérite, les radiations ionisantes cassent et fragmentent les chromosomes.

Des fragments de chromosomes, dépourvus de centromères, se répartissent au hasard dans les cellules filles. Ces fragments peuvent se ressouder, soit à d'autres fragments, soit à des chromosomes entiers, ou ne pas réintégrer le noyau des cellules filles, et donner des micronoyaux avec micronucléoles.

IV. – INHIBITION DE LA CYTODIÉRÈSE

Le lithium, la cystéamine, les cytochalasines (extraites de Helminthosporium et de Metarrhizium) inhibent le clivage cytoplasmique et provoquent la formation de polykaryons.

3

LA PÉRIPHÉRIE CELLULAIRE

La surface de la cellule ou périphérie cellulaire, c'est-à-dire la partie comprise entre le milieu intracellulaire et le milieu extracellulaire, est une structure complexe formée par :

- **la membrane plasmique,**
- **le cell coat.**

La membrane plasmique est directement en rapport avec le milieu intérieur de la cellule, tandis que le cell coat est en relation avec le milieu extérieur.

Les rapports membrane plasmique – cell coat sont étroits (fig. 7).

L'étude des caractères de la périphérie cellulaire trouve son intérêt et sa justification dans l'analyse des propriétés des cellules cancéreuses, en particulier dans leur aptitude à infiltrer les tissus en utilisant les autres cellules comme support. Or, les cellules normales des tissus adultes, à l'exception des cellules migratrices spécialisées comme les lymphocytes, les granulocytes, les macrophages, ne sont pas douées de telles facultés.

Cette notion explique les raisons de l'extension et de la propagation d'un cancer : elles dépendent avant tout d'une absence d'inhibition de contact qui facilite l'infiltration locale du site primaire; les cellules néoplasiques gagnent les voies lymphatiques et les vaisseaux sanguins, soit isolément, soit par petits placards. Il est donc parfaitement clair que, pour arrêter le mécanisme de migration et d'infiltration, donc pour inhiber la propagation du cancer et les métastases, il est nécessaire de comprendre et de connaître la structure et la physiologie de la périphérie cellulaire, puisque l'immobilité des cellules normales dans les tissus, et la mobilité des cellules cancéreuses semblent liées à des interactions se déroulant *à la périphérie de la cellule.*

Les cellules normales sont douées de la *propriété d'inhibition de contact;* cette propriété permet aux cellules d'un organisme d'interrompre les mouvements des cellules voisines. Des fibroblastes normaux placés en culture se multiplient, puis se déplacent à la surface du milieu, grâce à l'émission de pseudopodes sur une de leur face.

Au hasard de leurs déplacements, des fibroblastes peuvent établir des

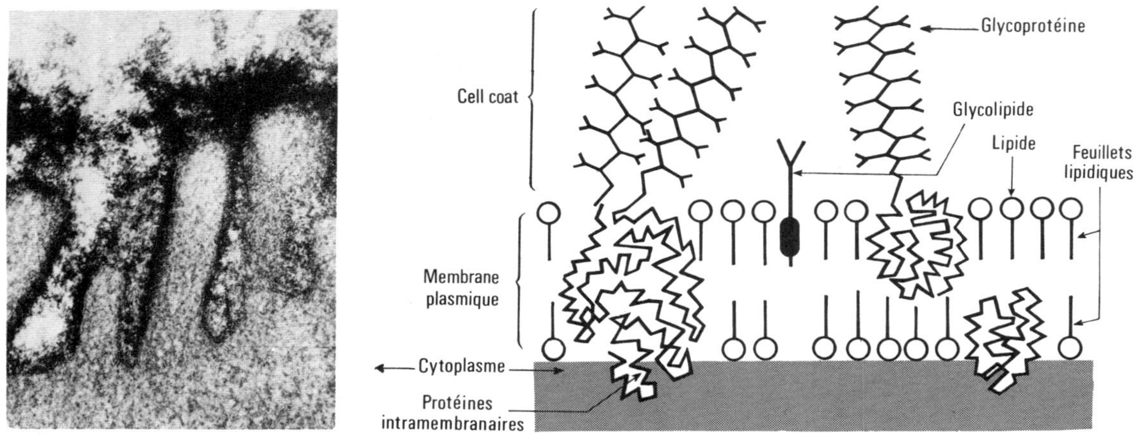

FIG. 7. – *Membrane plasmique et cell coat.* Le cell coat est principalement constitué par des chaînes polypeptidiques de forme fibrillaire, tandis que le reste de la molécule dont elles dépendent et qui est intramembranaire, se présente sous la forme globulaire (× 84 000).

(Cliché de A. MARTINEZ PALOMO; *Int. Rev. Cyt., 29,* 1970.)

contacts : les deux faces contiguës arrêtent alors tout mouvement, toute formation de pseudopodes, ce qui n'est pas le cas pour les autres régions. Cependant, chaque fois qu'un fibroblaste atteint l'une des faces d'un des deux fibroblastes ainsi associés, le même phénomène se reproduit, de telle sorte que très rapidement, en 24 heures, de nombreux fibroblastes s'accolent les uns aux autres et forment une couche monocellulaire. Elle se déplace dans une direction précise; la région frontale est animée de mouvements qui assurent la migration; les faces latérales des fibroblastes, accolées les unes aux autres, restent immobiles.

Cette couche monocellulaire d'éléments distincts, a acquis une coordination motrice dont l'explication ne peut être fournie que par la possibilité d'échanges d'informations de cellule à cellule.

Par contre, l'étude du comportement des *cellules cancéreuses* en culture, révèle que l'inhibition de contact a disparu. Ainsi, les cellules peuvent se chevaucher, se superposer sans jamais constituer de couche monocellulaire organisée.

Les cellules néoplasiques ont perdu l'aptitude à échanger des informations.

L'étude des cellules normales ou néoplasiques en microscopie électronique, à l'aide de techniques appropriées, révèlent l'existence, sur la face externe de leur membrane plasmique, d'un revêtement extracellulaire plus ou moins épais, dont la structure, la constitution et les propriétés varient selon la nature de la cellule considérée. Ce revêtement extracellulaire porte le nom de *cell coat.*

I. – STRUCTURE DE LA MEMBRANE PLASMIQUE

I. – DÉFINITION

C'est une membrane biologique dont la fonction fondamentale consiste à délimiter le milieu intracellulaire et à le séparer du milieu extracellulaire.

Elle apparaît après fixation par les méthodes conventionnelles en microscopie électronique sous la forme de deux couches osmiophiles placées de part et d'autre d'une couche osmiophobe (fig. 8).

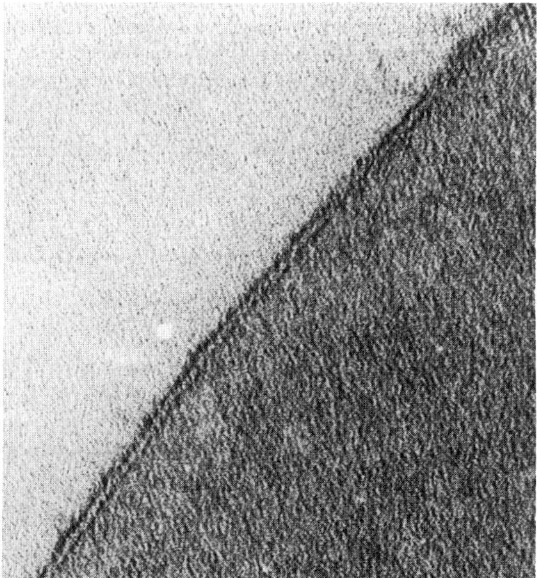

FIG. 8. – *Membrane plasmique d'un érythrocyte* (× 280 000). (Avec l'autorisation de J. D. ROBERTSON.)

A ce rôle de frontière, s'ajoute son aptitude à former *une barrière d'une perméabilité variable* aux liquides et aux substances.

Cette deuxième fonction essentielle commande :

- le transport des substances nécessaires à la croissance, aux remplacements des structures cellulaires;

- le transfert d'informations (c'est-à-dire de produits comme les hormones qui imposent à la cellule une modification de son activité), ou de stimuli physicochimiques (comme ceux responsables de l'excitabilité).

Le rôle de la membrane dans l'analyse des informations est en fait extrêmement important et diversifié. Elle intervient :

- dans les mécanismes de reconnaissance cellulaire;
- dans l'inhibition de contact;
- comme support d'activités enzymatiques diverses;
- dans la fixation de substances médicamenteuses;
- dans la fixation de virus, de toxines ou de cellules;
- dans le transfert d'informations extracellulaires.

II. – MEMBRANE PLASMIQUE ET PATHOLOGIE

De son intégrité morphologique et biologique dépend non seulement le maintien de l'organisation cellulaire et le fonctionnement normal de la cellule, mais aussi la survie de l'organisme.

Ainsi, les toxines bactériennes peuvent se fixer sur les membranes cellulaires et modifier puissamment leurs diverses fonctions. Un exemple caractéristique est celui du *choléra* qui provoque une affection intestinale grave. L'agent pathogène, le Vibrio cholerae, transmet cette affection où dominent les diarrhées profuses, les vomissements, une déshydratation.

Le vibrion cholérique sécrète une toxine, une protéine nommée *choléragène,* d'un poids moléculaire de 61 000, susceptible d'agir à des doses très faibles puisque 70 μg de cette substance sont suffisants pour déclencher, chez un adulte de 70 kg, les symptômes précédemment décrits. La dose « active » est de 1 μg/kg. La toxine ne modifie que la perméabilité de la membrane au sodium, inhibant son absorption par les entérocytes : ainsi, la pression osmotique du contenu intestinal augmente et mobilise une énorme quantité d'eau qui gagne la cavité digestive, entraînant la diarrhée et la déshydratation.

III. – LE CONCEPT ACTUEL : LE MODÈLE EN MOSAIQUE LIPIDES-PROTÉINES

(Singer et Nicolson, 1966, 1970, 1971)

On admet actuellement que la membrane plasmique est constituée par (fig. 9) :

- un double feuillet de lipides, dont les groupes polaires occupent la face externe et la face interne de la membrane, et dont les chaînes carbonées se dirigent perpendiculairement à la surface des deux feuillets dans l'espace séparant les groupes polaires;
- des protéines intrinsèques (environ 70 % des protéines membranaires), qui sont des protéines fortement liées à la membrane, et dont l'extraction nécessite des traitements drastiques (détergents, sels biliaires, solvants organiques); elles occupent tout ou partie de l'épaisseur de la membrane.

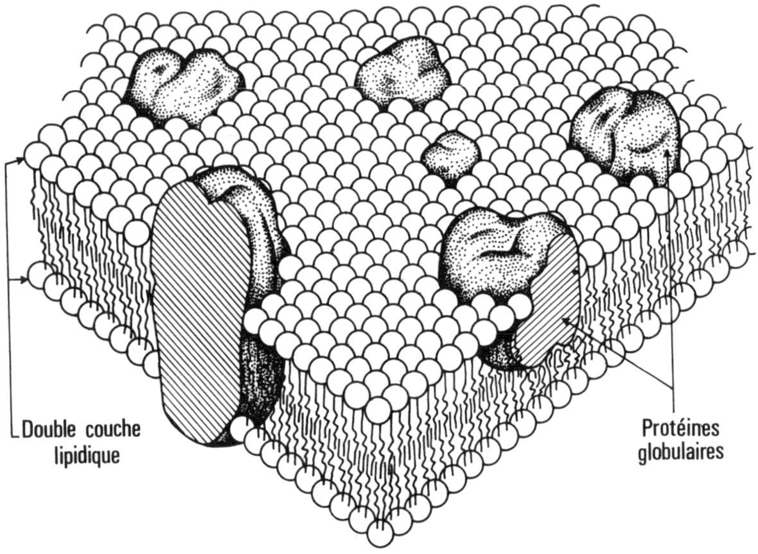

FIG. 9 A. – *Modèles en mosaïque de* SINGER ET NICHOLSON. Représentation tridimensionnelle montrant la double couche lipidique et les protéines globulaires.

Ces protéines seraient amphipathiques, possédant un pôle hydrophile, en contact avec la phase aqueuse extracellulaire et une partie interne hydrophobe plongée dans la couche lipidique.

- des protéines extrinsèques ou périphériques (environ 30 % des protéines membranaires). Elles sont faiblement liées à la surface, non par des liaisons covalentes, mais par des forces électrostatiques ou des liaisons hydrophobes.

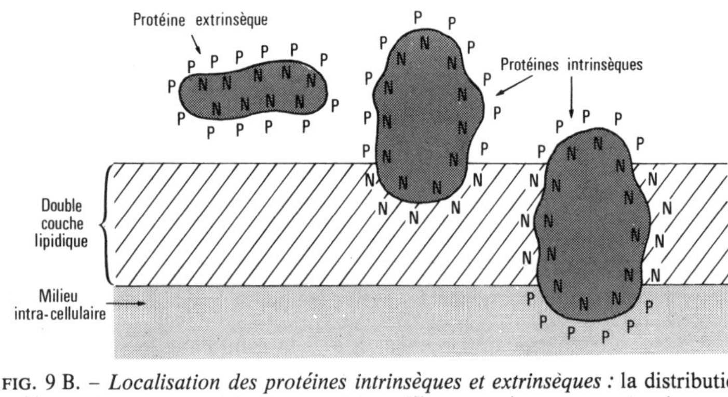

FIG. 9 B. – *Localisation des protéines intrinsèques et extrinsèques :* la distribution des acides aminés polaires (P) et non polaires (N) est représentée pour les deux types de protéines.

II. – PROPRIÉTÉS ET FONCTIONS DE LA MEMBRANE PLASMIQUE

A. – PERMÉABILITÉ A L'EAU

La membrane plasmique est particulièrement perméable aux molécules d'eau : le passage d'eau à travers la membrane dépend de la pression osmotique des milieux situés de part et d'autre de la membrane. Des hématies, placées dans une solution hypotonique, accroissent progressivement leur volume; cet accroissement est dû à la pénétration des molécules d'eau. Il est parfois tel que la membrane se rompt et que le contenu cellulaire se répand dans le milieu : ce phénomène porte le nom d'hémolyse. Par contre, en milieu hypertonique, la cellule perd des quantités importantes d'eau; l'eau se déplace du milieu le moins concentré vers le milieu le plus concentré. L'hématie se rétracte et prend une structure crênelée.

B. – MOBILITÉ DES CONSTITUANTS PROTÉIQUES

La structure et l'organisation moléculaire de la membrane rendent bien compte de cette propriété essentielle.

En fait, les membranes biologiques ne sont pas des structures rigides, mais des « entités quasi fluides ». Les lipides et les protéines sont capables de mouvements libres. D'ailleurs, les chaînes hydrocarbonées des phospholipides sont fluides aux températures physiologiques comme l'ont démontré Rudy et Gitler en étudiant la microviscosité des membranes des érythrocytes.

Les protéines sont aussi capables d'avoir des mouvements de rotation et de translation dans le plan de la membrane.

Le modèle de Singer et Nicolson laisse prévoir que les protéines globulaires sont distantes les unes des autres car elles se repoussent par leur groupe carbonyl COO^-. La charge négative de ces groupes maintient séparées ces protéines mobiles, qui sont ainsi distribuées plus ou moins uniformément dans toute la membrane. L'abaissement du pH modifie les charges négatives des protéines, si bien que des agrégats se forment.

Ces agrégats protéiques sont aussi provoqués par les anticorps capables de s'unir à plusieurs éléments protéiques voisins.

Cette possibilité de translation des protéines intramembranaires a été démontrée dans diverses conditions, et entre autres, dans les interactions de deux membranes appartenant à deux cellules, et durant la migration de protéines antigéniques au cours des déplacements de la cellule.

I. – INTERACTIONS MEMBRANAIRES DE DEUX CELLULES

Le contact de deux cellules modifie la distribution des protéines des membranes. Deux cellules ne s'associent que si leur membrane est porteuse de molécules ayant une forme complémentaire. Supposons qu'une cellule 1 possède en surface des molécules susceptibles de ne s'unir qu'avec un seul des deux types de molécules de la cellule 2 : les molécules de la cellule 2 qui peuvent s'unir avec celles de la cellule 1 migreront et se disposeront en face de la cellule 1, tandis que les molécules du deuxième type se déplaceront pour gagner les régions libres de la membrane (fig. 10).

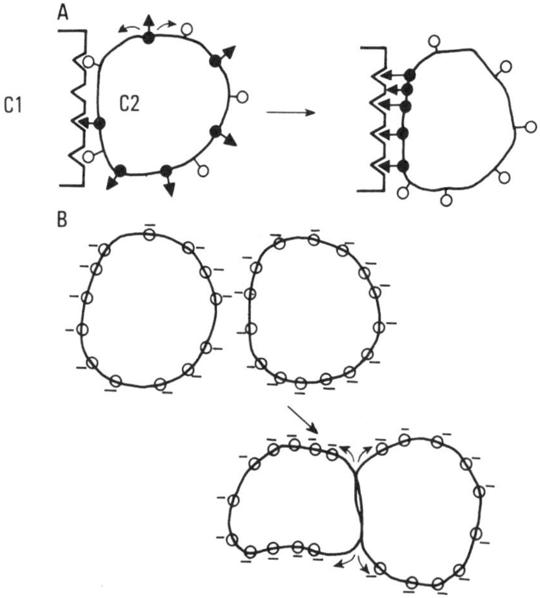

FIG. 10. – *Interactions membranaires de deux cellules* (explication dans le texte p. 10).

De plus, lorsque deux cellules portent des groupes ayant des charges identiques, les molécules protéiques migrent de façon à éliminer les charges négatives des régions de contact. Ce déplacement des protéines porteuses de charges négatives a été mis en évidence en étudiant celui des molécules du cell coat, qu'il est possible de visualiser grâce à leur aptitude à fixer le fer colloïdal.

Dans des conditions normales, toute la surface d'un érythrocyte fixe le fer colloïdal qui « colore » en noir le cell coat (fig. 11). Si on oblige des érythrocytes à un contact étroit, la région de contact ne contient plus de cell coat, ni d'ailleurs les régions adjacentes à la zone de contact. Ceci implique donc que toutes les molécules protéiques intramembranaires porteuses de glycoprotéines ont subi une translation.

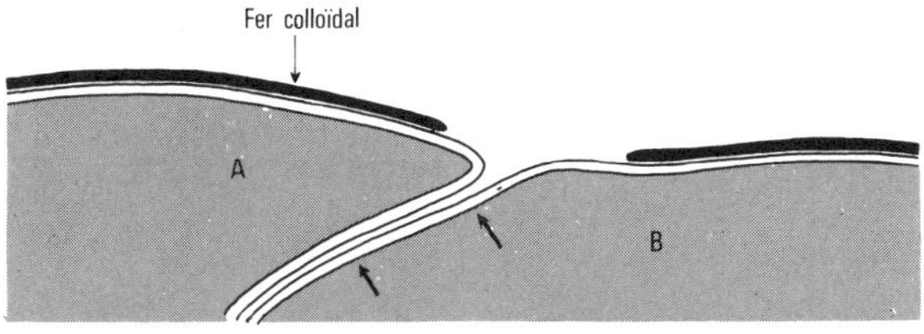

FIG. 11. – Deux érythrocytes A et B sont maintenus en contact (la zone de contact est indiquée par les flèches). Le fer colloïdal ne se fixe pas sur le *cell coat* de la zone de contact et des régions adjacentes. Les molécules protéiques intramembranaires ont donc subi une translation.

II. – MIGRATION DES GLYCOPROTÉINES

■ *Technique.*

La distribution des protéines membranaires peut être établie par l'utilisation de substances capables de se fixer sur ces protéines, et d'être facilement observées par les techniques de microscopie. Les protéines de la membrane ont une partie intramembranaire globulaire, et une partie extramembranaire glycoprotéique qui participe à la formation du cell coat. Il est possible de localiser l'emplacement de la fraction intramembranaire en combinant la partie qui sort de la membrane plasmique à une grosse molécule porteuse d'un *marqueur.*

Les glycoprotéines ont un pouvoir antigénique; l'injection de glycoprotéines étrangères à un organisme provoque l'apparition d'anticorps. Un anticorps se fixe spécifiquement sur l'antigène qui en a induit la formation. L'anticorps peut être marqué par association avec une substance fluorescente ou une molécule suffisamment grosse pour être visible en microscopie électronique.

La répartition des molécules antigéniques à la surface des cellules a été étudiée dans une grande variété d'espèces. Nous limiterons ici l'étude de la répartition des antigènes au *lymphocyte.* Les anticorps utilisés sont des *immunoglobulines de lapin antisouris* (Ig L. AS.).

Les immunoglobulines sont des molécules en forme d'Y, constituées de deux chaînes polypeptidiques légères L, identiques, et de deux chaînes lourdes, identiques, unies par des ponts disulfures.

Il est possible de les conjuguer avec une molécule de ferritine visible en microscopie électronique, ce qui permet de détecter leur localisation.

■ ***Répartition des glycoprotéines.*** – Des cellules exposées au froid, ou métaboliquement et fonctionnellement inactives, ont des antigènes répartis par groupes, dispersés à la surface de la membrane.

A 37°, les cellules sont actives, elles migrent; au cours de cette migration, la cellule se déforme; elle possède un « pôle antérieur », situé en avant, dans le sens du déplacement de la cellule, et un « pôle postérieur », occupé par tous les autres organites (Golgi, mitochondrie, réticulum endoplasmique, etc.).

Lorsque les cellules sont incubées à 0°, lavées, puis placées dans un milieu à 37°, les groupes antigéniques migrent vers le pôle postérieur de la cellule, fusionnent les uns avec les autres en une seule zone, formant une sorte de cape (fig. 12).

■ ***Mécanisme de formation de la cape.*** – Cette formation de la cape rend compte de la mobilité des protéines membranaires.

Tandis que les molécules antigéniques migrent vers le pôle postérieur, les molécules non marquées en partent et cheminent à contre-courant.

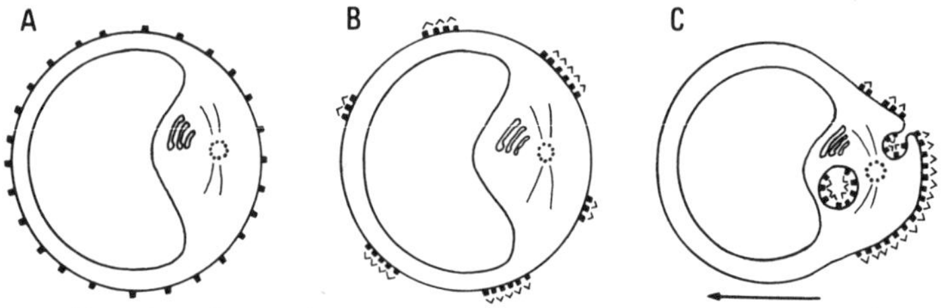

FIG. 12. – *Distribution des immunoglobulines à la surface d'un lymphocyte :*
A : distribution normale;
B : distribution par zones (cellule exposée au froid ou inactive);
C : formation de la cape au cours de la migration de la cellule (la flèche indique la direction du déplacement de la cellule).

La formation de la cape est indépendante de la synthèse protéique.

C'est un phénomène actif qui peut aussi se produire sans qu'il y ait adhérence à un substrat et migration cellulaire.

Des zones voisines de la membrane peuvent se déplacer l'une par rapport à l'autre et se séparer l'une de l'autre.

C. – FONCTIONS DE LA MEMBRANE PLASMIQUE

La membrane plasmique joue un rôle essentiel dans la pénétration de substances dans la cellule, dans la réception d'informations d'origine extracellulaire, et dans leur transmission au milieu intracellulaire.

La pénétration de substances dans la cellule dépend de leur forme.

Les molécules ou les macromolécules pénètrent par transport à travers la membrane.

Les particules solides, ou dans certains cas, les substances dissoutes, entrent dans la cellule par endocytose.

I. – TRANSPORT A TRAVERS LA MEMBRANE PLASMIQUE

Transport moléculaire

Le transport moléculaire ne s'accompagne pas de modifications ultra-structurales de la membrane plasmique. Ce transport se fait :

- soit en accord avec les lois de l'osmose, les molécules se déplaçant du milieu le plus concentré vers le milieu le moins concentré, c'est-à-dire dans le sens du gradient de concentration : ce transport ne dépense pas d'énergie cellulaire. Une diffusion des molécules s'effectue à travers la membrane : c'est le *transport passif;*
- soit contre le gradient de concentration : c'est le *transport actif,* qui consomme de l'énergie cellulaire.

■ ***Le transport passif.***

a) **Conditions du transport passif.** – Le mouvement des substances à travers la membrane est conditionné :

- par la taille des molécules : plus une molécule est volumineuse, plus sa vitesse de pénétration à travers la membrane est lente. Mais cette règle n'est valable que pour des molécules dont le volume est inférieur à un certain volume critique;
- par le coefficient de partition : au-dessus d'une taille déterminée, la pénétration est fonction du coefficient de partition. Le coefficient de partition est le rapport solubilité dans les lipides/solubilité dans l'eau. Plus ce rapport est élevé, meilleure est la pénétration de la substance à travers la membrane. En effet, les molécules solubles dans les lipides passent très rapidement, comme les alcools, les aldéhydes, les cétones, les glycérols et les anesthésiques;
- par le gradient de concentration : si une molécule est capable de se mouvoir librement à travers la membrane, la vitesse de progression à travers la membrane est fonction de sa différence de concentration de part et d'autre de la membrane.

b) **Mécanisme du transport.** – Le passage à travers la membrane se fait grâce à :

- des pores,
- des substances spécialisées : les perméases.

* *Les pores de la membrane.* – Le transport passif dépendrait de l'existence de pores. La taille de ces pores doit être supérieure à celle des substances qui les traversent. Le Na^+, le K^+, qui pénètrent librement dans la cellule, ont des diamètres respectifs de 3,5 Å et 2,3 Å. Les pores ont donc des dimensions supérieures au pouvoir séparateur du microscope électronique. Or, ils n'ont jamais été observés : les molécules en perpétuel mouvement confèrent aux pores une existence si éphémère qu'ils ne pourraient être visualisés dans les conditions techniques actuelles. *Les pores sont des structures dynamiques et non matérielles.*

L'existence de pores est très discutée, même si l'analyse des caractères du transport du glucose à travers la membrane de l'érythrocyte semble en apporter une preuve indirecte.

Des érythrocytes plongés dans une solution contenant du D glucose, l'absorbent rapidement : la concentration du D glucose intracellulaire sera toujours inférieure à celle du milieu extérieur. Le mouvement du sucre se fait dans le sens du gradient de concentration, et l'énergie nécessaire ne proviendra pas de la cellule, mais du gradient chimique du glucose.

Le transfert du glucose résulte de l'action d'un composant enzymatique de la membrane cellulaire. En effet :

- la vitesse de pénétration du glucose est proportionnelle à la concentration dans le milieu externe, jusqu'à un certain taux;
- à partir d'une certaine concentration et au-dessus, la vitesse de pénétration n'augmente pas;
- le transport du glucose est inhibé par des substances ayant une configuration spatiale voisine : ce fait implique donc que le site de pénétration a une forme complémentaire de celle du glucose;
- le transport est inhibé par un grand nombre de réactifs ayant en commun la possibilité de réagir avec les chaînes latérales des protéines;
- seul le D glucose pénètre dans l'hématie, alors que le L glucose n'y pénètre pas.

Ceci implique donc l'existence dans la membrane plasmique de structures laissant passer certaines molécules.

* *Organisation moléculaire d'un pore.* – En tenant compte du concept actuel de l'organisation moléculaire de la membrane plasmique, les pores seraient formés de sous-unités protéiques agrégées, qui occupent toute l'épaisseur de la membrane. Ces sous-unités protéiques auraient une structure spécialement adaptée à cette fonction (fig. 13).

Ils contiennent des molécules d'eau : les ions ou les substances hydrophobes se lieraient à un site spécifique, et en modifieraient la structure en déplaçant le site de fixation et en libérant la substance dans le milieu intracellulaire.

Dans le cas du transport passif, l'énergie nécessaire au fonctionnement du pore n'est pas d'origine cellulaire, mais provient du gradient de concentration. On utilise également le *terme de transport facilité* pour décrire ce mécanisme du transport passif.

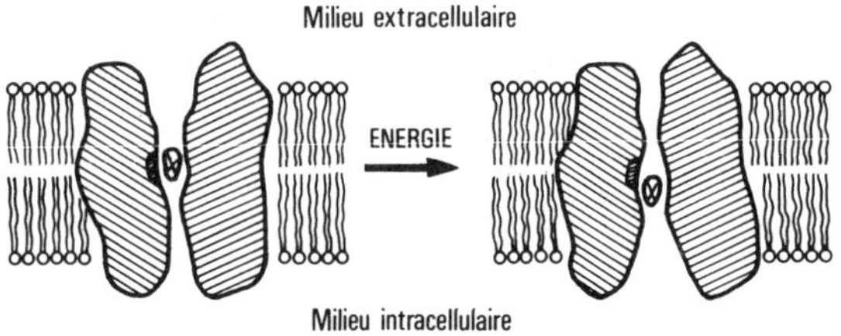

FIG. 13. – *Représentation schématique d'un pore et du mécanisme de fonctionnement.* Plusieurs sous-unités protéiques agrégées limitent un pore contenant de l'eau. Il possède un site spécifique auquel se lient des ions ou des groupements hydrophiles. La liaison avec le site induit un réarrangement des molécules du pore (nécessitant de l'énergie si le transport est actif). Après passage de la substance, les molécules du pore reprennent leur disposition antérieure.

* *Perméases.* – On tend de plus en plus à substituer à la notion de pore celle de substances spécialisées dans le transport de molécules déterminées. Il s'agit de *perméases* qui auraient un certain degré de spécificité. Elles choisiraient les substances qui doivent traverser la membrane, en fonction de leur structure tridimensionnelle.

■ *Le transport actif.*

a) **Définition.** – Le transport actif s'effectue contre le gradient de concentration. Il consomme une énergie d'origine cellulaire.

b) **Conditions du transport du glucose.** – Le transport actif dépend de la *présence d'une perméase spécifique, d'ATP et de Na^+.*

Pour comprendre la pénétration d'une molécule, imaginons que le transporteur occupe l'épaisseur de la paroi et qu'il reconnaît la molécule à transporter grâce à un site de reconnaissance ayant une forme complémentaire. La molécule se fixe sur le site, puis le transporteur tourne, assurant le transport (ou translocation) de la substance d'une face sur l'autre. La substance est ensuite libérée (fig. 14).

Cette notion de perméase est une hypothèse de travail découlant de l'étude du transport des disaccharides chez les bactéries : les perméases sont des protéines; leur synthèse par la bactérie est bloquée par les inhibiteurs de la protéogenèse, comme le *chloramphénicol.*

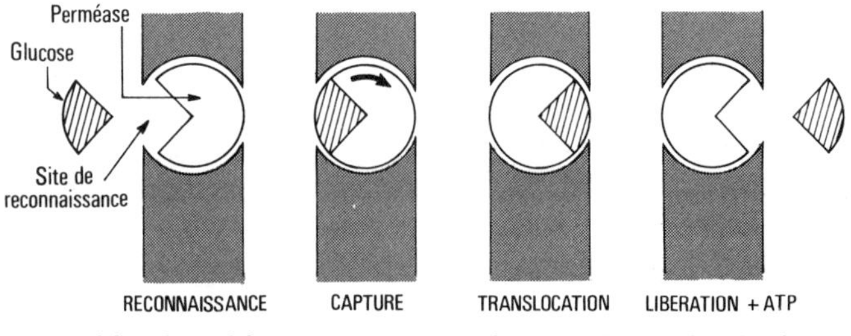

FIG. 14. – *Schéma hypothétique expliquant le mécanisme de transfert du glucose à travers la membrane grâce à l'action d'une perméase.*

⁂ *Présence d'ATP.* – Le transport utilise l'énergie libérée par l'adénosine triphosphate. Cette molécule perd un phosphate et libère en même temps l'énergie nécessaire.

Un exemple classique de transport actif est celui de la résorption du glucose dans le tube contourné du rein (fig. 15).

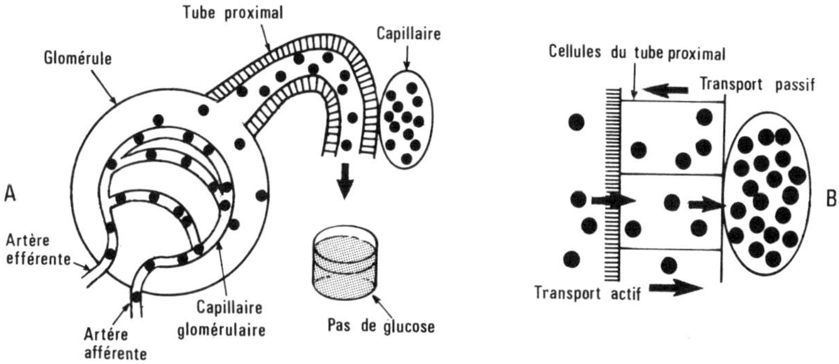

FIG. 15. – *Transport actif.*
A : les molécules de glucose pénétrant à travers la paroi vasculaire des capillaires glomérulaires sont retrouvées dans l'urine qui circule dans le tube proximal;
B : le glucose est intégralement réabsorbé par les cellules du tube proximal. Ces cellules rénales vont rejeter le sodium dans les capillaires contre l'action du gradient de concentration : il y aura donc dépense d'énergie, énergie qui sera formée par l'ATP.
(D'après *Éléments de Cytologie animale,* par M. MAILLET. Bordas, Paris, 1970.)

Normalement, il n'y a pas de glucose dans l'urine. Cependant, on a montré que le glomérule laisse filtrer le glucose, que l'on retrouve ainsi dans le liquide contenu dans les tubes rénaux. Les glomérules laissent ainsi filtrer 130 mg de glucose par minute. Le glucose est réabsorbé par les cellules des tubes contournés. Cette réabsorption va à l'encontre de la loi du gradient de concentration : il y a donc transport actif du glucose à travers la membrane cellulaire.

Ce transfert est sous la dépendance de mécanismes enzymatiques : la bordure en brosse est en effet fort riche en phosphatases. Une ATPase agit sur l'adénosine triphosphate. La libération des ions phosphate, sous l'influence de la phosphatase, s'accompagne d'une libération d'énergie nécessaire au transport actif du glucose à travers la membrane.

⁂ *Nécessité du* Na^+. Le glucose n'est pas transporté dans la cellule en l'absence du Na^+. Il est, en fait, couplé avec le passage de Na^+ à condition qu'il y ait des ions K^+ à l'extérieur de la cellule (ce mécanisme sera étudié plus loin).

c) **Transport actif des ions.** – *Le potassium et le sodium intra- et extracellulaires.* La répartition du sodium et du potassium dans toutes les cellules est faite d'une manière très inégale : le potassium est intracellulaire, tandis que le sodium occupe le compartiment extracellulaire (fig. 16).

Des hématies à 37° possèdent une quantité très importante de potassium dans leur cytoplasme, tandis que le milieu extracellulaire contient surtout du sodium. Si on conserve les hématies à 0°, le potassium passe dans le milieu extracellulaire, le sodium pénètre à l'intérieur de la cellule.

En réchauffant à 37°, les ions potassium du milieu extracellulaire réintègrent la cellule, et les ions sodium en sortent.

Ce phénomène s'arrête si on inhibe la glycolyse.

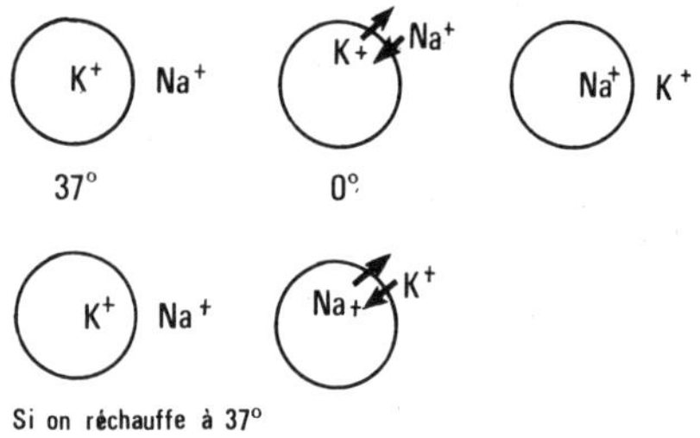

FIG. 16. – *Perméabilité de la membrane des érythrocytes* aux ions sodium et potassium, en fonction de la température.
(D'après *Éléments de Cytologie animale,* par M. MAILLET, Bordas, Paris, 1970.)

Le potassium et le sodium sont donc transportés à travers la membrane contre un gradient de concentration. Ce transport nécessite de l'énergie : c'est un transport actif. Il est thermosensible puisque l'abaissement à la température de 0° l'inhibe; l'énergie provient de la dégradation du glucose, puisque l'inhibition de la glycolyse arrête ce transport.

⁂ *La pompe à Na^+.* Ce transfert actif du sodium et du potassium se déroule perpétuellement dans toutes les cellules, quelle que soit leur nature. Si le transport actif n'existait pas, il y aurait répartition équivalente des ions K^+ et Na^+, de part et d'autre de la membrane, cette répartition étant la résultante du transport passif (fig. 17).

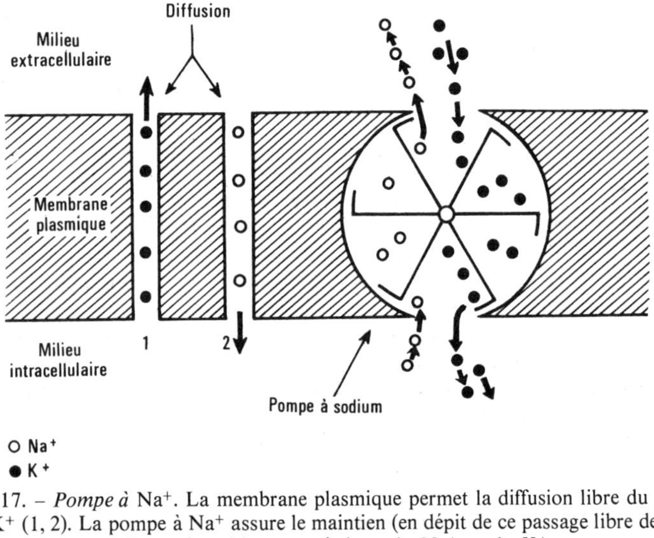

FIG. 17. – *Pompe à* Na^+. La membrane plasmique permet la diffusion libre du Na^+ et du K^+ (1, 2). La pompe à Na^+ assure le maintien (en dépit de ce passage libre des ions) d'une répartition asymétrique du Na^+ et du K^+.

L'ATP intervient non seulement comme source d'énergie, mais aussi comme substance prenant part au transport.

Il existe aussi une ATP-phosphatase dans la membrane plasmique, activée par le magnésium.

Actuellement, on pense que le transport des cations Na^+ et K^+ à travers la membrane est dû à l'intervention d'un système de transfert, nommé pompe à Na^+, dans lequel un transporteur spécifique se combine avec le Na^+ sur la face externe de la membrane, et le libère sur la face interne. Le K^+ est transporté par le même système, mais en sens inverse.

Dans le cas du sodium et du potassium, il est possible que ce transporteur soit l'ATP lui-même, ou un composé X qui doit être activé par phosphorylation.

$$ATP + X \rightarrow ADP + X \sim P$$

La substance $X \sim P$ se combine avec le Na^+ intracellulaire, et le libère dans le milieu extracellulaire.

$$Na^+ . X \sim P \rightarrow Na^+ + X \sim P$$

Le composé $X \sim P$ capte le K^+ extracellulaire, se combine avec lui selon la formule :

$$K^+ + X \sim P \rightarrow K^+ . X \sim P$$

Le complexe $K^+ . X \sim P$ libère le K^+ dans le milieu intracellulaire, tandis que le phosphate lié $K^+ . X \sim P \rightarrow K^+ + X + P$ à X se libère et se combine à une molécule d'ADP (fig. 18) :

$$P + ADP \rightarrow ATP$$

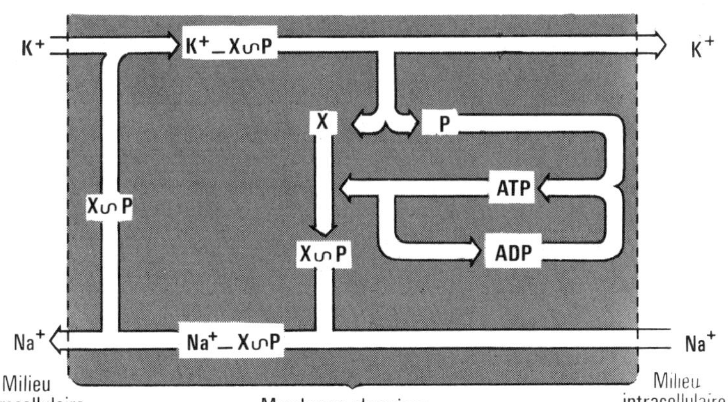

FIG. 18. – *Schéma du fonctionnement de la pompe à sodium.*

II. – LES MOUVEMENTS DE LA MEMBRANE

Ces mouvements, extrêmement variés, sont :

- des mouvements de petite amplitude qui ne déplacent pas la cellule (endocytose, exocytose), mais qui assurent la pénétration et l'excrétion de substances;
- des mouvements de grande amplitude (bouillonnement);
- des mouvements en rapport avec des déplacements de la cellule (membrane ondulante, pseudopodes, cils vibratiles et flagelles) [1].

Ces mouvements résultent de l'interaction membrane plasmique – structure contractile. La zone sous-membranaire est occupée par un réseau de microfilaments qui s'insèrent sur la face interne de la membrane plasmique, et par une substance myosin-like.

■ *Les structures contractiles.*

a) **Les microfilaments.** – Ce sont des éléments contractiles, de structure fibrillaire, d'un diamètre de 50 à 70 Å.

Leur répartition intracellulaire est périphérique : ils sont disposés en un réseau dense sous la membrane avec laquelle ils établissent des rapports étroits, puisqu'ils s'insèrent sur sa face interne.

Leur constitution biochimique est caractéristique : en effet, les molécules de ces microfilaments sont protéiques. Leur structure est voisine de celle de l'actine (protéines actin-like), dont le comportement et la signification fonctionnels sont comparables aux filaments d'actine du muscle lisse ou strié (les protéines actin-like des microfilaments, comme l'actine, se combinent avec la méromyosine lourde en augmentant son activité adénosine triphosphatasique). Leur composition en acides aminés, leur carte peptidique, sont identiques à celles de l'actine musculaire.

In vitro, les protéines actin-like, en se combinant avec la méromyosine, donnent naissance à des structures dites « en pointe de flèche ». Il en est de même *in vivo* (fig. 19).

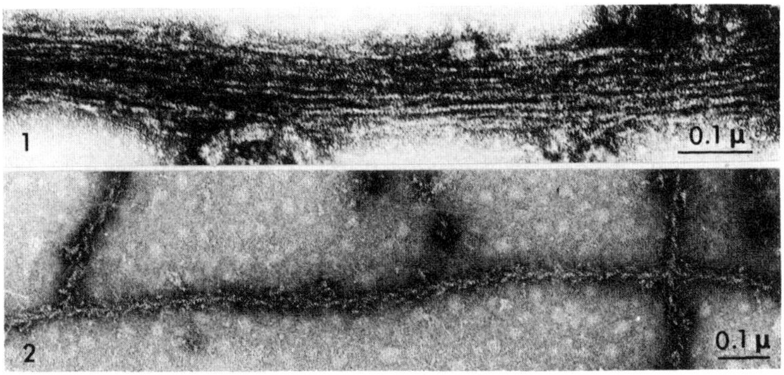

FIG. 19. – *Structure dite en pointe de flèche obtenue par la combinaison des protéines actine like des microfilaments avec la méromyosine.*

1 : coloration négative de microfilaments *(Amoeba proteus).*

2 : structure en pointe de flèche obtenue par formation d'un complexe entre le microfilament et une méromyosine extraite de tissu musculaire strié du lapin (×96 200).

(Cliché de T. D. POLLARD et E. D. KORN; *J. Cell Biol., 48,* 1971, 216-219.)

(1) Les cils et flagelles ne contiennent pas de structures considérées comme contractiles : il n'y a pas de microfilaments, mais des microtubules.

Leur forme : les protéines actin-like existent dans la cellule, soit sous la forme G, c'est-à-dire globulaire, soit sous la forme F, c'est-à-dire fibrillaire. La forme F, seule visible en microscopie électronique, résulte de l'association des éléments G.

b) **Les substances myosin-like.** – La présence de substances myosin-like a été récemment mise en évidence dans des cellules autres que les cellules musculaires, par les techniques employant les anticorps fluorescents antimyosine. Cette myosine serait localisée dans des filaments, voisins de la membrane plasmique, qui ont un diamètre variant entre 40 et 180 Å.

■ ***L'endocytose.*** – L'endocytose est un terme général qui groupe les phénomènes liés à la pénétration de particules solides ou liquides dans le cytoplasme par invagination de la membrane.

a) **La macropinocytose** (fig. 20). – C'est un mécanisme visible en microscopie optique, grâce auquel la cellule, par un mouvement de membrane, capture une gouttelette liquide.

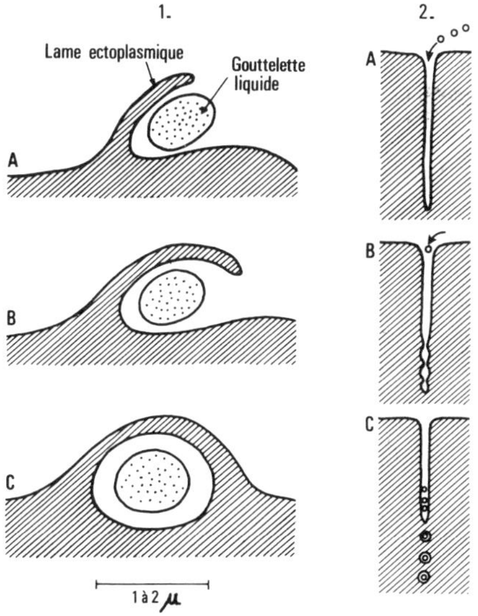

FIG. 20. – *Macropinocytose :*
1 : par rabattement d'une lame ectoplasmique;
2 : par invagination tubuliforme.

La macropinocytose se déroule de deux manières différentes :

- soit par un mouvement de rabattement d'une lame ectoplasmique sur le corps cellulaire : dans ce cas, une expansion cytoplasmique étroite, en forme de lame, se différencie et se rabat sur la gouttelette; elle fusionne ensuite avec la membrane plasmique enfermant ainsi la gouttelette dans une vacuole d'un diamètre de 1 à 2 μ;

– soit par invagination de la membrane plasmique : une invagination tubuliforme profonde de la membrane, visible aussi en microscopie optique, se développe. Les vacuoles résultent de strictions étagées de l'invagination.

b) **La micropinocytose** [1] (fig. 21). – La membrane s'invagine en un tubule long de 1 000 Å, d'un diamètre de 300 à 500 Å. La substance liquide pénètre dans un tubule, qui, par étranglement, donne des microvacuoles. La membrane peut aussi s'invaginer en une vésicule, sans formation intermédiaire de tubule. Le cytoplasme se referme sur cette microvacuole ou vacuole de micropinocytose.

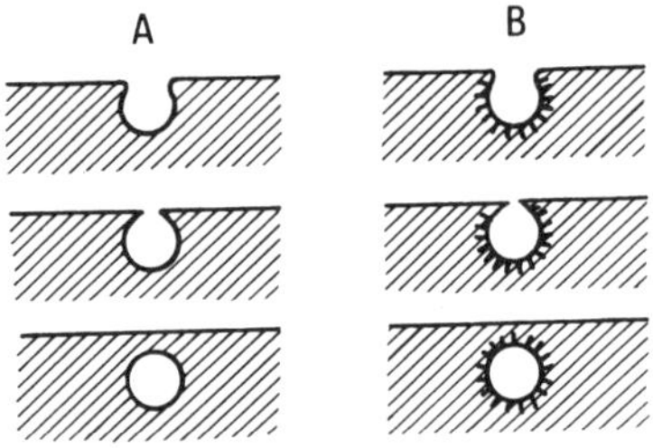

FIG. 21. – *La micropinocytose* correspond à une invagination de la membrane plasmique qui peut donner naissance à deux types de vacuoles de pinocytose :
A : des vacuoles à paroi lisse;
B : des vacuoles à paroi hérissée *(coated vesicules).* Afin de les distinguer de certaines formations lysosomales qui portent le même nom et qui proviennent du GERL, il est préférable d'utiliser pour les désigner les termes de *caveolae intracellulares.*

c) **La phagocytose.**

A. DEFINITION. – La phagocytose est l'ensemble des phénomènes qui aboutissent à la captation de particules solides et à leur destruction (fig. 22).

B. SIGNIFICATION. – Pendant longtemps, la phagocytose a été considérée comme un mécanisme de défense réservé, chez les Vertébrés, à des cellules très spécialisées, dont c'est la fonction essentielle : les *granulocytes* et les macrophages, bref aux cellules qui font partie du système réticulo-histiocytaire.

Cependant, d'autre cellules peuvent, à certains moments de leur existence, dans des états d'hyperactivité voisins du pathologique, être aptes à cette forme d'absorption de particules solides.

Cette phagocytose intéresse non seulement les bactéries mais aussi les débris cellulaires.

C. DEROULEMENT DE LA PHAGOCYTOSE (exemple : la phagocytose de bactéries par les granulocytes).

Lorsque des bactéries réussissent à pénétrer dans l'organisme, après avoir franchi les multiples barrières de protection (épiderme, muqueuse digestive ou respiratoire), elles sont immédiatement modifiées par des anticorps humoraux, les opsonines.

* *L'opsonisation.* – C'est la transformation des propriétés de la surface bactérienne par la fixation d'anticorps spécifiques. Cette opsonisation est une phase indispensable qui précède la capture des

(1) La micropinocytose n'est visible qu'en microscopie électronique.

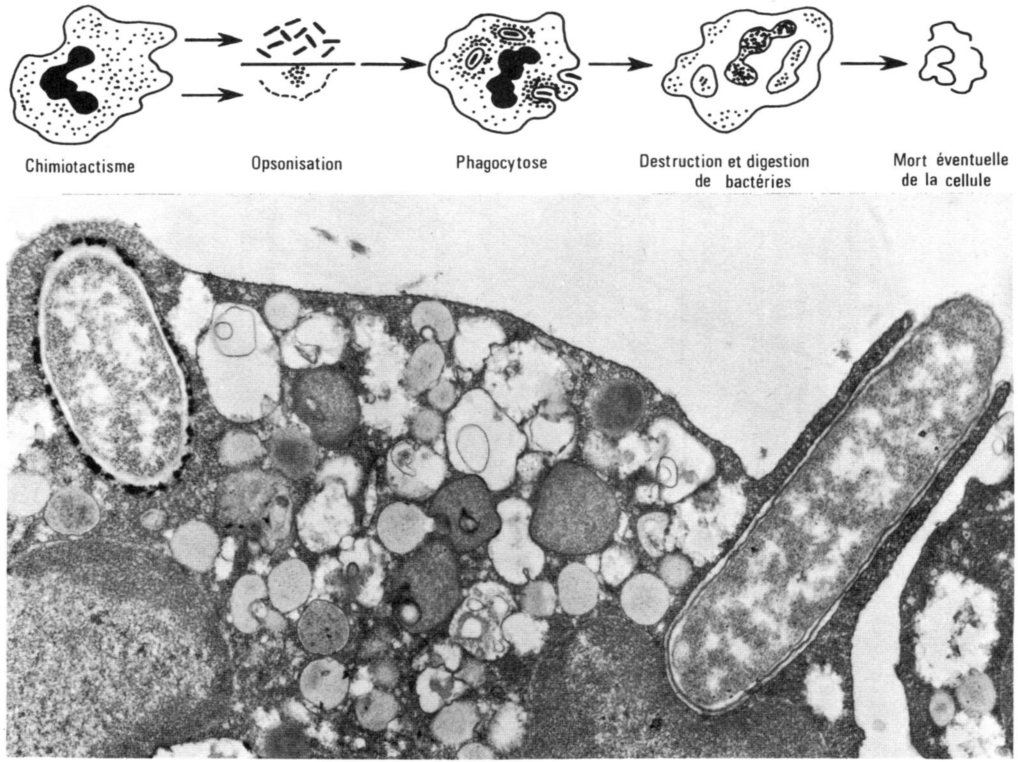

B

FIG. 22.
A : *principales étapes de la phagocytose;*
B : *phagocytose par un granulocyte.* En haut à droite, une bactérie en forme de bâtonnet est recouverte presque totalement par des pseudopodes. En haut à gauche, une bactérie vient d'être phagocytée; elle est contenue dans une vacuole phagocytaire. Les grains noirs situés à la périphérie de la vacuole correspondent à des phosphatases qui ont été déversées dans la vacuole par des lysosomes (×18 000). (Cliché de D FORD BAINTON; *J. Cell Biol., 58,* 1973, 249-264.)

bactéries. Les bactéries ne seront absorbées que dans la mesure où elles auront été recouvertes d'un « manteau » d'opsonine.

* *Le chimiotactisme.* – Les granulocytes migrent vers les lieux occupés par les bactéries, sans doute attirés par une substance chimique dont on ignore encore la nature; ils migrent à la vitesse de 0,7 à 1 μ par minute.

* *Le contact.* – Les granulocytes sont animés de mouvements incessants : formation de pseudopodes, bouillonnement de la surface cellulaire. Le contact précède une phase essentielle, l'adhésivité.

* *L'adhésivité.* – La particule étrangère est alors immobilisée contre la membrane plasmique. Des récepteurs, capables de fixer les cations bivalents comme le Ca^{++} et les fractions d'immunoglobuline, existent à la surface du granulocyte. Ces récepteurs établissent un lien avec les opsonines.

L'adhésivité est aussi une étape indispensable de la phagocytose.

* *La phase rhéologique.* – L'ectoplasme envoie, sur toutes les faces de la bactérie, des prolongements qui s'anastomosent les uns aux autres, et limitent une vacuole (phagosome) occupée par la bactérie. La membrane du phagosome a donc pour origine la membrane plasmique.

D. LA DEPENSE ENERGETIQUE. – La phagocytose, processus actif, consomme une quantité importante d'énergie. La dépense énergétique pour incorporer une particule de polystyrène correspond à l'énergie contenue dans 10^9 molécules d'ATP.

d) L'inhibition de l'endocytose.

L'étude de l'inhibition de l'endocytose par certaines substances comme la cytochalasine B permet de comprendre le mécanisme de l'endocytose.

La phagocytose et la macropinocytose sont très nettement ralenties ou arrêtées par de très faibles concentrations de cytochalasine qui anihile les propriétés des microfilaments (par contre la micropinocytose n'est pas inhibée).

Les bactéries opsonisées adhèrent aux macrophages ou aux granulocytes en présence de cytochalasine, mais les bactéries ne sont jamais entourées complètement par la membrane d'origine plasmique : elles restent dans des invaginations plus ou moins profondes de la membrane.

e) **Rôle des microfilaments dans le mécanisme de l'endocytose.** – Le réseau de microfilaments joue un rôle dans l'intériorisation de la membrane (fig. 23).

Les particules qui adhèrent à la surface de la membrane plasmique immobilisent les protéines de la membrane. La perméabilité aux ions Na^+ est alors

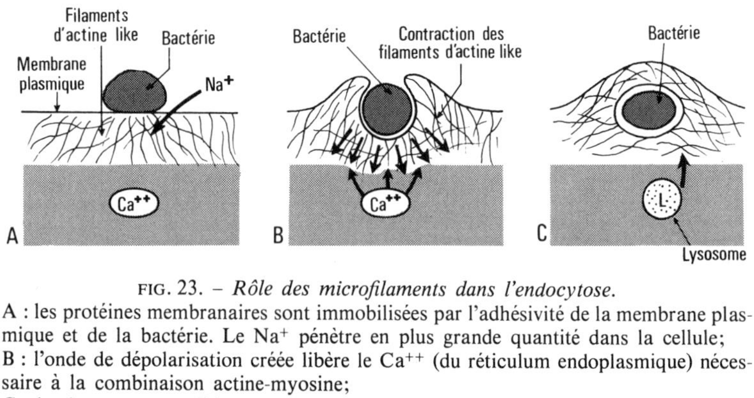

FIG. 23. – *Rôle des microfilaments dans l'endocytose.*
A : les protéines membranaires sont immobilisées par l'adhésivité de la membrane plasmique et de la bactérie. Le Na^+ pénètre en plus grande quantité dans la cellule;
B : l'onde de dépolarisation créée libère le Ca^{++} (du réticulum endoplasmique) nécessaire à la combinaison actine-myosine;
C : les lysosomes se dirigent vers la vacuole pour y libérer leur contenu.

accrue. Ils pénètrent dans la cellule, provoquant ainsi une onde de dépolarisation. Cette onde de dépolarisation, comme dans le tissu musculaire, libère le Ca^{++} stocké dans les canalicules du réticulum endoplasmique. Or, la présence de calcium est indispensable à la combinaison de l'actine et de la myosine : cette combinaison en actomyosine s'accompagne d'une contraction. Comme ces filaments sont attachés sur la face interne de la membrane, ils provoquent l'apparition d'une invagination de cette membrane qui se referme sur les particules adhérant à la membrane.

f) **Le contrôle de l'endocytose.** – Le contrôle quantitatif de ce mécanisme est mal connu. Cependant, on sait que certaines substances sont capables d'inhiber la pinocytose, tandis que d'autres l'induisent. Récemment plusieurs auteurs ont démontré que la pinocytose des cellules thyroïdiennes est sous contrôle hormonal.

A. INHIBITION DE L'ENDOCYTOSE. – Les inhibiteurs de synthèse stoppent l'endocytose. Le macrophage est inapte à l'endocytose lorsqu'il est placé dans un milieu contenant la p-fluoro-phénylalanine. L'intégrité de la glycolyse et de la phosphorylation oxydative sont indispensables à l'endocytose : l'adjonction de DNP l'inhibe, mais cette situation est réversible puisque l'adjonction d'ATP rétablit l'endocytose malgré la présence de DNP.

B. INDUCTION DE L'ENDOCYTOSE. – L'induction de l'endocytóse a été clairement établie dans le cas des colorants basiques et des protéines. L'inducteur est chargé positivement : il s'associe, grâce aux forces électrostatiques, aux mucopolysaccharides du cell coat.

L'induction est un phénomène dissociable de l'absorption : chez l'amibe, à 4°, l'inducteur provoque l'invagination s'il reste accolé à la membrane.

Mais l'endocytose se produit dans toutes les cellules sans que l'induction soit nécessaire, sauf pour les cellules histiocytaires (granulocytes et macrophages). L'*endocytose induite* est en fait un phénomène toxique ou pathologique qui est l'exagération d'un phénomène physiologique.

■ ***L'exocytose.*** – La membrane plasmique intervient dans les phénomènes d'excrétion, c'est-à-dire dans la libération des produits élaborés par la cellule.

L'excrétion cellulaire est un phénomène discontinu ou continu [1].

L'excrétion discontinue et contrôlée : cette excrétion se fait par décharge induite par un stimulus.

Les grains de sécrétion qui contiennent l'insuline dans le pancréas endocrine sont libérés par la cellule dans le sang, lorsque la *concentration du sang en glucose augmente.* De nombreuses cellules à sécrétion interne ou externe excrètent leur produit dans de telles conditions (glandes salivaires, acini pancréatiques, noradrénaline de la médullo-surrénale, etc.) (fig. 24).

Mécanisme de l'exocytose. – L'exocytose proprement dite est précédée d'une phase de migration du grain de sécrétion ou d'une vacuole lysosomale.

(1) *L'excrétion continue non contrôlée* est un mécanisme plus rare qui caractérise souvent le mode d'excrétion de cellules pathologiques. Les plasmocytes peuvent être à l'origine de la formation de tumeur sécrétante qui libère des immunoglobulines d'une manière permanente.

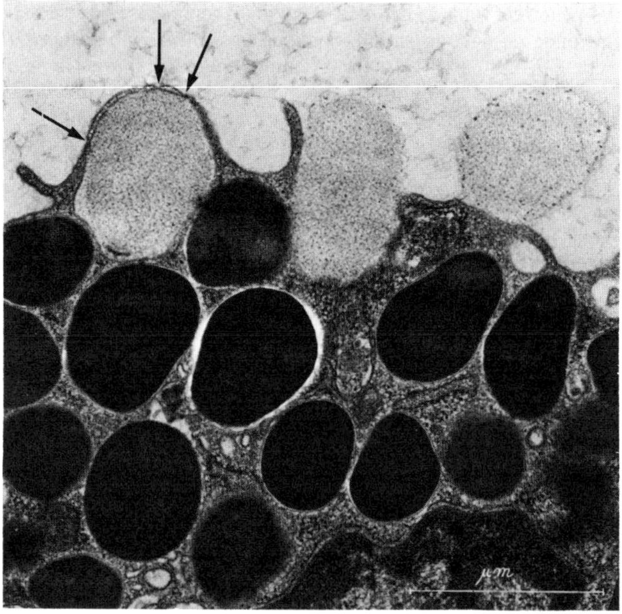

FIG. 24. – *Mastocyte.* Excrétion des grains de sécrétion. Les flèches indiquent les points de fusion entre la membrane plasmique et la membrane du grain. La membrane se rompt au point de fusion et libère le grain de sécrétion (X 26 600).
(Cliche de P. ROHLICH, P. ANDERSON et B. UVNAS; *J. Cell Biol., 51,* 1971, 465-483.)

La vacuole se déplace pour adhérer à la face interne de la membrane plasmique : le réseau de microfilaments sous-membranaires interviendrait à la fin du parcours de la vacuole, de trois manières différentes qui sont toutes trois hypothétiques.

1re HYPOTHESE. – Le réseau sous-membranaire de microfilaments réalise une véritable barrière qui empêche les grains d'atteindre la membrane plasmique. Lorsque le Ca^{++} est libéré dans le cytoplasme, il déclenche la contraction des microfilaments qui cessent de former une couche continue, et permettent aux granules d'atteindre la membrane plasmique. Les membranes du granule et de la cellule fusionnent, puis se rompent au point de fusion : le grain s'ouvre sur le milieu extérieur, et libère son contenu.

2e HYPOTHESE. – Le réseau de microfilaments ne s'interpose pas. Au contraire, il passe sous le grain de sécrétion. La contraction déclenchée par le Ca^{++} pousse la vacuole en direction de la membrane plasmique avec laquelle elle fusionne. La fin de l'excrétion se déroule comme précédemment.

3e HYPOTHESE. – Le granule est maintenu dans une invagination de la membrane; la paroi est poussée vers l'extérieur par la contraction des microfilaments. Le granule est expulsé avec sa propre membrane qui, secondairement, se rompt dans le milieu extracellulaire (fig. 25).

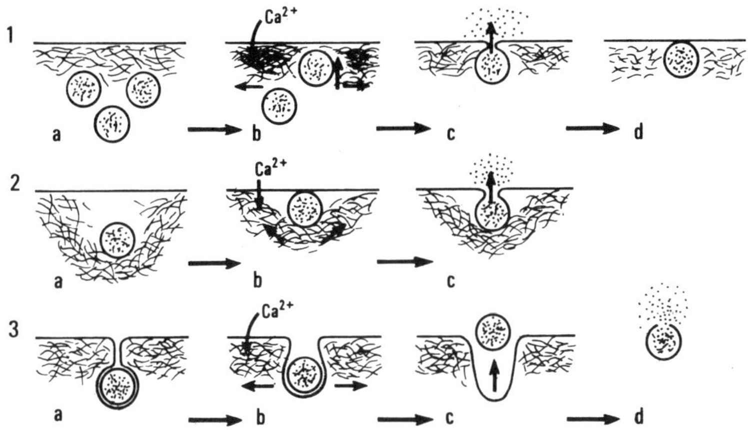

FIG. 25. – *Mécanisme de l'exocytose.*

1 : les microfilaments empêchent les grains d'arriver à la membrane (a). Quand le calcium pénètre (b), les filaments se contractent et laissent une zone libre où pénètrent les grains de sécrétion dont la membrane s'accole à celle de la cellule : une rupture de ces membranes fusionnées libère le produit de sécrétion (c). Si les filaments ne se contractent pas, le grain n'est pas excrété;
2 : les microfilaments passent sous le grain (a) et leur contraction (b) les amène au contact de la membrane;
3 : le granule est pris dans une invagination de la membrane, puis les parois de l'invagination s'écartent grâce à une contraction des microfilaments et le grain est libéré avec sa membrane, qui, ultérieurement, se rompt pour décharger le produit de sécrétion.

■ *Les mouvements de bouillonnement.*

a) **Nature de ces mouvements.** – La cellule émet dans certaines conditions des saillies hémisphériques, en forme de bulles remplies de cytoplasme. Elles atteignent un diamètre de 2 à 10 μ en 5 à 10 secondes, et disparaissent en 20 à 60 secondes. Elles apparaissent en n'importe quel point de la surface cellulaire, et alternent parfois avec des mouvements de la membrane (fig. 26).

b) **Signification.** – Ces mouvements sont caractéristiques de cellules en mauvais état ou dans de mauvaises conditions de culture.

Ils peuvent aussi se dérouler pendant la mitose.

Ils sont en relation avec la pression osmotique intracellulaire : elle est momentanément abaissée par l'expansion des zones plus faibles de la surface cellulaire.

Si le milieu de culture est rendu hypertonique par adjonction de *sorbitol,* la différence de pression est inversée; les bulles disparaissent en quelques secondes.

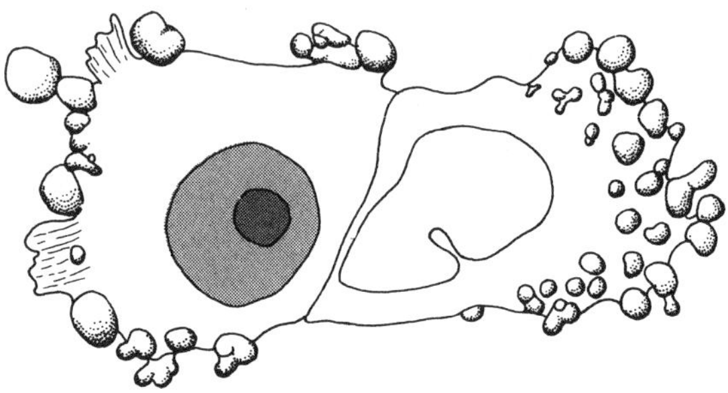

FIG. 26. – *Mouvement de bouillonnement de la surface cellulaire.*

■ *Les mouvements de locomotion.*

a) Les membranes ondulantes.

A. DEFINITION. – Les membranes ondulantes sont des expansions cytoplasmiques planiformes, fines, sortes de voiles ou de lames minces qui sont animées de mouvements d'ondulation assurant à la cellule un déplacement dans un milieu liquide, de 15 μ à l'heure à 37°.

B. LE ROLE DES MICROFILAMENTS. – La cytochalasine B ajoutée à de très faibles concentrations, 0,5 à 5 μg/ml, dans le milieu, stoppe en quelques minutes les mouvements de la membrane ondulante.

Cette expérience prouve que les mouvements d'ondulation de la membrane dépendent du réseau sous-membranaire de fibres contractiles.

b) Les pseudopodes.

A. DEFINITION. – Ce sont des prolongements émis par une cellule, qui adhèrent au substrat et qui lui permettent de se mouvoir. Ils ont une morphologie variable, lamellaire, digitiforme.

B. MECANISME : adhésivité et traction. – Toutes les cellules sont douées de mobilité. Dans le cas étudié ici, la cellule envoie des expansions plates, en forme de lamelles, dans le sens du déplacement. Ces pseudopodes s'accolent au support, puis tout le cytoplasme se déplace dans ces pseudopodes; en arrière (par rapport au sens de la migration), une longue traînée cytoplasmique remplace une lamelle préexistante.

La cellule développe donc des *forces de traction* qui dépendent des microfilaments, puisque les mouvements des fibroblastes sont inhibés par la cytochalasine B.

C. LES DEPLACEMENTS DES SOUS-UNITES MEMBRANAIRES AU COURS DES MOUVEMENTS DE LA MEMBRANE. – Pendant le déplacement, la membrane plasmique subit des mouvements qui ont été étudiés par la technique suivante.

Des particules de résine sont placées dans le milieu de culture. Elles adhèrent à la surface de la cellule. Ces particules se déplacent et révèlent les mouvements de la membrane plasmique.

Les particules qui viennent d'adhérer à la membrane se meuvent à la vitesse de 3 à 4 μ par minute; mais lorsqu'elles ont parcouru une distance de 15 à 20 μ sur la surface cellulaire, leur migration s'arrête.

L'hypothèse la plus vraisemblable s'appuie sur le fait qu'au bord antérieur de la cellule, des sous-unités membranaires (pool de sous-unités), contenues dans le cytoplasme, s'assemblent, de telle sorte que la cellule s'allonge dans la direction du déplacement. A partir de cette « zone d'assemblage », la membrane s'écoule lentement sur la face ventrale et la face dorsale, en direction inverse de celle du déplacement de la cellule. A une certaine distance de la zone d'assemblage, sur la face dorsale, les sous-unités membranaires retournent dans le cytoplasme (désassemblage) pour reconstituer le pool nécessaire à la progression. La migration des particules de résine s'arrête au niveau de cette zone de « désassemblage » (fig. 27).

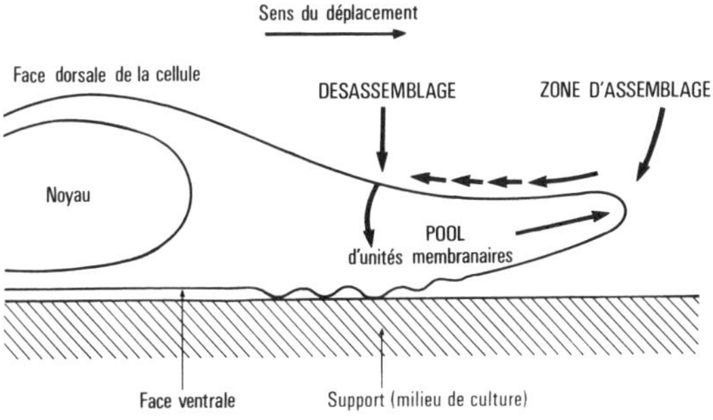

FIG. 27. – *Mouvement de locomotion par adhérence sur un support.* L'assemblage des sous-unités membranaires s'effectue au bord antérieur de la cellule, puis les sous-unités membranaires migrent en direction centripète et se désassemblent sur la face dorsale pour reconstituer le pool nécessaire à l'assemblage.

D. ROLE DES MICROFILAMENTS. – Les microfilaments cytoplasmiques des faces dorsale et ventrale, au voisinage du bord antérieur de la cellule, se contractent.

Cette contraction est orientée vers le cytoplasme et en direction opposée au sens de déplacement, de telle sorte que la membrane plasmique du bord antérieur de la cellule est soumise à des forces qui permettent aux sous-unités du pool de pénétrer dans la membrane à ce niveau, et d'assurer ainsi la progression de la cellule par allongement de celle-ci (fig. 28).

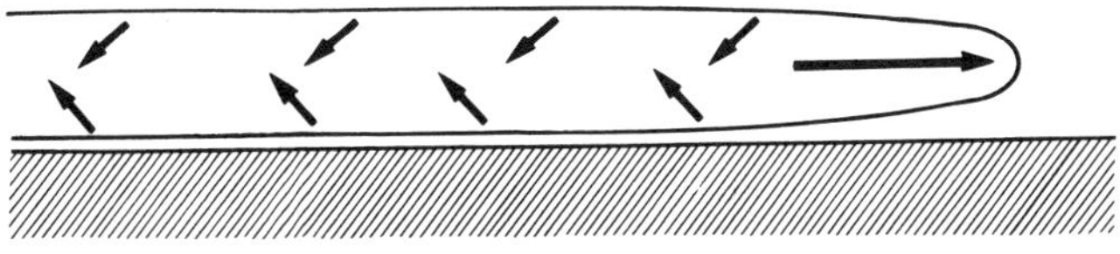

FIG. 28. – *Pseudopode montrant le sens de la contraction des microfilaments des faces dorsale et ventrale* au voisinage du bord antérieur de la cellule. La flèche horizontale indique la direction de la migration de la cellule.

III. – ROLE DANS LES ÉCHANGES D'INFORMATIONS

Les cellules émettent et reçoivent des informations qui modifient leur activité. Le mécanisme de ces échanges n'est pas le même selon que ces cellules sont distantes l'une de l'autre ou contiguës.

Dans les deux cas, les informations émises sont des molécules de transmetteurs.

Si la « cellule émettrice » de l'information est distante de la « cellule réceptrice », la transmission se fait par l'intermédiaire d'une hormone acheminée par le système circulatoire.

Si les cellules sont contiguës, les informations sont transmises de l'une à l'autre par un *système de couplage.*

■ ***Hormones et membrane plasmique.*** – Les hormones (produit de sécrétion d'une glande endocrine) modifient profondément l'activité cellulaire. Elles sont apportées aux cellules par le sang, puis par les liquides intercellulaires. Toutes les cellules ne réagissent pas à une hormone donnée. L'hormone pancréatique appelée glucagon, active d'une manière spécifique la cellule hépatique. Elle accroît la libération du glucose dans le système circulatoire.

a) Phase intramembranaire.

A. LE SITE RECEPTEUR (fig. 29). – Dans un tel système, la membrane est apte à reconnaître l'information, c'est-à-dire à savoir si l'information concerne la cellule qu'elle limite.

Cette « reconnaissance » dépend d'un site récepteur (localisé dans la partie externe de la membrane), dont on admet qu'il a une forme complémentaire de l'hormone.

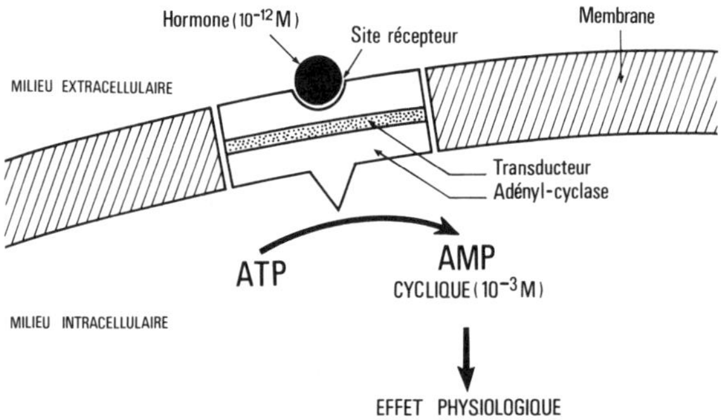

FIG. 29. – *Schéma général de la transmission d'une information d'origine extracellulaire.*

B. LA PARTIE AMPLIFICATRICE. – Le récepteur se combine ensuite à l'hormone : le complexe obtenu déclenche le fonctionnement d'une autre substance intramembranaire, l'adénylcyclase, qui amplifie considérablement le signal chimique perçu.

C. LE TRANSDUCTEUR. – Le site récepteur de l'adénylcyclase serait couplé par un transducteur probablement de nature lipidique.

La transduction et l'amplification ne se produisent qu'au moment où l'hormone est liée au site récepteur.

b) **Phase intracytoplasmique.**

L'adénylcyclase activée transforme d'adénosine triphosphate en AMP cyclique, et transporte l'information d'origine hormonale à l'intérieur de la cellule. Une cellule est sensible à des concentrations hormonales de l'ordre de 10^{-8} à 10^{-12} Mol. La concentration d'AMP cyclique produit est de 10^{-3} M. Le facteur d'amplification est donc de 10^5 à 10^9.

Dans le cas du glucagon, l'AMP cyclique active une enzyme, la phosphorylase, responsable de la glycogénolyse, c'est-à-dire de la dégradation biologique du glycogène ou glucose.

L'activité de l'AMP cyclique est contrôlée par une phosphodiestérase, qui transforme l'AMP cyclique en un produit inactif, le 5' AMP.

■ ***Couplage des cellules.***

a) **Couplage électro-physiologique des cellules.** – Le couplage de deux cellules peut être mis en évidence par les techniques électro-physiologiques.

Deux électrodes sont reliées à un stimulateur : une des électrodes est introduite dans une cellule, l'autre est placée dans le milieu.

Dans la même cellule, une électrode E1 est reliée à un enregistreur; dans la cellule voisine, on place une électrode E2 reliée à un deuxième enregistreur. On émet un signal de forme carrée de 10^{-7} ampères pendant 100 millisecondes. L'enregistreur E1 placé dans la cellule stimulée enregistre une courbe légèrement différente du signal émis, car elle se comporte comme un circuit comprenant une résistance et un condensateur.

Si les cellules E1 et E2 sont couplées, le signal émis sera recueilli en E2, sous la forme d'une courbe semblable.

La résistance entre deux cellules couplées est de l'ordre de 0,6 Ω par cm^2. Elle est de 500 000 entre deux cellules non couplées.

b) **Morphologie des zones de couplage électro-physiologique.** – Les cellules, dans un tissu, sont toujours séparées par un espace intercellulaire plus ou moins large, dans lequel circule un liquide interstitiel transportant les éléments nutritifs, les produits de sécrétion et les déchets. Par places, cet espace disparaît : dans ces régions, *les membranes cellulaires adhèrent l'une à l'autre; ces zones de jonction intercellulaire* (1) comprennent :

- les tight junctions,
- les gap junctions,
- les septate like junctions.

A. LES TIGHT JUNCTIONS.

* *Définition.* – Ce sont des régions spécialisées de la membrane, où les feuillets externes établissent un contact si étroit qu'ils obturent complètement l'espace intercellulaire et empêchent le passage de toute substance.

* *Localisation.* – Ce type de jonction s'observe dans de nombreux tissus. Il unit les cellules endothéliales les unes aux autres, les entérocytes, les cellules hépatiques qui bordent un canalicule biliaire (fig. 30).

* *Structure.* – Sur une coupe perpendiculaire à leur plan, les tight junctions montrent *cinq feuillets :*

- deux feuillets sombres, correspondant aux feuillets internes des membranes cellulaires; ils constituent les « faces cytoplasmiques »;

(1) Le terme de *Nexus* fréquemment employé est très imprécis : il semble actuellement grouper les tight et les gap junctions.

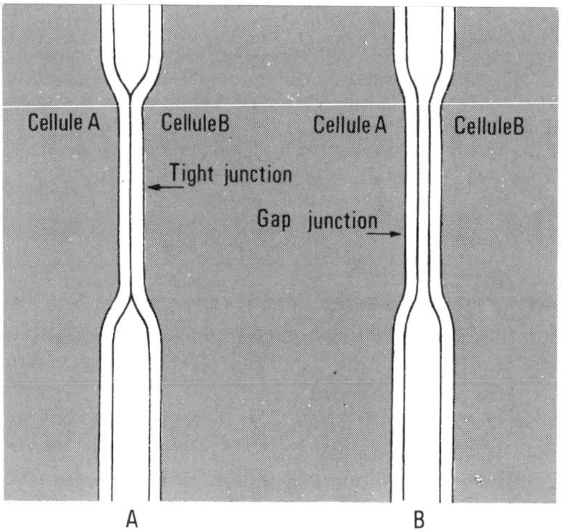

FIG. 30.
A : Tight junction;
B : gap junction.

- deux feuillets clairs, situés de part et d'autre d'un feuillet médian résultant de l'apposition ou de la fusion intime des deux feuillets externes des membranes cellulaires adjacentes; l'épaisseur totale est de 125 à 150 Å, mais varie avec le fixateur utilisé.

B. LES GAP JUNCTIONS.

* *Définition.* – Les gap junctions sont des régions spécialisées des membranes de deux cellules adjacentes, qui se caractérisent essentiellement par un rapprochement des deux membranes.

* *Structure.* – Sur une coupe perpendiculaire à leur plan, les gap junctions sont formées de 7 feuillets (dans la mesure où l'espace intercellulaire puisse être assimilé à un feuillet). On distingue en effet

- les feuillets (2 sombres et 1 clair) d'une des deux cellules;
- l'espace intercellulaire d'une épaisseur de 20 à 30 Å;
- les 3 feuillets de la membrane de la cellule voisine.

Les gap junctions comprennent donc :

- 4 feuillets osmiophiles,
- et 3 feuillets osmiophobes (fig. 30).

Mais très souvent les deux feuillets externes sont si rapprochés qu'il n'est pas possible de les distinguer. Il serait possible dans ces conditions de confondre une gap avec une tight junction. La simple morphologie est insuffisante pour les identifier, et il est nécessaire d'utiliser des traceurs des espaces intercellulaires.

Le nitrate de lanthane en solution pénètre dans les plus petits espaces intercellulaires. Il est opaque au rayonnement électronique, donc facilement décelable.

Lorsqu'un tissu est plongé dans une solution de traceur, tous les espaces intercellulaires sont marqués (fig. 31).

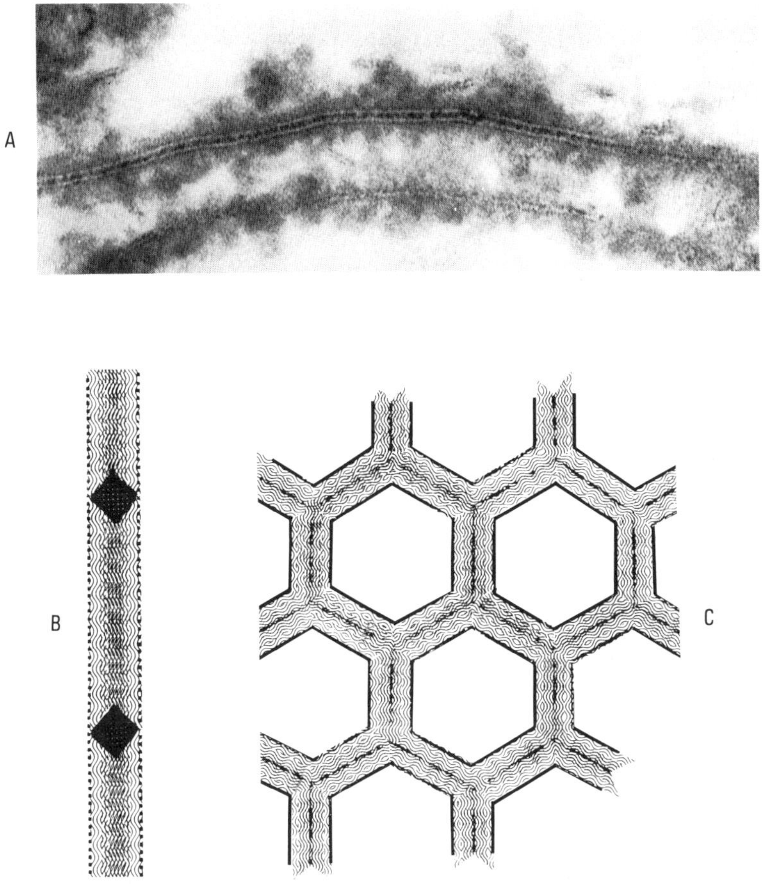

FIG. 31.

A : *Gap junction* (X 170 000). Un espace permeable à un traçeur (ici la péroxydase) est coloré intensément en noir. On remarquera que le traçeur est disposé sous la forme de petites particules. En réalité, chaque particule est située à l'intérieur d'un très fin canalicule dont on peut voir la disposition sur les dessins B et C;

B : *coupe perpendiculaire à la gap junction*. Les carrés noirs indiquent les espaces perméables au traçeur;

C : *disposition hexagonale des espaces perméables au traçeur* (une telle disposition est visible lorsque la coupe passe par le plan médian de la jonction).

(Cliché A de D.-A. GOODENOUGH et J.-P. REVEL; *J. Cell Biol., 50,* 1971, 81-91. Clichés B et C de R.-L. STEERE et J.-R. SOMMER; *J. Microscopie, 15,* 1972, 205-218.)

On s'aperçoit que les tight junctions sont imperméables au traceur, tandis que les gap junctions le laissent passer par de minuscules espaces situés dans le feuillet médian.

* *Organisation moléculaire de la membrane.* – Les protéines du feuillet externe de chaque membrane entrent en contact étroit les unes avec les autres dans le milieu du feuillet médian. Elles sont « vérouillées », entourées d'un réseau hexagonal, plat, lipidique (fig. 32).

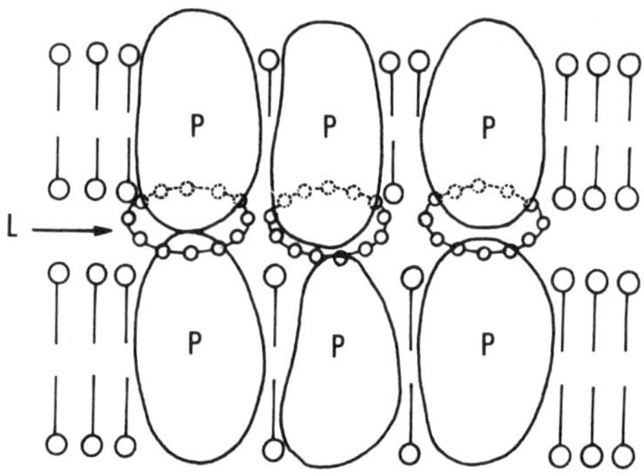

FIG. 32. – *Organisation moléculaire d'une gap junction.* Les protéines de chaque membrane entrent en contact les unes avec les autres : elles sont « verrouillées » par des molécules lipidiques à disposition hexagonale. P : protéines, L : molécules lipidiques à disposition hexagonale.

C. LES SEPTATE LIKE JUNCTIONS.

* *Définition.* – Les desmosomes septae sont des zones d'attache spécialisées des membranes cellulaires, où celles-ci sont réunies par des « ponts » ou septa (septum) qui traversent l'espace intercellulaire.

* *Structure.* – L'espace intercellulaire est de 150 à 200 Å. Il est limité de part et d'autre par les membranes non modifiées des deux cellules adjacentes.

Entre les membranes, sont tendues des formations denses portant le nom de septa (fig. 33).

c) **Signification des zones de couplage.** – Elles sont responsables du passage de petites molécules (poids moléculaire 1 000) entre deux cellules voisines. Elles s'établissent entre des cellules de même origine tissulaire, indépendamment de l'espèce dont elles proviennent.

Elles dépendent de la présence de Ca^{++} et d'ATP.

Elles transmettent des informations d'une cellule à l'autre.

– L'INHIBITION DE CONTACT. – Les fibroblastes en culture sont animés de mouvements. Lorsqu'une zone de contact s'établit entre deux cellules, les mouvements de la cellule sont inhibés. La zone de contact a la structure d'une tight ou d'une gap. L'arrêt du mouvement dépend d'informations qui pénètrent dans la cellule par la zone de couplage.

Mais le blocage du mouvement n'est pas le seul résultat de ce contact inter-

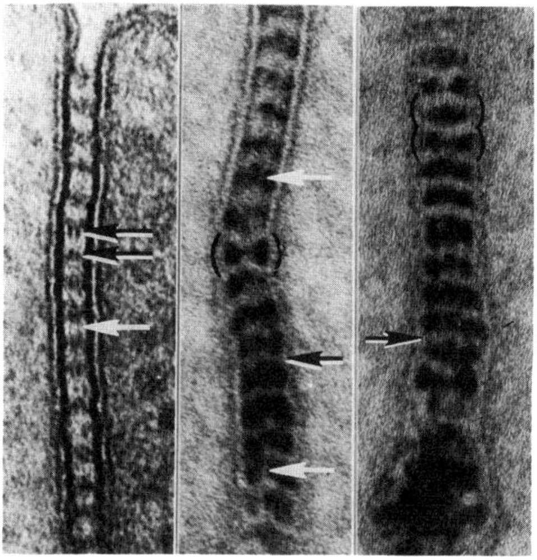

FIG. 33. – A : les deux membranes sont séparées par un espace relativement large, traversé par des zones denses (septa) parallèles les unes aux autres, et dont les distances sont comprises entre 130 et 170 Å (×243 000); B et C : la préparation a été préalablement traitée par un traceur (nitrate de lanthane et rouge de ruthénium). Les septa apparaissent en clair (flèches noires) et les espaces remplis de traceur, opaques au rayonnement électronique apparaissent en noir (flèches blanches) (× 258 000).
(Cliché de A. R. HAND et S. GOBEL; *J. Cell Biol., 52,* 1972, 397-408.)

cellulaire : il peut se produire aussi des perturbations du métabolisme telles, que la synthèse du DNA est arrêtée; les cellules ne peuvent plus se diviser.

Ce phénomène se produit dans les cultures où chaque cellule est complètement entourée d'autres cellules. Cette inhibition de contact de la mitose est un dispositif de défense contre la surpopulation cellulaire.

Les cellules cancéreuses, inaptes à former des zones de couplage, ne possèdent plus l'inhibition de contact. Mais si des cellules cancéreuses (fibroblastes de polyome) sont placées dans une culture de fibroblastes normaux, les cellules du polyome se disposent en rangées parallèles à celles des fibroblastes normaux; leur croissance est alors bloquée.

Les cellules normales envoient et reçoivent des signaux qui déterminent l'association des cellules et leur taux de croissance. Les cellules cancéreuses sont incapables de se contrôler entre elles, mais, quand elles sont au voisinage de cellules normales, elles sont encore capables d'être contrôlées. *La cellule cancéreuse n'émet plus d'informations, mais elle est susceptible d'en recevoir et de s'y conformer.*

III. – LE CELL COAT

A. – DÉFINITION

Le *cell coat* [1] est une couche glycoprotéique localisée à la surface de la membrane plasmique, dont l'intégrité est essentielle au maintien des activités physiologiques vitales de la cellule.

B. – STRUCTURE DU CELL COAT

I. – CELL COAT MIS EN ÉVIDENCE SANS UTILISATION DE TECHNIQUES HISTO-CHIMIQUES

Le cell coat est rarement visible en utilisant les techniques habituelles de microscopie électronique.

Cependant, un certain nombre de cellules sont des modèles favorables à une observation avec les techniques conventionnelles.

C'est le cas de l'Amibe, dont le cell coat comprend deux parties (fig. 34) :

- une zone amorphe en apparence, de 200 Å d'épaisseur, peu dense au rayonnement électronique, recouvrant directement le feuillet externe de la membrane plasmique;
- une zone externe d'expansions filiformes s'échappant de la zone amorphe; ces expansions sont capables de fixer des molécules de ferritine ou de bioxyde d'osmium.

Chez les Vertébrés Supérieurs, il est facile d'étudier le cell coat sur les microvillosités des cellules de la vésicule biliaire, où il fut observé pour la première fois par Yamada (1955). Il apparaît sans coloration spécifique sous la forme d'un matériel fibrillaire. Il a le même aspect sur les microvillosités des entérocytes, des cellules épithéliales de l'épididyme, des tubes proximaux du rein ou des cellules à pôle muqueux fermé de l'épithélium gastrique (fig. 35).

De fins filaments anastomosés, à disposition perpendiculaire à la membrane plasmique, adhèrent au feuillet externe.

---

(1) *Synonyme :* revêtement externe, glycocalyx (BENNETT, 1963), fuzz ou fuzzy coat (YAMADA, 1955), glycolemme (RAMBOURG, LEBLOND, 1967). L'appellation de cell coat actuellement adoptée par beaucoup de cytologistes est due à GASSEC (1963). Il est nécessaire de distinguer le cell coat de « l'extraneous coat » ou revêtement supplémentaire qui est une couche de molécules disposées sur la face externe de la membrane plasmique, qui peut être extraite par des moyens, mécaniques ou autres, *sans altération de viabilité cellulaire.*

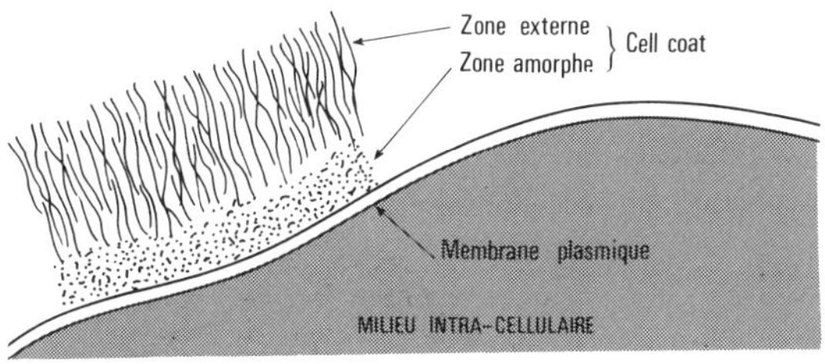

FIG. 34. – *Membrane plasmique et cell coat de l'amibe.*

II. – CELL COAT MIS EN ÉVIDENCE PAR LES TECHNIQUES HISTOCHIMIQUES ET IMMUNOLOGIQUES

■ ***Par coloration histochimique.*** – Ces techniques prouvent que le cell coat est une structure quasi constante. Les cellules endothéliales possèdent un cell coat que seules les techniques histochimiques peuvent révéler. Son existence avait depuis longtemps été suspectée, puisque lors de l'apposition d'érythrocytes sur la face interne des capillaires, un espace de 100 Å de large, électroniquement vide, persiste.

Il est visible après coloration histochimique (rouge de ruthénium; acide phosphotungstique, Rambourg). Il apparaît sous la forme d'un précipité noir déposé à la surface externe de la membrane plasmique.

■ ***Par les techniques immunologiques.*** – Après incubation de membranes plasmiques (isolées par centrifugation différentielle dans un milieu contenant des anticorps anti-membranes), l'examen en microscopie électronique révèle l'existence, sur leur face externe, d'un matériel filamenteux correspondant au complexe antigène-anticorps, et caractérisant ainsi l'asymétrie chimique des membranes plasmiques.

C. – CONSTITUTION CHIMIQUE

Le cell coat contient une très grande quantité de glucides, en général liés, soit à des lipides, soit à des protéines. On distingue ainsi :

- des *glycolipides,* des polysaccharides libres et des constituants majeurs,
- des *glycoprotéines,*
- et des *protéoglycanes.*

I. – LES GLYCOLIPIDES

Ils résultent de l'union d'une fraction glucidique et d'une fraction lipidique. Le cell coat contient des cérébrogalactosides ou galactolipides, comme la cérasine.

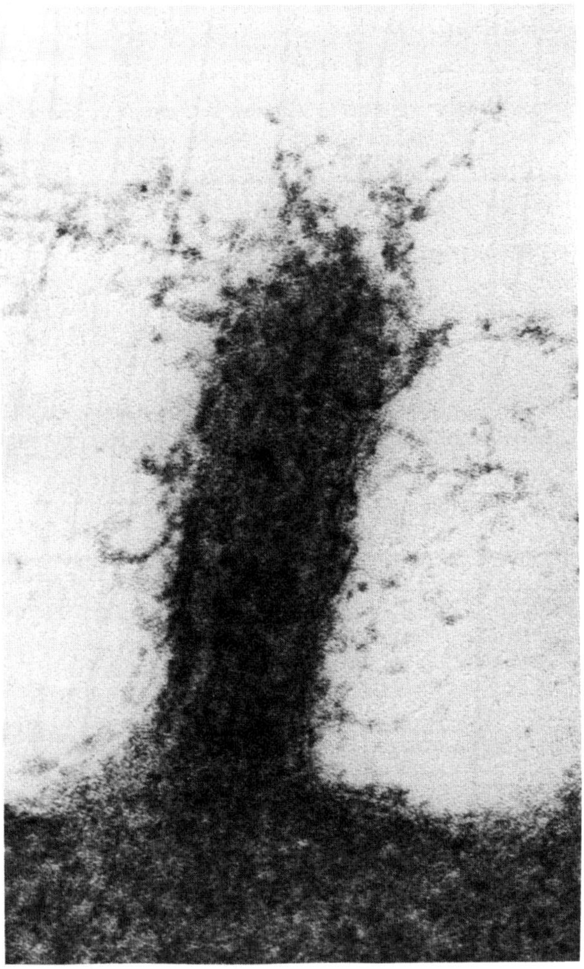

FIG. 35. – *Microvillosité* recouverte par les éléments fibrillaires du cell coat (× 180 000).
(Cliché de T. S. LE COURT; *J. Cell Biol.; 53,* 1972, 601-605.)

II. – LES GLYCOPROTÉINES (substances formées par l'association des polysaccharides [hétérosaccharides] et une chaîne polypeptidique)

La protéine est une chaîne monocaténaire, rarement bicaténaire, sur laquelle se fixent des sucres (glucose, manose, fucose, glucosamine, hexosamine), disposés en chaînes souvent ramifiées. Un acide sialique (acide neuraminidique), porteur des charges négatives, occupe toujours l'extrémité des chaînes glucidiques, et confère un certain nombre de propriétés à cette glycoprotéine (fig. 36).

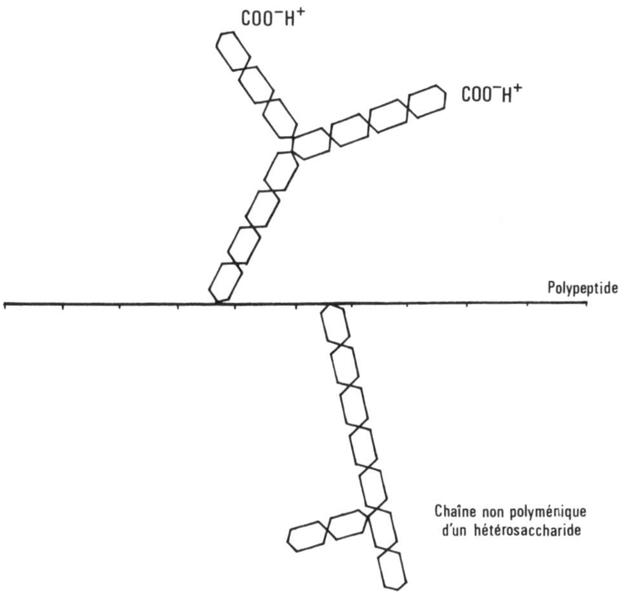

FIG. 36. – *Schéma d'une molécule glycoprotéique.*

III. – LES PROTÉOGLYCANES

Ce sont des polypeptides sur lesquels se branche un polysaccharide non ramifié correspondant à des polymères de disaccharide (séquence répétitive de deux sucres : glycosaminoglycane) (fig. 37).

Un des sucres caractéristique est l'acide hyaluronique formé par l'acide glycuronique et la glucosamine.

De telles molécules possèdent une charge négative tous les 10 Å. Ce sont des substances polyanioniques (plusieurs charges négatives).

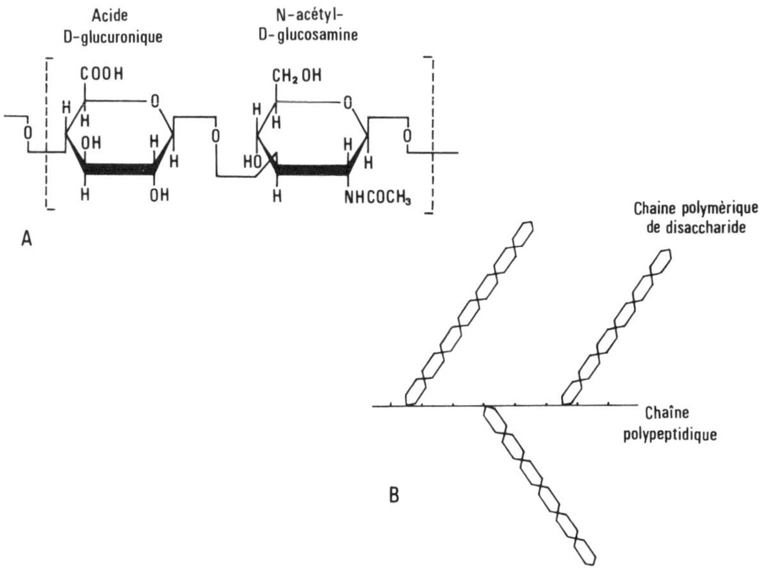

FIG. 37. – *Protéoglycane* (Schéma général d'une molécule).
A : l'acide hyaluronique est un polymère d'un disaccharide formé par l'acide D-glucuronique et le N-acétyl-D-glucosamine;
B : les chaînes polymériques non ramifiées se branchent sur une chaîne polypeptidique pour former des protéoglycanes.

D. – RENOUVELLEMENT DU CELL COAT

Le cell coat est renouvelé de manière permanente et assez rapide. C'est en effet une structure de surface dynamique, qui nécessite l'intégrité des fonctions de la cellule pour assurer sa maintenance.

L'utilisation de sucre marqué (glucose tritié, galactose tritié) sur des fibroblastes normaux, montre que, déjà 2 à 3 heures après l'injection de l'isotope, le cytoplasme est moins marqué que le cell coat, mais qu'après 7 heures, le marquage de la surface cellulaire est beaucoup plus intense que celui du cytoplasme.

Si on bloque les synthèses des fibroblastes humains en culture, en utilisant des substances comme la cycloheximide, on constate que les fibroblastes perdent leur cell coat. Il leur faut, après la levée du blocage, 6 heures pour le renouveler.

La vitesse de synthèse des constituants effectuée par le réticulum endoplasmique et l'appareil de Golgi s'équilibre avec la vitesse de dégradation du cell coat de manière à maintenir cette structure indispensable à la vie de la cellule.

E. – PROPRIÉTÉS ET ROLE DU CELL COAT

I. – ROLE DE PROTECTION DE LA MEMBRANE PLASMIQUE

Le cell coat est une structure péricellulaire particulièrement résistante aux enzymes mucolytiques et protéolytiques (seules la hyaluronidase et la neuraminidase sont capables de le lyser).

Considéré comme un no man's land par Revel entre la cellule et son milieu extérieur, on peut dire que le cell coat joue un rôle de protection de la membrane plasmique, grâce à ses fonctions mécaniques. Il préviendrait les ruptures de la membrane apicale des cellules, en agissant comme un filtre éliminant les grosses molécules.

II. – LA CHARGE CELLULAIRE DE SURFACE

Les cellules en suspension dans une solution d'électrolyte placée entre deux électrodes ayant une différence de potentiel, migrent vers l'anode (1) : la charge de surface du cell coat est donc négative.

L'étude de la mobilité électrophorétique des cellules ayant subi un traitement enzymatique spécifique, indique que la charge est principalement due à *l'acide sialique*. Ainsi, le traitement des érythrocytes humains par la neuraminidase diminue leur mobilité de 80 %.

III. – LA FONCTION ABSORBANTE DU CELL COAT

La fonction absorbante peut être facilement mise en évidence :

- **in vitro,** les membranes des érythrocytes absorbent et fixent des substances comme les lipopolysaccharides ou la cardiolipine. L'absorption de cardiolipine est la base de plusieurs tests sérologiques pour le diagnostic de la syphilis.
- **in vivo,** le cell coat absorbe ou fixe par exemple :
  - *les anticorps cytophiles* qui modifient la phagocytose,
  - *l'antigène soluble de Gross* qui se lie aux lymphocytes normaux.

IV. – ROLE DU CELL COAT DANS CERTAINS PHÉNOMÈNES ENZYMATIQUES

Les techniques de coloration négative révèlent la présence d'unités globulaires de 50 à 60 Å, attachées à la membrane plasmique par une courte constriction de 20 Å de diamètre, dans le coat des cellules intestinales, des myocytes cardiaques et des hépatocytes.

Ces unités globulaires sont libérées par une digestion douce à la papaïne, et sont recueillies par ultracentrifugation. Elles contiennent :

- de la leucoaminopeptidase pour les particules isolées du coat des hépatocytes,
- de la maltase pour les cellules intestinales (fig. 38).

(1) La vitesse de migration s'exprime en micron $sec.^{-1}$ par $volt^{-1}$ cm.

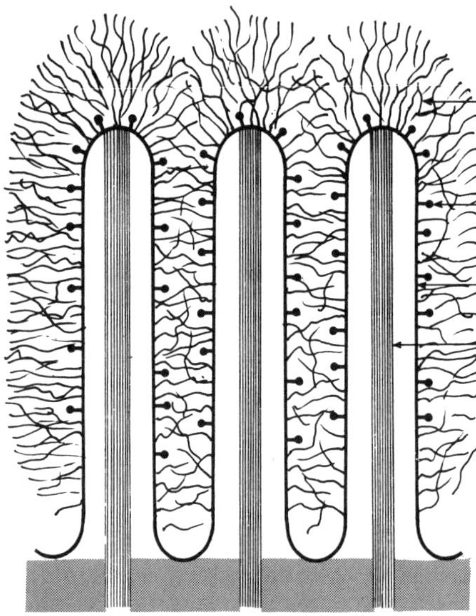

FIG. 38. – *Cell coat de cellule intestinale* contenant des particules globulaires de 50 Å de diamètre, reliées à la membrane plasmique par une tige de 20 Å de diamètre. La particule contient de la maltase.

V. – ROLE DANS LA PERMÉABILITÉ

■ ***Par action directe.*** – Le transport du K^+ n'est plus assuré à travers la membrane lorsque l'acide sialique a été lysé par la neuraminidase : ainsi, *la neuraminidase inhibe le transport du K^+ quel que soit son sens de passage,* mais elle est pratiquement sans effet sur la perméabilité du Na^+ ou sur celle du glucose. On admet que l'acide sialique se lierait à une protéine spécifique ionophore, qui assurerait le transport.

■ ***Par induction d'une transformation de la membrane plasmique.***

On peut admettre que *le cell coat ait un rôle stabilisateur, et que toute transformation de cette structure induise une réorganisation moléculaire de la membrane plasmique agissant sur sa perméabilité et ses propriétés électriques.*

Au cours de la pénétration du substances cationiques dans la cellule par pinocytose (expérience réalisée chez l'Amibe), il se produit au tout début du phénomène, une liaison de la substance avec le coat filamenteux (par l'intermédiaire des groupes anioniques). Ce stade est immédiatement suivi par une baisse de la résistance électrique de la membrane plasmique, tandis que la couche osmiophile devient deux fois plus épaisse. En même temps, la perméabilité de la membrane est accrue, et des molécules comme le glucose et la ribonucléase sont admises à entrer dans la cellule. Donc une modification locale du coat induit une augmentation de la perméabilité de la membrane plasmique.

VI. – ROLE DANS LES PHÉNOMÈNES D'ADHÉSIVITÉ CELLULAIRE

■ ***Mise en évidence.*** – Des cellules hépatiques embryonnaires isolées par trypsinisation puis placées dans un milieu de culture, se regroupent après élimination de la trypsine de manière à former une couche monocellulaire dont l'aspect rappelle une coupe de parenchyme hépatique. Les cellules adhèrent les unes aux autres.

■ ***L'adhésivité spécifique.*** – Les cellules n'adhèrent qu'avec des cellules du même type. Dans les cultures simultanées de cellules hépatiques et de cellules rénales embryonnaires, pratiquées dans les mêmes conditions que précédemment, les cellules mélangées se réassocient en placards de cellules de même origine. Il existe donc une adhésivité spécifique puisque jamais une cellule hépatique et une cellule rénale n'adhèrent l'une à l'autre. Cette adhésivité spécifique *implique la nécessité d'une reconnaissance mutuelle.*

■ ***Les substances responsables de l'adhésivité.***

a) **Le calcium.** – Ces phénomènes d'adhésivité n'ont pas encore trouvé d'explication définitive. Le *calcium* joue un rôle important puisque l'utilisation d'agents chélatants comme l'urée, sur des œufs au début de leur segmentation, provoque une séparation des blastomères. Or, le cell coat est particulièrement riche en ions calcium, et on a admis que le calcium, cation divalent, unissait des sites anioniques ayant une distribution identique sur des cellules de même origine, ce qui permettait de comprendre la spécificité des phénomènes d'adhésivité.

b) **Les cell ligands.** – Il est indiscutable que l'agrégation spécifique de cellules dissociées est sous la dépendance de substances localisées dans le cell coat : en effet, l'extraction de ces substances par lavage, produit une inhibition de l'adhésivité. Cette agrégation spécifique dépend de composants isolés par ultracentrifugation : ces *facteurs d'adhésivité* (cell ligand) sont des *glycoprotéines* qui nécessitent, pour être actives, la présence de calcium. Certes, ces faits ont été démontrés chez les Eponges, mais en fait, il semble bien, comme le prouvent certaines expériences récentes, que dans les organismes supérieurs, l'agrégation spécifique soit aussi provoquée par un facteur isolé d'un surnageant obtenu à partir de cultures de cellules embryonnaires de Poulet et de foie.

Ces cell ligands sont donc des protéines spécialisées qui interviennent dans l'adhésivité des cellules les unes aux autres : ces molécules ne seraient pas spécifiques au véritable sens du terme, c'est-à-dire que des protéines ligands, isolées d'un cerveau de Souris, peuvent reconnaître et lier aussi des cellules isolées d'un cerveau de Poulet. *Donc ces protéines pourraient unir les cellules de tissus homologues, mais d'organismes génétiquement différents ou d'espèces différentes.*

c) **L'acide sialique.** – L'intensité de l'adhésivité des cellules les unes aux autres, et en particulier celle des fibroblastes, est abaissée après traitement par la neuraminidase. Il en est de même pour l'adhérence de cellules épithéliales pavimenteuses sur verre siliconé. Par contre, cette enzyme n'agit pas sur l'adhésivité mutuelle de ces cellules.

Il convient de noter aussi que des fibroblastes dissociés par trypsinisation ou par traitement par l'éthylènediamine tétracétique adhèrent plus faiblement les uns aux autres, et que cette baisse de l'adhésivité correspond à une diminution de la mobilité électrophorétique.

Donc *l'acide sialique influence le processus d'adhésivité cellulaire :* les groupes carboxyles seraient les groupes anioniques sur lesquels se fixe le Ca^{++}.

VII. – ROLE DU CELL COAT DANS LES PHÉNOMÈNES DE RECONNAISSANCE GÉNÉRALITÉS : LES ANTIGÈNES DE SURFACE

Les cellules sont capables de reconnaître des cellules de même origine. Ce mécanisme est particulièrement important puisque, grâce à lui, l'organisme peut reconnaître ce qui lui est étranger (not self). C'est là *un moyen de défense absolument remarquable.* Ainsi, un lymphocyte peut circuler sans aucune entrave dans son organisme d'origine. S'il est *introduit dans un autre organisme appartenant pourtant à la même espèce,* il est rapidement détruit par les cellules réticulaires de l'hôte qui l'identifient comme *étranger.*

Cette propriété dépend du cell coat :

En effet, l'intégrité des glycoprotéines de la surface cellulaire est essentielle au lymphocyte normal. Le lymphocyte préalablement traité par des glucosidases (qui altèrent la constitution du cell coat) est phagocyté par les cellules réticulaires de l'organisme dont il est issu. Les glycoprotéines confèrent donc au lymphocyte la possibilité d'être reconnu comme self par l'organisme dont il est originaire.

Ceci est dû au fait que *ces glycoprotéines de surface font partie du groupe des antigènes, substances que l'organisme est capable de reconnaître.*

Le cell coat possède donc des antigènes auxquels on donne le nom d'*antigènes de surface.*

■ *Nature des antigènes de surface.*

Ce sont non seulement des *glycoprotéines* (support des antigènes M, N, et des antigènes d'histocompatibilité), mais aussi des *glycolipides* (antigènes A, B, H, Lewis, et l'antigène tumoral spécifique cytolipine H).

La partie glucidique des glycoprotéines ou des glycolipides est déployée dans le milieu extérieur, ce qui les rend particulièrement accessibles.

■ *Visualisation des antigènes de surface.*

Leur mise en évidence sur coupe, par la *phytohémagglutinine* marquée à la ferritine : certains antigènes macromoléculaires de surface sont visualisés indirectement en utilisant la propriété qu'ils ont de se combiner avec des lectines. En associant des molécules de *ferritine avec une phytohémagglutinine,* on obtient un complexe, volumineuse molécule, facilement visible en microscopie électronique. Or, les phytohémagglutinines se fixent sur des glucides spécifiques portés par des molécules protéiques.

Dans de telles conditions, les sites antigéniques sont localisés par la présence de 2 à 8 molécules de ferritine à la surface cellulaire.

F. – LE CELL COAT DES CELLULES NÉOPLASIQUES

I. – L'AGGLUTINABILITÉ DES CELLULES CANCÉREUSES

Des substances, les lectines, extraites de plantes (haricots, germe de blé), sont capables d'agglutiner des cellules dans certaines conditions.

Une lectine très utilisée est la concanavaline A.

La concanavaline A (Con A) agglutine les cellules cancéreuses, tandis qu'elle est sans effet sur les cellules normales (fig. 39).

Les cellules normales ne sont agglutinées par la Con A qu'après trypsinisation.

On admet que la Con A se fixe sur des sites récepteurs du cell coat, qui ont une forme complémentaire de la Con A.

Dans le cas des cellules cancéreuses, ces sites sont accessibles. Dans les cel-

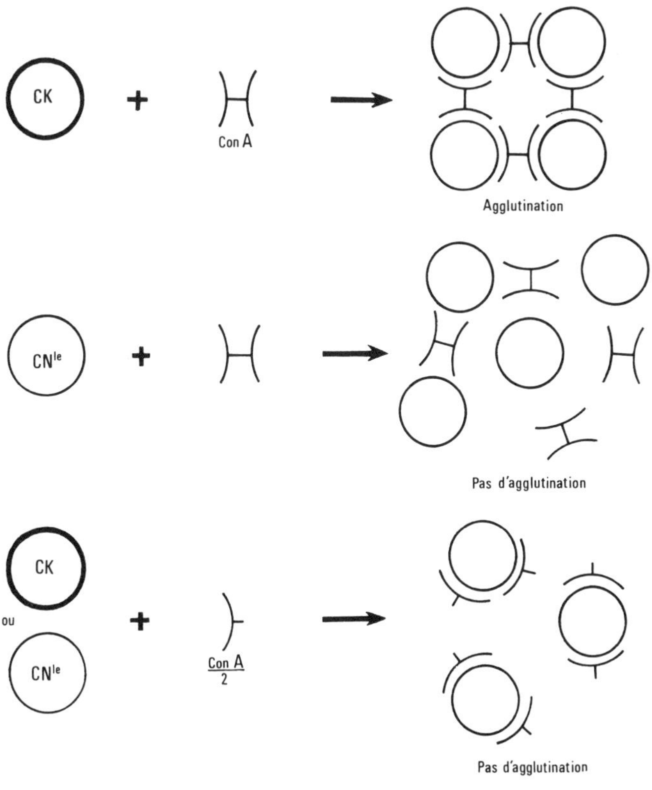

FIG. 39. – Explication page 55
CK = cellule cancéreuse. CN^{le} = cellule normale.

lules normales, ces sites sont inaccessibles (masqués) : la trypsine lyse les protéines qui les masquent.

La Con A se fixe sur les glycoprotéines (sites récepteurs).

La Con A est une molécule symétrique qu'il est possible de diviser en deux sous-unités par traitement à la trypsine :

$$\text{Con A} + \text{Trypsine} \rightarrow \frac{\text{Con A}}{2}$$

La $\frac{\text{Con A}}{2}$ n'agglutine ni les cellules normales, ni les cellules cancéreuses. Cependant, elle n'est pas sans effet sur ces dernières. Les cellules cancéreuses en culture, se disposent en couches qui se chevauchent. L'adjonction de $\frac{\text{Con A}}{2}$

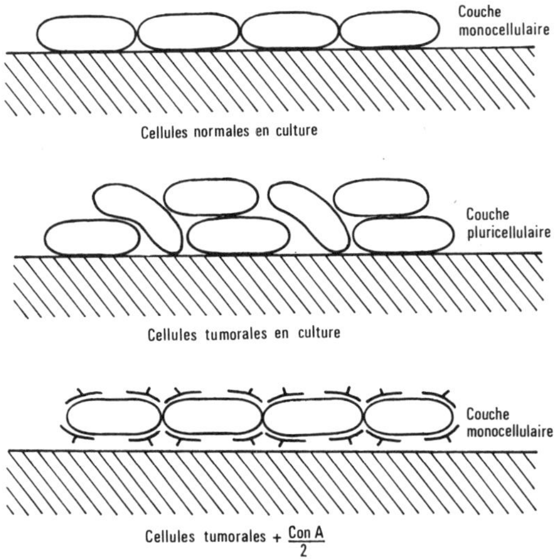

FIG. 40. – Voir page 56

à de telles cultures modifie le comportement des cellules néoplasiques qui forment alors une couche monocellulaire (fig. 40).

Ces faits expérimentaux impliquent donc que le cell coat des cellules cancéreuses est différent de celui des cellules normales.

II. – MORPHOLOGIE DU CELL COAT DES CELLULES CANCÉREUSES

Les cellules de Hamster et d'embryon de Poulet (M. Palomo et Morgan), transformées par des virus oncogènes, ont un cell coat plus épais que celui des cellules normales. Des faits semblables ont été rapportés pour des cellules cancéreuses humaines (fig. 41).

A

B

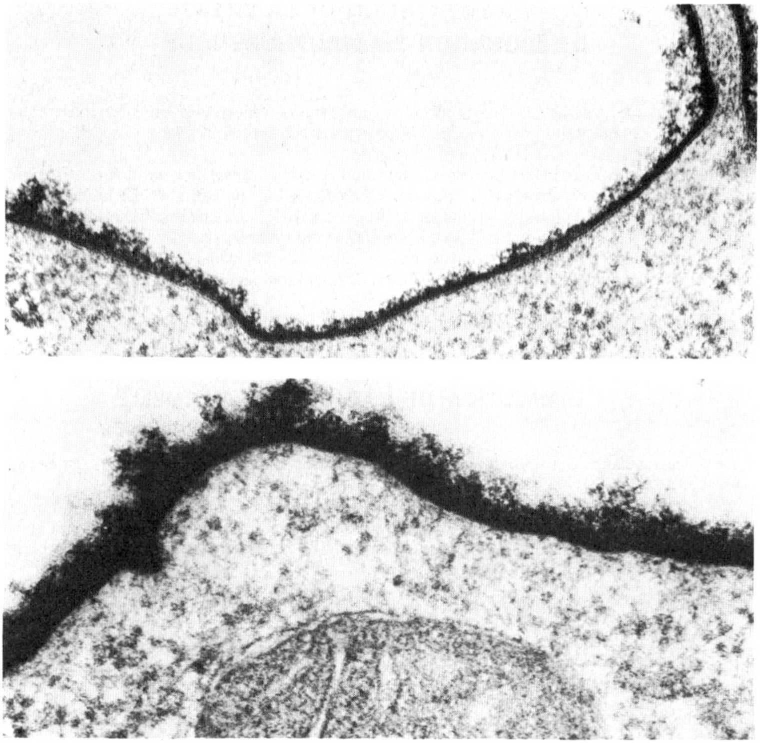

FIG. 41. – (×80 000)
A : cell coat d'un lymphocyte normal.
B : cell coat d'un lymphocyte leucémique.
(Cliché de M. Paintraud et C. Rosenfeld; *C. R. Acad. Sci. Paris, 274,* 1972, 415-417.)

III. – MODIFICATIONS DES PROPRIÉTÉS DU CELL COAT

Les altérations du cell coat sont multiples : aucune n'est spécifique de la cellule néoplasique, elles peuvent être isolées ou le plus souvent associées. Elles se traduisent par :

- des modifications de la migration électrophorétique,
- l'apparition de nouveaux antigènes,
- la perte d'antigènes,
- l'apparition d'antigènes embryonnaires,
- une réponse modifiée aux régulateurs physiologiques,
- une modification de l'inhibition de contact,
- la diminution du nombre ou la disparition des jonctions intercellulaires de type tight ou gap,
- une modification de la perméabilité aux ions.

IV. – AUGMENTATION DE LA VITESSE DE MIGRATION ÉLECTROPHORÉTIQUE

D'une manière générale, la charge négative des cellules cancéreuses est augmentée, et on constate que l'augmentation de la mobilité électrophorétique est parallèle aux « capacités invasives » des cellules.

Dans les cellules leucémiques humaines, l'augmentation de la vitesse de migration électrophorétique est due à un accroissement de la quantité d'acide sialique du cell coat. Le traitement par la neuraminidase des cellules de la tumeur ascitique d'Ehrlich, entraîne une baisse de la vitesse de migration électrophorétique. Un *sialomucopeptide,* comportant un acide sialique comme groupe terminal, a été isolé à partir du coat de ces cellules tumorales. De même, les cellules transformées par le virus oncogène du polyome ont une vitesse de migration augmentée par rapport à un clône de fibroblastes normaux.

Néanmoins, l'augmentation de la mobilité électrophorétique est aspécifique.

V. – DIMINUTION DE L'ADHÉSIVITÉ MUTUELLE

Le processus cancéreux se traduit par une diminution de *l'adhésivité mutuelle.* Elle est en rapport avec :

- soit une augmentation des forces répulsives (augmentation des charges négatives),
- soit une diminution des forces attractives (conséquence par exemple d'une baisse du taux de calcium intercellulaire, fait qui s'observe relativement fréquemment, mais là encore, inconstamment dans les tumeurs).

VI. – L'APPARITION DE NOUVEAUX ANTIGÈNES

■ ***Conditions d'apparition.*** – Le cell coat des tumeurs cancéreuses, provoquées soit expérimentalement par des substances cancérigènes, soit par des virus, renferment des antigènes qui n'existent pas dans le revêtement de la cellule d'origine.

Ainsi, les virus à DNA, comme le virus du polyome, sont des éléments potentiellement carcinogènes (cela signifie qu'ils ne cancérisent pas toutes les cellules). Le DNA viral s'incorpore au DNA de l'hôte, et la cellule transformée élabore des *isoantigènes spécifiques du virus* qui s'intègrent au cell coat.

■ ***Application de ce concept.*** – Ce phénomène est important, car dans des conditions favorables, la cellule transformée, reconnue par l'organisme comme « not self » peut être détruite et éliminée. Il est même possible d'aider la *réponse immune* (c'est-à-dire le processus de rejet), en utilisant les propriétés d'absorption du cell coat. Il est possible de fixer sur le cell coat des *antigènes extrinsèques,* par exemple en infectant une tumeur par des myxovirus qui favorisent la formation d'anticorps (et donc le rejet).

VII. – L'APPARITION D'ANTIGÈNES EMBRYONNAIRES

L'antigène de Forsmann existe dans les fibroblastes embryonnaires de Hamster, mais il disparaît du cell coat à la naissance.

Les fibroblastes adultes, transformés par le virus du polyome, contiennent l'antigène de Forsmann.

Cette acquisition d'antigènes embryonnaires s'observe aussi dans certaines tumeurs humaines de l'appareil digestif. Ce fait est important car il est à la base d'une technique de diagnostic.

VIII. – LA PERTE D'ANTIGÈNES

Le principal glycolipide du fibroblaste normal est un hématoside. Dans les cellules transformées par le virus du polyome, la quantité d'hématosides baisse considérablement.

De même, dans des tumeurs hépatiques primitives, comme les *hépatomes* expérimentaux, certains antigènes sont absents (mais ce ne sont pas les mêmes d'un *hépatome à un autre*). Cette tumeur peut être transplantée : après plusieurs transplantations, la composition antigénique s'uniformise par perte d'un certain nombre d'antigènes.

IV. – SPÉCIALISATION DE LA MEMBRANE PLASMIQUE

La spécialisation est une différenciation structurale ou une transformation morphologique parfois complexe, qui confère à la cellule une fonction particulière.

La spécialisation intéresse principalement la membrane plasmique qui revêt le pôle apical et le pôle basal des cellules.

A. – LES SPÉCIALISATIONS DE LA MEMBRANE APICALE

I. – DÉFINITION

Les spécialisations de la membrane plasmique apicale sont des différenciations de cette membrane et du cytoplasme superficiel, ayant pour but de permettre à la cellule d'assurer une fonction précise.

Ces différenciations comprennent :

- les microvillosités, isolées ou très nombreuses à la surface de la cellule (plateau strié, bordure en brosse, stéréocils),
- les cils vibratiles (V. chap. 11, p. 219).

II. – LES MICROVILLOSITÉS

■ ***Définition.*** – Les microvillosités sont des expansions cytoplasmiques cylindriques, limitées par la membrane plasmique apicale, intervenant surtout dans des phénomènes d'absorption.

Elles sont isolées ou groupées à la surface des cellules épithéliales en formation dénommée soit plateau strié, soit bordure en brosse.

■ ***Les microvillosités isolées.*** – Lorsque la membrane apicale ne dessine que quelques microvillosités, très distantes les unes des autres, on dit qu'elles sont isolées. Dans ce cas, on note une irrégularité de leur forme, une inégalité de leur longueur, de leur diamètre.

■ ***Les microvillosités groupées.*** – Groupées, les microvillosités recouvrent toute la surface libre de la cellule : l'identité de forme, de longueur, de diamètre, de direction, caractérise ces formations.

a) **Le plateau strié.** – Une zone à « striation » perpendiculaire à la surface cellulaire recouvre les entérocytes. Cette observation en microscopie optique s'explique en réalité par la présence de très nombreuses microvillosités, 225 à 1717 par entérocyte dans le jejunum, 3000 par entérocyte dans l'iléon.

D'un diamètre de 80 à 100 mμ, d'une longueur de 0,6 à 0,8 μ (soit l'épaisseur du plateau strié), ces microvillosités sont limitées par *la membrane plasmique apicale* dont l'épaisseur totale atteint 90 Å à 110 Å (25 à 30 Å pour le feuillet externe, 30 pour le feuillet moyen et 35 à 45 Å pour le feuillet interne) (fig. 42).

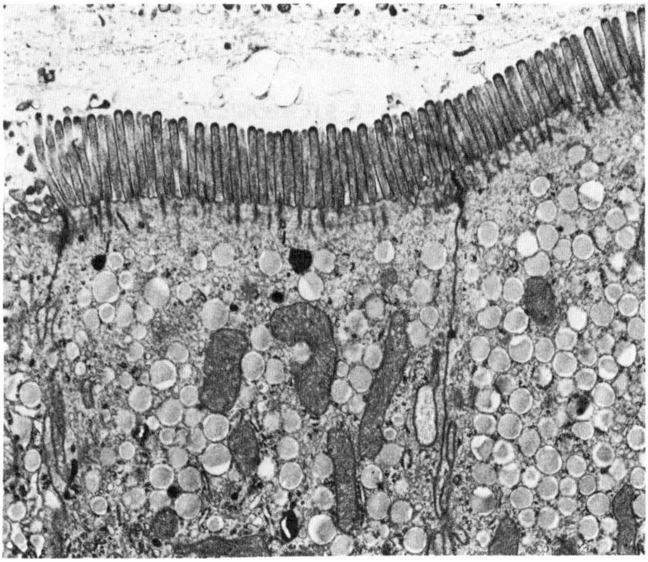

FIG. 42. – *Le plateau strié* est constitué de microvillosités disposées parallèlement les unes aux autres (X 7 680).
(Cliché de H. I. FRIEDMAN et R. R. CARDELL, JR; *J. Cell Biol., 52,* 1972, 15-40.)

Le cytoplasme de la microvillosité comprend :

– une zone périphérique, dépourvue de structure, de 200 à 300 Å d'épaisseur,
– une zone centrale qui contient 10 à 50 *microfilaments* groupés (leur disposition est fréquemment hexagonale); les microfilaments semblent, en fait, être des tubules d'un diamètre total de 60 à 110 Å; leur paroi aurait une épaisseur de 25 à 30 Å.

Ces microfilaments ou microtubules s'étendent jusqu'au « terminal web », treillis de filaments situé à faible distance des microvillosités, et disparaissent sans que l'on puisse établir de relations entre eux et ce treillis. A l'autre extrémité, ils atteignent le sommet de la microvillosité.

Le feuillet externe de la membrane possède un cell coat très développé qui contient des hydrolases sous la forme de particules de 45 à 60 Å de diamètre. Ces hydrolases sont attachées à la membrane.

La membrane est riche en ATPase, et elle est le site de nombreux transporteurs.

b) **Les bordures en brosse.** – Elles revêtent le pôle apical des cellules des tubes proximaux du rein.

Leurs microvillosités diffèrent par leur plus grande longueur.

Le fond de l'espace intermicrovillositaire, au lieu de courir transversalement, s'invagine fréquemment.

Les microvillosités existent dans tous les épithéliums ayant une fonction d'absorption. Elles magnifient considérablement la surface de la membrane plasmique.

III. – LES STÉRÉOCILS

■ ***Structures.*** – Ces longues expansions cytoplasmiques immobiles, dont la forme et la structure ressemblent à de grandes microvillosités, s'agglutinent par touffes à la surface, par exemple, des voies excrétrices de l'appareil génital mâle.

■ ***Rôle dans l'excrétion.*** – Elles guident l'évacuation du produit de sécrétion qui migre le long des stéréocils à la façon d'un liquide dans une mèche.

B. – DIFFÉRENCIATION DE LA MEMBRANE PLASMIQUE BASALE

On appelle pôle basal d'une cellule épithéliale, la partie de la cellule située à l'opposé du pôle apical : elle correspond à la zone cellulaire la plus éloignée de la cavité que limite l'épithélium.

Le pôle basal est recouvert d'une lame basale continue, d'environ 50 mμ d'épaisseur, qui est constituée de substances mucopolysaccharidiques ou glycoprotéiques (cette lame basale de l'épithélium est considérée comme une condensation d'une substance fondamentale du tissu conjonctif).

Dans la majorité des épithéliums, la membrane plasmique du pôle basal de la cellule est lisse, non spécialisée, et court parallèlement à la membrane basale. Toutefois, dans un certain nombre de types cellulaires qui jouent un rôle dans le transport actif de substances, la membrane plasmique montre des invaginations plus ou moins profondes, s'étendant à des distances variables dans le cytoplasme basal, et divisant celui-ci en compartiments. Ces compartiments sont toujours ouverts vers le cytoplasme (fig. 43).

D'autres compartiments, en microscopie électronique, sont entièrement enclos par les membranes. Ils représentent évidemment des prolongements de la cellule considérée, ou de cellules voisines qui s'insinuent les unes entre les autres pour constituer un système labyrinthique de compartiments intracellulaires et de fentes extracellulaires.

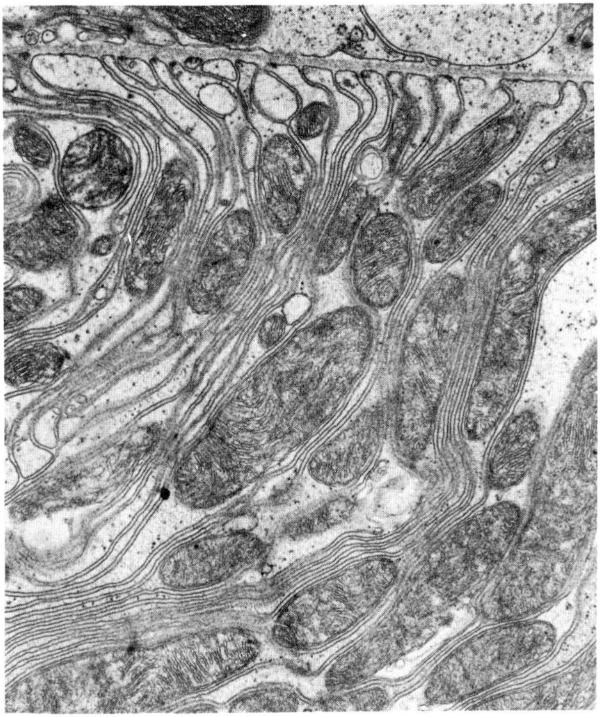

FIG. 43. – *Partie basale d'un tube excréteur rénal.* La membrane basale présente de nombreuses invaginations profondes qui délimitent des compartiments cytoplasmiques contenant des mitochondries (× 15 360).
(Cliché de M. A. FAIN-MAUREL et P. CASSIER; *J. Microscopie, 10,* 2, 1971, 163-178.)

Le degré de développement de spécialisation de la membrane basale varie en fonction de l'épithélium et de son rôle dans le transfert des substances. Dans le tube contourné proximal du rein de Grenouille, dans les corps ciliaires de l'œil ou dans le plexus choroïde, le labyrinthe basal est limité, et les compartiments sont généralement trop petits pour contenir les mitochondries.

Dans le tube contourné distal du néphron, dans les canaux striés de la glande parotide, dans les organes où le sodium se déplace contre un gradient de concentration, le labyrinthe basal pénètre plus profondément dans l'épithélium. De nombreuses mitochondries sont alors logées dans les étroits compartiments limités par les expansions de la membrane plasmique basale.

L'exemple le plus caractéristique est celui de la compartimentation de la partie basale des cellules de la glande saline des oiseaux marins. Cet organe particulier excrète du sel à la concentration de 0,5 N : cette aptitude à éliminer le sel à de si hautes concentrations explique pourquoi les oiseaux marins boivent de l'eau de mer.

Les principales cellules de cet épithélium glandulaire ont des myriades d'invaginations basales qui s'étendent dans toute la cellule, et s'arrêtent à proximité de l'apex cellulaire. La cellule est ainsi divisée en une série de compartiments parallèles, étroits de 50 à 80 mμ, sauf dans les régions où se trouvent placées les mitochondries qui sont particulièrement abondantes dans un tel épithélium.

C. – DIFFÉRENCIATION DE LA MEMBRANE PLASMIQUE ET ADHÉSIVITÉ

Les cellules d'un organisme sont séparées les unes des autres par des espaces intercellulaires interrompus par places, par des zones de jonction (tight junction, gap ou desmosome).

I. – LES ESPACES INTERCELLULAIRES

Les cellules n'adhèrent pas les unes aux autres sur toute leur longueur. Dans un épithélium prismatique simple, des espaces, ou fentes intercellulaires, séparent les cellules. Ils sont obturés au niveau du pôle apical par une formation, le cadre cellulaire, structure destinée à empêcher la sortie du liquide intercellulaire et le passage de matériel de la surface de l'épithélium vers la fente.

L'espace intercellulaire a des dimensions relativement constantes. Ceci implique peut-être que les surfaces cellulaires sont tenues chacune en position par des forces physiques d'attraction, ou que les membranes sont tenues à distance par une couche intermédiaire de matériel extracellulaire, d'une épaisseur uniforme (cell coat).

II. – MORPHOLOGIE DES ZONES D'ADHÉRENCE INTERCELLULAIRE

Les types de jonction intercellulaire sont nombreux : nous nous limiterons ici à l'étude des desmosomes (les tight junctions, les gap junctions dont il a déjà été question jouent un rôle dans l'adhésivité mais leur rôle principal est de transmettre des informations d'une cellule à une autre).

Les desmosomes

■ ***Définition.*** – Ce sont les systèmes les plus complexes, les plus différenciés, d'attache intercellulaire, distribués à des intervalles plus ou moins réguliers le long des limites cellulaires.

■ ***Forme.*** – Elle correspond à deux types :
- le desmosome diffus,
- le desmosome maculaire (fig. 44).

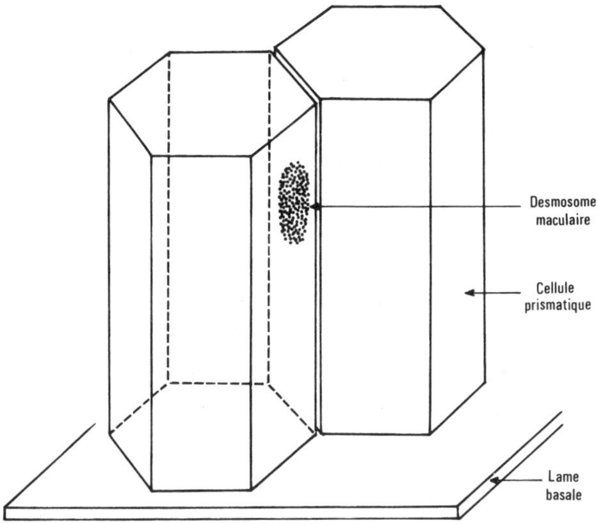

FIG. 44. – *Représentation schématique tridimensionnelle de deux cellules prismatiques* associées l'une à l'autre par un desmosome maculaire.

Le plus souvent, ils revêtent une forme maculaire : ils sont alors ovalaires, avec un grand diamètre de 4 000 à 5 000 Å, et un petit diamètre de 1 900 Å. Le grand axe est en général parallèle à celui de la cellule quand ce desmosome appartient à des cellules primatiques.

■ ***Structure.*** – Des coupes perpendiculaires au plan du desmosome révèlent :
- que les membranes des cellules voisines ne fusionnent pas et n'établissent pas de contact, sauf par l'intermédiaire du « coat »,
- que l'espace intercellulaire est à peu près de 240 Å, mais peut atteindre 500 Å dans les desmosomes hautement différenciés.

■ ***Les composants extracellulaires.***

a) **Le « coat ».** – L'espace intercellulaire du desmosome contient des substances chimiques comparables à celles du « coat ». Le coat, à ce niveau, est devenu plus compact, plus dense.

b) **La lamelle centrale ou ligne dense médiane.**

– LOCALISATION : Le centre de l'espace intercellulaire est occupé par une lamelle plus dense que la substance occupant cet espace; elle est équidistante des membranes cellulaires. Elle est inconstante; lorsqu'elle existe, elle peut apparaître :
- soit comme une ligne continue,
- soit comme une ligne interrompue à des intervalles réguliers.

– NATURE : Cette lame intercellulaire représente la région où les fibres et les particules du coat des deux cellules voisines s'interpénètrent : il ne s'agit donc pas, en fait, d'une couche distincte de matériel intercellulaire. Il est d'ailleurs possible de reproduire artificiellement une lamelle intercellulaire en agglutinant les uns aux autres, des érythrocytes par action d'un sérum anti-érythrocytaire : l'anticorps du sérum se dépose et adhère à la surface des érythrocytes et forme ainsi un coat épais : c'est alors qu'entre deux érythrocytes agglutinés, on peut observer une lamelle intercellulaire.

c) **Les composants cytoplasmiques.**

– L'ÉPAISSISSEMENT DU FEUILLET INTERNE : Les membranes cellulaires qui limitent cet espace montrent un épaississement relativement important de leur feuillet interne.

– LA PLAQUE CYTOPLASMIQUE : Cette plaque dense et épaisse est séparée de la membrane par un espace clair, peu important. Elle caractérise des desmosomes hautement différenciés. Il convient de noter que cette plaque peut adhérer au feuillet interne. Elle a une structure lamellaire, les lamelles étant parallèles à la surface cellulaire : ces lamelles sont associées les unes aux autres, dans une matrice homogène, dont les caractères chimiques seraient assez voisins de ceux de la kératohyaline.

– LES FIBRILLES INTRACELLULAIRES : Elles sont les constituants les plus importants des zones de jonction très différenciées. Ces fibrilles cytoplasmiques ne s'achèvent pas dans la plaque cytoplasmique, mais la traversent en s'incurvant (fig. 45).

■ ***Localisation.*** – Les desmosomes existent dans tous les épithéliums, les endothéliums et les mésothéliums, mais avec des degrés divers de différenciation.

Les complexes de jonction
(fig. 46)

■ ***Définition.*** – Un complexe de jonction comprend trois types de jonctions intercellulaires qui sont les suivantes (par exemple dans l'épithélium intestinal) :

- la tight junction est la jonction la plus proche de la lumière intestinale : elle a la structure pentalamellaire précédemment décrite; elle entoure la partie apicale de chaque cellule;
- une jonction intermédiaire lui fait suite; l'espace intercellulaire a 200 Å de large, et il est occupé par un matériel peu dense, homogène : elle ceinture également la cellule, mais au-dessous du nexus :

L'ensemble tight, gap junction, forme le cadre cellulaire visible en microscopie optique.

– le desmosome occupe la partie la plus profonde du complexe de jonction.

■ ***Localisation.*** – Ces complexes de jonction unissent le plus souvent les cellules prismatiques : ils s'observent surtout dans l'épithélium intestinal, mais aussi dans d'autres types d'épithéliums comme les épithéliums glandulaires (foie).

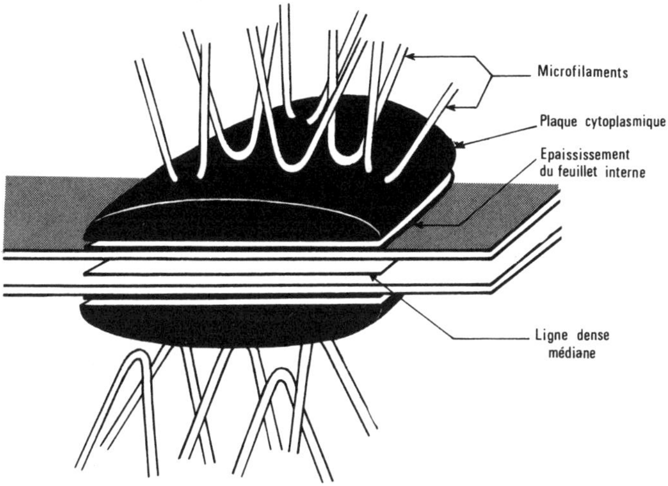

FIG. 45. – *Schéma tridimensionnel d'un desmosome.*

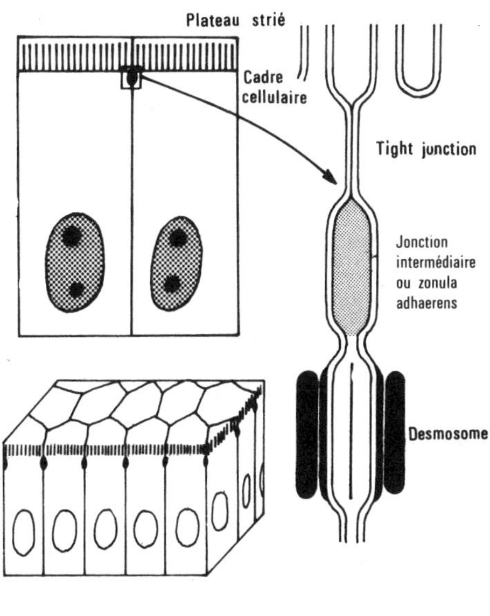

FIG. 46. – *Complexe de jonctions unissant deux entérocytes.*
(D'après M. MAILLET : *Éléments de cytologie animale.* Bordas, Paris, 1970.)

Les hémidesmosomes ou desmosomes monocellulaires
(fig. 47)

■ ***Définition.*** – Les desmosomes monocellulaires sont des différenciations morphologiques assurant l'adhérence de l'épithélium à la lame basale et au chorion.

■ ***Structure.*** – La structure des hémidesmosomes est variable selon le type d'épithélium considéré, mais, quelqu'il soit, on peut, comme pour les desmosomes, distinguer :

- des composants cellulaires,
- des composants extracellulaires.

■ ***Les composants cellulaires.*** – La partie cellulaire contient :

- des fibrilles cytoplasmiques qui traversent la plaque cytoplasmique vers laquelle elles convergent,
- la plaque cytoplasmique (plaque de fixation ou d'ancrage des filaments), dont l'épaisseur est de 300 Å, et qui adhère ou non à la membrane plasmique.

Sa structure est lamellaire.

■ ***Les composants extracellulaires.*** – A partir de la membrane cellulaire se succèdent :

- une zone claire de 100 Å de large, occupée en son milieu par une *ligne dense* (M) reliée à la membrane par un matériel filamenteux;
- une zone dense de 60 Å d'épaisseur,
- une zone claire de 250 à 300 Å d'épaisseur, parcourue par de nombreux filaments qui viennent de la lame basale;
- la lame basale de 400 Å d'épaisseur, contenant de très nombreuses fibrilles qui prolongent celles qui appartiennent à des faisceaux venus du chorion. Ces faisceaux sont formés par des fibrilles dites « d'ancrage » (anchoring fibrilles), de 30 Å de diamètre.

Forme : Ils sont ovalaires, leur grand diamètre ayant 2 000 Å.

Les interdigitations

Les membranes cellulaires qui s'affrontent sont souvent rectilignes : cependant, par places, elles suivent un contour sinueux de telle sorte que deux cellules voisines s'engrènent l'une dans l'autre.

Il semble que le rôle de ces engrènements ne se limite pas à augmenter la cohésion des cellules.

Les interdigitations accroissent la surface de la membrane plasmique, ce qui facilite le transport des matériaux dans et hors de la cellule. Elles fournissent aussi une réserve de surface cellulaire utilisable en cas d'expansion de la cavité qu'elles pourraient limiter (épithélium rénal).

Dans certains épithéliums, comme celui du col ou du vagin, les digitations donnent des images extrêmement complexes : les espaces compris entre les cellules se comportent comme des canalicules, fonctionnellement très importants dans la nutrition et le métabolisme de l'épithélium.

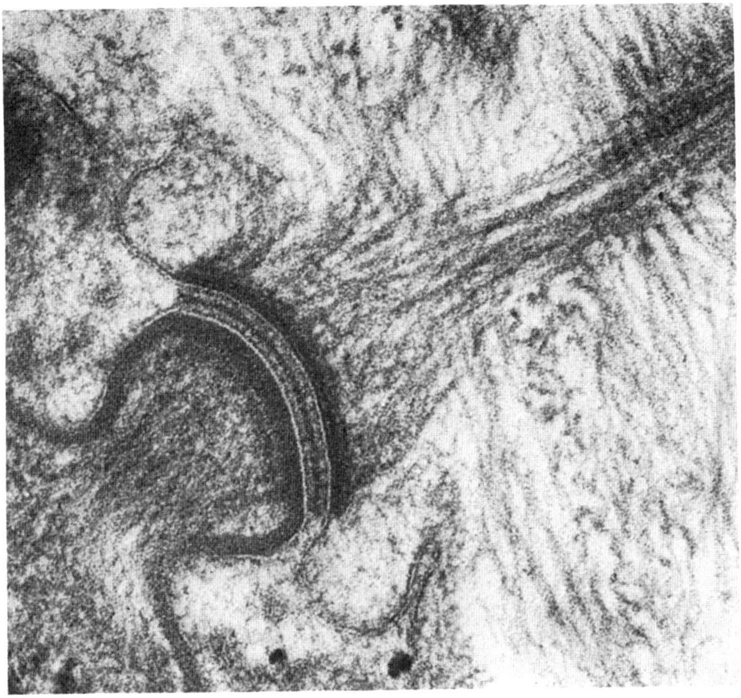

FIG. 47. – *Structure d'un hémidesmosome* (× 108 000).
La photographie montre :
1. la lame basale sur laquelle repose l'épithélium;
2. le desmosome avec la ligne dense médiane et un épaississement important de la membrane interne de la cellule sur lequel viennent s'insérer des fibrilles cytoplasmiques.
(Cliché de M. G. FARQUHAR; *J. Cell Biol.*, 26, 1965.)

4

LE NOYAU AU COURS DE L'INTERPHASE

A. – DÉFINITION

Le noyau, « centre vital » de la cellule, unité structurale et fonctionnelle, limité au cours de l'interphase par l'enveloppe nucléaire est :

- indispensable à la vie des cellules des organismes eukaryotes,
- porteur de l'ensemble du message héréditaire sous la forme de DNA,
- capable de conserver ce message malgré les divisions cellulaires, grâce à sa possibilité de repliquer le DNA,
- responsable de la synthèse des RNA messagers et de leur transmission au cytoplasme où ils seront décryptés par les ribosomes au cours des synthèses protéiques, des RNA de transfert, véhicules des acides aminés au cours de la protéogenèse, et du RNA ribosomal.

B. – CARACTÈRES GÉNÉRAUX

I. – STRUCTURE DU NOYAU

Le noyau est limité par une *enveloppe nucléaire* formée de deux membranes séparées par un espace périnucléaire. Le membrane interne est doublée, sur sa face interne, d'une substance fortement colorable, la chromatine périphérique (pendant toute l'ère de la microscopie optique, les cytologistes ont attribué à cette chromatine la valeur d'une membrane nucléaire).

La microscopie optique montre déjà la complexité structurale du noyau qui

- un nucléoplasme peu colorable,
- des amas d'une substance fortement chromophile, la *chromatine* (chaque amas porte le nom de caryosome ou de chromocentre),
- des filaments qui unissent les amas,
- des corps sphériques, les *nucléoles*.

II. – CONSTANCE

Le noyau existe dans toutes les cellules des organismes eukaryotes à l'exception des érythrocytes des Vertébrés Supérieurs. Chez les prokaryotes, il possède des équivalents (granulations chromatiques des Protozoaires, nucléoïdes des bactéries, le DNA viral).

III. – FORME

Sa forme diffère : il est fréquemment *sphérique* (arrondi à la coupe) dans les cellules épithéliales cubiques ou polyédriques, *allongé* dans les cellules fusiformes (cellules musculaires lisses), *discoïde* dans les cellules pavimenteuses, *lobulé* dans les granulocytes, *de forme très irrégulière* dans les mégacaryocytes (fig. 48).

La forme nucléaire est liée à l'activité cellulaire : dans les cellules hyperactives, le noyau acquiert un contour extrêmement irrégulier.

IV. – DIMENSIONS

Le volume nucléaire varie d'un type cellulaire à un autre, mais il est remarquablement fixe pour le même.

■ ***Variations.*** – Les cellules muqueuses des glandes salivaires possèdent des noyaux de petites dimensions, tandis que les cellules multipolaires de la corne antérieure de la moelle ou les cellules pyramidales ont des noyaux particulièrement volumineux.

■ ***Le rapport nucléo-plasmatique.***

a) **Définition du RNP.** – En raison de la variabilité des dimensions nucléaires, d'un tissu à un autre, d'une cellule d'un même tissu à une autre (les dimensions nucléaires pour une cellule d'un type défini étant fonction de la taille de la cellule), il a été nécessaire de définir le rapport nucléo-plasmatique (RNP) :

$$\frac{\text{volume nucléaire}}{\text{volume cellulaire} - \text{volume nucléaire}}$$

b) **Variation du RNP :**

– *Au cours de l'embryogenèse :* Le noyau des blastomères d'un œuf en cours de segmentation est très volumineux, le rapport nucléo-plasmatique est donc très élevé. Ce rapport s'abaisse progressivement jusqu'au stade blastula, tandis que les blastomères se multiplient. Cet abaissement du RNP s'explique par l'identité du volume de la blastula et de l'œuf.

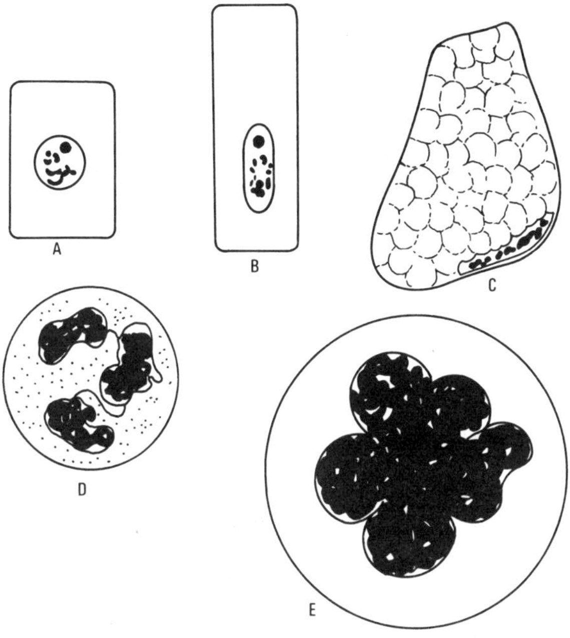

FIG. 48. – *Forme du noyau.*
A : noyau sphérique d'une cellule cubique; B : noyau ovoïde d'une cellule prismatique; C : noyaux aplatis d'une cellule muqueuse; D : noyau multilobé d'un granulocyte; E : noyau bourgeonnant d'un mégacaryocyte.

Le RNP spécifique de l'espèce est atteint au stade blastula : à partir de ce stade, le volume de l'embryon augmente et le RNP demeure identique pour les cellules.

– *En fonction du capital chromosomique :* Les cellules tétraploïdes ont un RNP supérieur à celui des cellules diploïdes. Avant la prophase, le RNP augmente car le volume nucléaire s'accroît en raison de la duplication préprophasique du matériel chromosomique.

– *En fonction de l'activité fonctionnelle :* L'augmentation du RNP traduit un accroissement de l'activité métabolique de la cellule. Dans les glandes endocrines, pendant la phase d'élaboration des hormones, le RNP augmente.

V. – NOMBRE

Les cellules ne possèdent habituellement qu'un seul noyau. Cependant, dans le foie, où les cellules polyploïdes et en particulier tétraploïdes sont relativement fréquentes, il n'est pas exceptionnel d'observer des hépatocytes à deux noyaux (15 % de l'ensemble des cellules hépatiques). Les masses protoplasmiques plurinucléées sont dénommées plasmodes ou syncytium, en fonction de leur mode de formation :

- les plasmodes résultent de la multiplication nucléaire sans cytodiérèse;
- les syncytiums naissent de la fusion de plusieurs cellules en une masse commune (les ostéoclastes proviennent de la fusion de plusieurs ostéoblastes).

VI. – POSITION

Elle est variable, mais caractéristique de chaque type cellulaire. Le noyau occupe souvent le centre géométrique de la cellule, comme c'est le cas des cellules embryonnaires. Très souvent, sa position est fonction de l'importance des réserves élaborées ou des différenciations cellulaires.

Dans les cellules graisseuses, le noyau est repoussé à la périphérie du deutoplasme.

Dans les cellules glandulaires à sécrétion exocrine, il est basal.

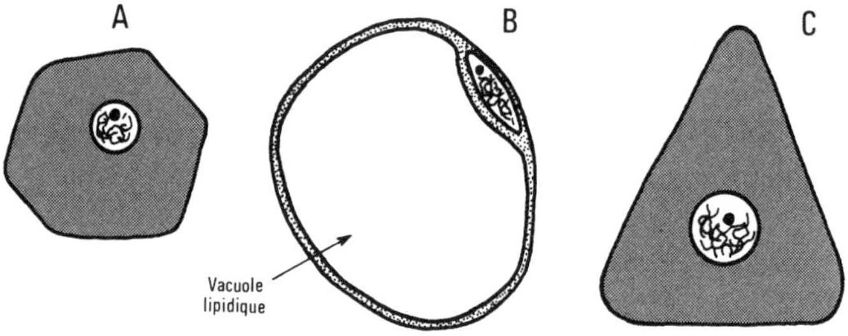

FIG. 49. – *Position du noyau.*
A : central (cellule polyédrique); B : périphérique (cellule graisseuse); C : situé à l'union du tiers basal et du tiers moyen (cellule pancréatique).

Dans les cellules séreuses, il occupe une région placée à l'union du tiers basal et du tiers moyen.

Dans les cellules muqueuses, il est plaqué contre la membrane cellulaire basale (fig. 49).

Le noyau est donc un organite de forme et de situation variables, indispensable à la vie cellulaire. Il est entouré d'une enveloppe nucléaire qui le sépare du cytoplasme; il contient dans le nucléoplasme la chromatine et les nucléoles.

I. – L'ENVELOPPE NUCLÉAIRE

A. – DÉFINITION

C'est un complexe membranaire caractéristique des cellules des eukaryotes, qui contrôle les échanges entre le noyau et le cytoplasme, et qui sépare les chromosomes du cytoplasme pendant la période interphasique.

B. – CONSTITUTION

Elle comporte :

– une membrane externe d'une épaisseur totale de 75 Å, trilamellaire [1], c'est-à-dire comprenant un feuillet osmiophobe pris en sandwich par deux feuillets osmiophiles; sur la face externe qui est en rapport avec le cytoplasme, s'accolent des ribosomes; cette membrane est en continuité avec celle du réticulum endoplasmique;

– une membrane interne de structure analogue à la précédente;

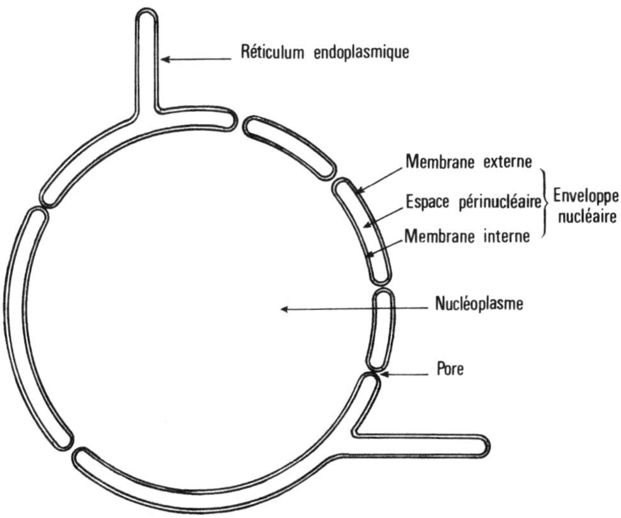

FIG. 50. – *Représentation schématique des pores et de l'enveloppe nucléaire.*

(1) Sur des préparations obtenues par coupes en microscopie électronique.

- un espace périnucléaire, situé entre les deux membranes, d'épaisseur irrégulière (100 à 150 Å); cette zone vectrice communique avec les cavités du réticulum endoplasmique.

L'épaisseur totale de l'enveloppe nucléaire est approximativement de 350 Å.

C. – STRUCTURE DES MEMBRANES DE L'ENVELOPPE

Les techniques « conventionnelles » montrent une structure du type membrane-unité de Danielli-Robertson. En fait, l'utilisation du cryodécapage révèle un constituant particulaire analogue à celui de la membrane plasmique. Ces particules ont un diamètre de 60 à 130 Å.

D. – STRUCTURE DE L'ESPACE PÉRINUCLÉAIRE

L'étude de l'enveloppe nucléaire par les techniques de cryodécapage montre que la lumière de l'espace périnucléaire est occupée par des structures filamenteuses qui ne peuvent être actuellement interprétées en raison du faible pouvoir séparateur obtenu avec cette technique.

E. – LES PORES NUCLÉAIRES

I. – DEFINITION

Ce sont des structures complexes (existant dans tous les organismes), constituées par une ouverture, zone d'interruption de l'enveloppe nucléaire (c'est le pore proprement dit), et l'anneau qui limite l'ouverture à la périphérie. Ils interviennent dans la régulation des échanges entre le noyau et le cytoplasme (fig. 50 et 51).

II. – CARACTÈRES

■ ***Leur nombre.*** – Il est proportionnel à l'activité de la cellule : plus une cellule est active, plus le nombre de pores par noyau est grand. Ce fait implique que les pores ne sont pas des structures statiques, permanentes, mais au contraire dynamiques, susceptibles de disparaître au cours de la mise au repos de la cellule, ou de réapparaître lorsque les échanges noyau-cytoplasme sont augmentés.

■ ***Leur distribution.*** – Lorsque les pores sont nombreux, leur distribution ne dépend pas du hasard. Leur distance de centre à centre est régulière (par exemple égale à 1 300 $\pm$ 100 Å ou à un multiple de 1 300). Cette distribution est fonction de celle des chromosomes interphasiques.

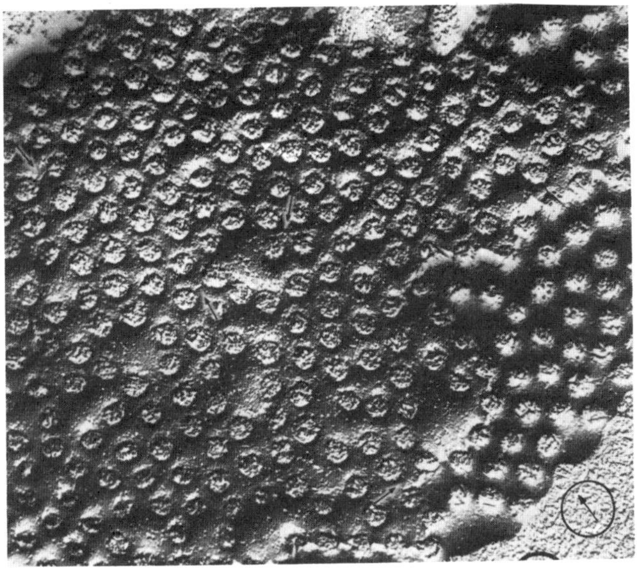

FIG. 51. – *Enveloppe nucléaire* (freezing etching). Noter la constitution granulaire et fibrillaire des pores (X 35 000). La flèche en bas à droite indique le sens de l'ombrage.

(Cliché de J. KARTENBECK, H. ZENTGRAF, U. SCHEER et W. W. FRANKE; *The nuclear enveloppe in freezing etching,* Springer Verlag.)

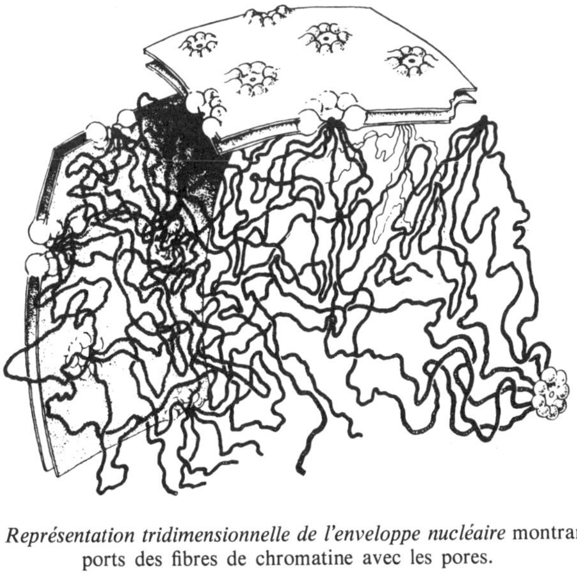

FIG. 52. – *Représentation tridimensionnelle de l'enveloppe nucléaire* montrant les rapports des fibres de chromatine avec les pores.

■ ***Leur rapport.*** – Les bords du pore sont en rapport avec 8 fibrilles de chromatine qui viennent s'y attacher.

La chromatine respecte le pore et se place de part et d'autre du matériel annulaire (fig. 52).

III. – STRUCTURE

Classiquement le pore comprend des structures associées, parmi lesquelles on classe :

- l'anneau ou matériel annulaire,
- le diaphragme,
- les éléments centraux.

■ ***Matériel annulaire*** (fig. 53). – Le matériel annulaire comprend 8 particules sphériques de 200 Å de diamètre, disposées sur chaque face du pore. Chaque particule est en fait constitué de fibrilles pelotonnées sur elles-mêmes.

■ ***Le « diaphragme ».*** – Une substance dense, amorphe, s'insère au pourtour du pore, et se dirige vers le centre.

■ ***Le granule central.*** – Un granule de 250 Å de diamètre occupe le centre du pore.

■ ***Le matériel fibrillaire*** (fig. 54). – Il est représenté par des fibrilles qui s'attachent soit sur les granules de l'anneau (granules internes et externes), soit sur le granule central, qui unissent les granules périphériques au granule central. Une fibrille située dans la partie moyenne du pore, décrit un cercle concentrique à son bord.

IV. – SIGNIFICATION DES DIVERS CONSTITUANTS DU PORE

■ ***Le matériel annulaire.*** – L'anneau modifierait sa structure en fonction du métabolisme cellulaire. La modification de forme de l'anneau (qui est capable soit d'expansion soit de contraction) s'expliquerait par l'extraction ou l'addition de molécules protéiques du ou dans le pool protéique annulaire.

■ **Le granule central.** – Certains auteurs lui ont donné le rôle de « gardien du pore ». Il serait capable de contrôler le passage des substances. En réalité, ce granule est une ribonucléoprotéine, car :

- sa fréquence est élevée pendant les stades précoces de l'oogenèse (au moment où la synthèse de RNA est très élevée);
- dans les cultures synchrones de Tetrahymena pyriformis une corrélation existe entre la synthèse de RNA et la fréquence des granules dans les pores;
- le blocage de la synthèse de RNA par l'actinomycine D entraîne une baisse de la fréquence des granules centraux;
- la RNase [1] digère les granules centraux;
- le granule peut transporter de l'uridine marquée.

(1) Ribonucléase.

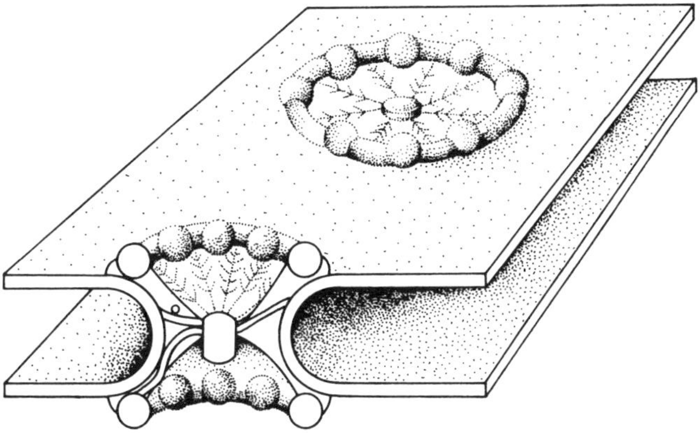

FIG. 53. – *Reconstitution tridimensionnelle d'un pore* d'après les résultats obtenus en freezing etching. Au centre du pore, un granule de 250 Å est relié à 8 sous-unités globulaires par des fibrilles de 50 Å de diamètre.
(Avec l'autorisation de W. W. FRANKE.)

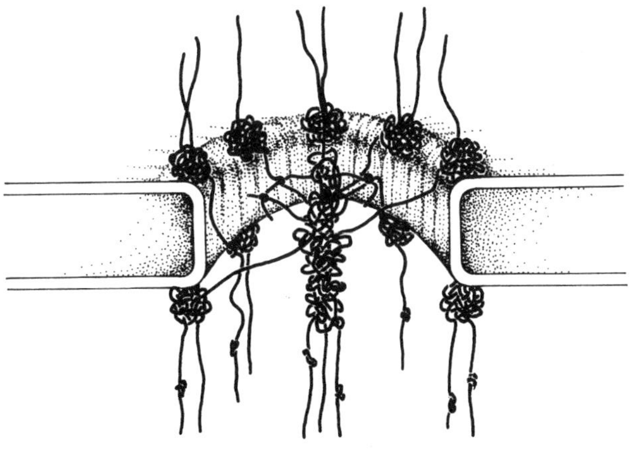

FIG. 54. – *Structure fibrillaire du pore :*
- fibrilles attachées à l'anneau,
- fibrilles attachées au granule central,
- fibrilles formant un anneau interne.

Les granules vus en freezing etching sont formés de filaments pelotonnés sur eux-mêmes. Il en est de même pour le granule central.
(Avec l'autorisation de W. W. FRANKE.)

F. – STRUCTURES ANNEXES DE CERTAINES ENVELOPPES NUCLÉAIRES

■ ***Les lamelles denses internes.***

a) **Définition.** – C'est une couche fibrillaire ou granulaire, de nature chimique et de fonction encore indéterminée, accolée à la face nucléoplasmique de la membrane interne.

b) **Structure.** – Les lamelles denses internes (lame fibreuse ou zonula nucleus limitans) résultent de l'agglomération de fins filaments adhérant au feuillet interne de l'enveloppe qu'ils séparent de la chromatine. L'épaisseur de cette couche est variable chez les Vertébrés Supérieurs; elle dépend de l'espèce et du mode de fixation utilisé. Elle est comprise entre 200 et 600 Å.

Le problème de la constance de ces structures n'est pas résolu. Sa composition n'est pas connue.

c) **Rôle.** – Cette couche jouerait un rôle dans le maintien de la rigidité de l'enveloppe nucléaire.

■ ***Les lamelles annelées*** (fig. 55). – Ces formations sont constituées de membranes paires, à surface lisse, parallèles en général à l'enveloppe nucléaire. Elles reproduisent, par leur disposition, les deux membranes de l'enveloppe.

Les pores de l'enveloppe nucléaire et ceux des lamelles annelées sont alignés, placés l'un en face de l'autre.

Un matériel dense aux électrons occupe les pores nucléaires ainsi que ceux des lamelles annelées.

G. – RAPPORTS DE L'ENVELOPPE NUCLÉAIRE

■ ***Rapport avec les éléments cytoplasmiques.*** – La face externe (cytoplasmique) de la membrane externe :

- est recouverte de ribosomes,
- se poursuit assez fréquemment par la membrane du réticulum endoplasmique granulaire,
- établit des relations de contiguïté avec les mitochondries : ces rapports doivent trouver leur signification dans l'utilisation de l'énergie libérée par les mitochondries, et dont l'enveloppe périnucléaire aurait besoin pour des fonctions métaboliques encore mystérieuses.

Cette relation enveloppe nucléaire – mitochondrie n'est pas surprenante puisque l'enveloppe peut être considérée comme une dépendance du réticulum endoplasmique (fig. 50).

■ ***Rapport avec les constituants nucléaires.***

a) **Avec la chromatine.** – La membrane nucléaire de la microscopie optique correspond non pas à l'enveloppe nucléaire, mais à la chromatine marginale qui s'accole à cette enveloppe.

La chromatine s'interrompt en face des pores, ménageant ainsi des sortes de « canaux » interchromatiniens.

b) **Les zones d'attache des chromosomes.** – Les chromosomes s'attachent

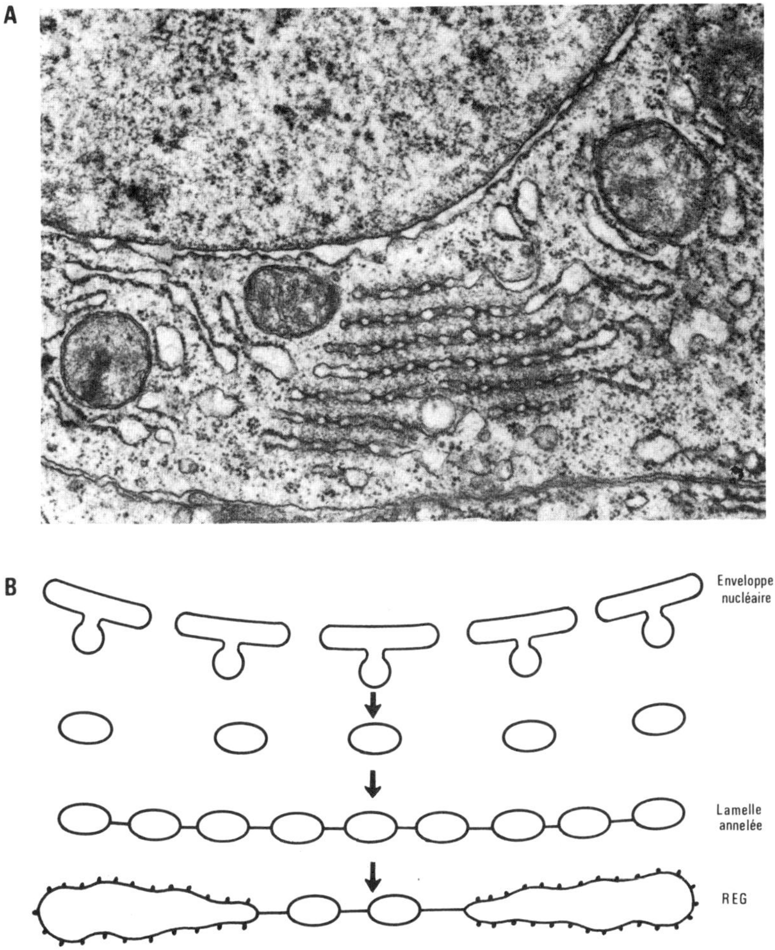

FIG. 55.

A : lamelles annelées. Le cliché montre ici un système de 7 lamelles parallèles les unes aux autres, au niveau desquelles on observe des pores obturés par un diaphragme (× 24 000);

B : les lamelles annelées pourraient donner naissance à des élements de réticulum endoplasmique granulaire.

(Cliché de R. G. KESSEL; *J. Ultrastr. Res.*, suppl. 10, 1968.)

à l'enveloppe, à sa face interne, en un point plus épais et rigide; l'espace périnucléaire est le plus souvent étroit en ce point.

Ils s'insèrent aussi soit sur le bord des pores, soit sur le granule central.

H. – LE ROLE DE L'ENVELOPPE NUCLÉAIRE

I. – ROLE DANS LES ÉCHANGES NUCLÉO-CYTOPLASMIQUES

■ ***Le transport de substances à travers l'enveloppe nucléaire.***

a) **Noyaux isolés et sélection des substances.** – Le noyau ne laisse pas passer toutes les substances. Le glycogène et l'ovalbumine ne pénètrent pas dans des noyaux isolés, tandis que les acides aminés, les enzymes (trypsine, ribonucléase, désoxyribonucléase) des protéines, histones et protamines, des substances polyanioniques (héparine, hémoglobine) migrent du milieu extranucléaire dans le noyau.

b) **In vivo.**

– Les *ions* franchissent l'enveloppe nucléaire dans les deux sens : la concentration en Na^+ et K^+ est, dans le noyau, le double de celle du cytoplasme.
– Les *petites molécules* d'un poids moléculaire inférieur à 500 entrent dans le noyau, en empruntant la voie transmembranaire comme les ions. Il s'agit des acides aminés, des mono- ou des disaccharides.
– Les *macromolécules :* on a démontré le passage de macromolécules comme celle du RNA et des protéines dans le sens noyau – cytoplasme. La ribonucléase pénètre dans le noyau. De même, la ferritine, dont le poids moléculaire est de 550 000 pour un diamètre de 95 Å, traverse l'enveloppe nucléaire de l'Amibe.

c) **Les voies de passage.**

– *Voies transmembranaires :* Il est à peu près certain que les molécules de petites dimensions sont capables de traverser les membranes de l'enveloppe dans n'importe quel sens. Le fer colloïdal par exemple, traverse les membranes nucléaires (Moore).
– *Par le réticulum endoplasmique :* Le réticulum endoplasmique fait communiquer de manière temporaire ou permanente l'espace périnucléaire avec le milieu extracellulaire. Certaines substances accumulées dans l'espace périnucléaire, comme les anticorps antipéroxydases des hémocytoblastes, peuvent gagner le réticulum endoplasmique.
– *Par l'intermédiaire des lamelles annelées :* On tend à admettre actuellement que les lamelles annelées seraient porteuses d'informations d'origine nucléaire sous la forme de RNA soit granulaire, soit non figuré (c'est-à-dire incorporé aux membranes des lamelles).
– *Par bourgeonnement de l'enveloppe nucléaire :* L'enveloppe nucléaire est capable de bourgeonner et de donner naissance à des vésicules qui migrent dans le cytoplasme; elles transporteraient des substances élaborées par le noyau.

■ ***Le rôle des pores dans la perméabilité.***

a) **La résistance du pore.**

Le diamètre du granule central doit probablement gêner les mouvements des molécules : le pore ne se laisse sans doute pas traverser librement. Il joue un rôle de barrière à une diffusion libre :

en effet, des études électrophysiologiques ont démontré que la résistance du matériel occupant le pore est de l'ordre de $1 \Omega/cm^2$.

b) **Le rôle de la charge électrique des macromolécules.**

Des macromolécules, comme l'or colloïdal, traversent le pore dans le sens cytoplasme – noyau. Ce mouvement des macromolécules à travers le pore dépend de leur charge électrique. L'or colloïdal enrobé de polyvinylpyrrolidone, qui possède une nette charge négative, se lie au matériel annulaire. Par contre, les particules d'or recouvertes de poly-l-lysine, dont la charge est fortement positive, se fixent au centre du pore.

c) **Le passage des RNA messagers et de transfert.** – Les pores laissent passer des macromolécules élaborées dans le noyau.

Les cellules, au cours de la phase S (phase de synthèse), fabriquent de très grandes quantités d'acide ribonucléique.

Chez l'Amibe, on peut voir dans les pores, des hélices de ribonucléoprotéines, forme vraisemblable du transport de RNA messager, qui passent du noyau dans le cytoplasme pour y être très rapidement modifiées.

Chez le Chironome, des grains ribonucléoprotéiques, d'un diamètre de 200 à 400 Å, passent dans le cytoplasme grâce aux pores. Ils sont ensuite transformés. Le granule central précédemment décrit serait une forme de passage des acides ribonucléiques.

Le matériel ribonucléoprotéique, qui migre à travers les pores, est constitué soit de RNA messager, soit de RNA ribosomal (fractions 18 S et 28 S), associés à une protéine.

d) **Rôle dans la régulation du transfert des informations.** – L'activité cellulaire est commandée par des mécanismes régulateurs dont les éléments actifs, inhibiteurs ou activateurs, sont des macromolécules ou de petites molécules porteuses d'informations, comme le RNA messager qui se rend du noyau vers le cytoplasme, ou l'AMP cyclique qui va du cytoplasme dans le noyau.

Un contrôle ou une régulation du transfert des informations est absolument nécessaire : or, en dépit du rôle primordial de ce transfert des informations dans la vie cellulaire, on ne connaît pratiquement rien du mode de sortie ou d'entrée dans le noyau. L'augmentation ou la diminution du nombre des pores serait un des éléments de régulation.

– *Augmentation du nombre des pores pendant les phases d'hyperactivité;* mise en évidence : de nombreuses expériences ont permis de constater que le nombre des pores augmente avec l'activité de synthèse des cellules. Ainsi, des lymphocytes placés en culture, en présence de phytohémagglutinine, subissent une évolution appelée « transformation lymphoblastique ». Au cours de cette transformation, la quantité de RNA de la cellule augmente ainsi que la synthèse protéique. On peut donc supposer que la PHA a provoqué un accroissement du transfert des informations d'origine nucléaire en direction du cytoplasme.

II. – ROLE DANS LA GENÈSE DE CERTAINS ORGANITES CYTOPLASMIQUES

L'enveloppe nucléaire est à l'origine *des lamelles annelées,* soit :

- **par fragmentation de l'enveloppe :** au moment de la reconstruction de l'enveloppe nucléaire après la télophase, des fragments de membranes se disposeraient parallèlement les uns aux autres sans pouvoir s'associer pour reconstituer une partie de l'enveloppe nucléaire;

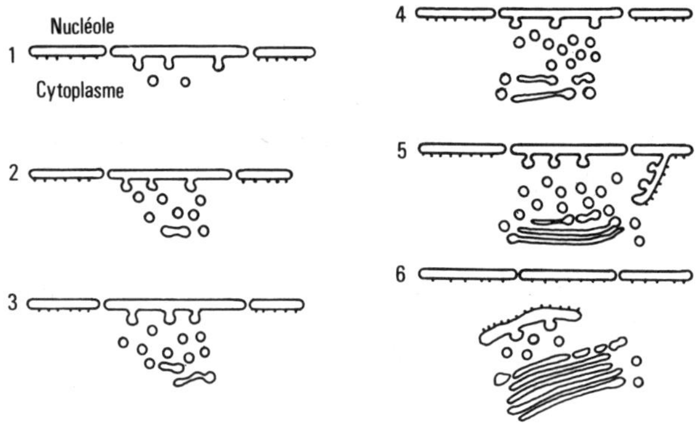

FIG. 56. – *Rôle de l'enveloppe nucléaire dans la différenciation de l'appareil de Golgi :* 1, 2, 3 : enveloppe nucléaire dont la membrane externe bourgeonne et se vésiculise. 4, 5 : les vésicules se réunissent en citernes qui se disposent parallèlement les unes aux autres et finissent par constituer un dictyosome (6).

(Cliché de R. G. KESSEL; *J. Ultrastructure Research, 34,* 1971, 260-275.)

– **par bourgeonnement de la membrane externe :** la membrane externe peut donner par bourgeonnement des vésicules qui, en s'accolant, forment les lamelles annelées;
– **par plissement de l'enveloppe nucléaire.**

L'enveloppe serait une des origines de *l'appareil de Golgi :* la *membrane externe bourgeonne :* les vésicules se disposent en rangées régulières. Une rangée de vésicules fusionne et se transforme en une citerne, pendant que d'autres rangées se constituent. Il se forme ainsi des empilements de citernes (fig. 56).

II. – LA CHROMATINE

L'examen en microscopie optique de noyaux fixés et traités par les colorants basiques, révèle l'existence d'une substance dénommée *chromatine* en raison de sa forte affinité tinctoriale.

Les espaces moins colorés compris entre les masses chromatiques sont *les espaces interchromatiniens.*

A. – STRUCTURE DE LA CHROMATINE ET DES ESPACES INTERCHROMATINIENS

I. – RÉPARTITION

La chromatine se répartit :
- en mottes de taille variable dans l'ensemble du nucléoplasme (les chromocentres),
- à la périphérie du noyau, contre l'enveloppe nucléaire où elle constitue la membrane chromatique,
- en une ou plusieurs masses juxta ou paranucléolaires.

II. – ASPECT

Il est identique dans les noyaux appartenant au même type cellulaire, mais varie beaucoup d'un type cellulaire à un autre. La chromatine prend la forme (fig. 57) :
- soit de grosses mottes irrégulières,
- soit de mottes de petites dimensions,
- soit de granulations très fines ou pulvérulentes,
- soit enfin d'un réseau à mailles plus ou moins fines dont certains points (en particulier les points de confluence) sont épaissis.

L'aspect varie non seulement avec la nature de la cellule à laquelle appartient le noyau, mais aussi avec l'activité de la cellule. La finesse de la chromatine exprime le degré d'activité de la cellule.

Dans les noyaux des cellules somatiques femelles, une masse de chromatine d'un diamètre d'un micron, biconvexe, se plaque soit contre le nucléole, soit contre l'enveloppe nucléaire : c'est la chromatine sexuelle.

III. – ULTRASTRUCTURE DE LA CHROMATINE

L'examen en microscopie électronique de la chromatine démontre qu'elle est occupée par des fibres très serrées les unes contres les autres, à trajectoire spiralée, les fibres chromatiniennes, dont le calibre est irrégulier. Dans les zones les plus larges, leur diamètre est compris entre 200 et 500 Å, tandis que dans les régions les plus minces, il est de 60 à 100 Å.

IV. – LES ESPACES INTERCHROMATINIENS

Ces espaces sont peu colorables par les colorants basiques. Ils sont aussi occupés par certains segments des fibres chromatiniennes et diverses structures : les fibrilles périchromatiques, les granules interchromatiques, les granules périchromatiques, les corps spiralés.

■ ***Les fibres chromatiniennes.*** – Les fibres chromatiniennes qui occupent les espaces interchromatiniens ont la même structure et le même diamètre que celle des mottes de chromatine, mais elles sont très distantes les unes des autres, et ne dessinent pas de spirales serrées.

■ ***Les fibrilles périchromatiques*** (fig. 58). – La périphérie de la chromatine est souvent bordée par des éléments fibrillaires dont le diamètre est en général de 30 à 50 Å; certains ont parfois un diamètre de 200 Å.

■ ***Les granules interchromatiques*** [(1)]. – Ils se rencontrent dans toutes les cellules animales.

Ce sont des groupes de particules de 200 à 250 Å, et des bâtonnets de même diamètre.

Ils sont liés par les fibrilles périchromatiques et apparaissent ainsi comme des chaînes constituant un réseau lâche.

On peut observer des images de transition entre les fibrilles périchromatiques, qui sont au contact des masses de chromatine, et les granules interchromatiques.

Ils seraient constitués par des ribonucléoprotéines : le RNA étant bien protégé; en effet, la désoxyribonucléase est sans action, alors que la ribonucléase agit, mais seulement après traitement par les pronases.

■ ***Les granules périchromatiques.*** – Ils se rencontrent dans toutes les cellules animales, souvent à la périphérie des masses de chromatine, parfois isolés dans une aire interchromatinienne.

Ils sont :

- très denses aux électrons,
- plus rares que les grains interchromatiques (50 granules par section de noyau de 40 μ^2),
- plus gros (400 à 450 Å),
- entourés d'un halo clair de 250 Å d'épaisseur.

On peut les voir aussi dans les espaces situés au voisinage des pores entre les masses chromatiques.

Ils sont constitués de fibrilles très fines (30 Å) entortillées; certaines de ces

(1) Les granules interchromatiques seraient trois formes de transition successive de RNA messager (peut-être aussi de RNA ribosomal) destiné à être évacué dans le cytoplasme par les pores nucléaires.

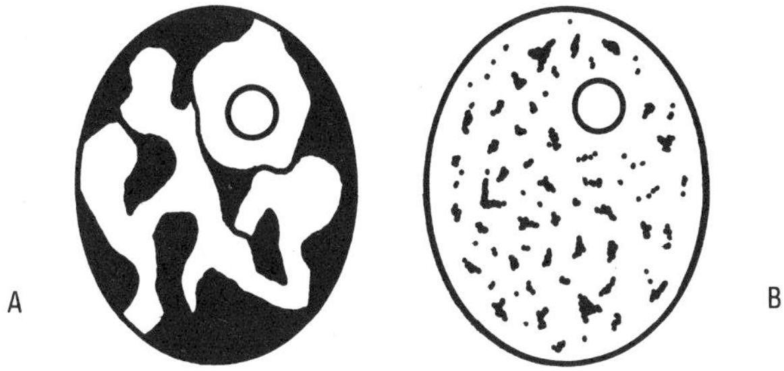

FIG. 57. – *Différents aspects de la chromatine.*
A : chromatine disposée en grosses mottes irrégulières;
B : chromatine disposée en fines granulations.

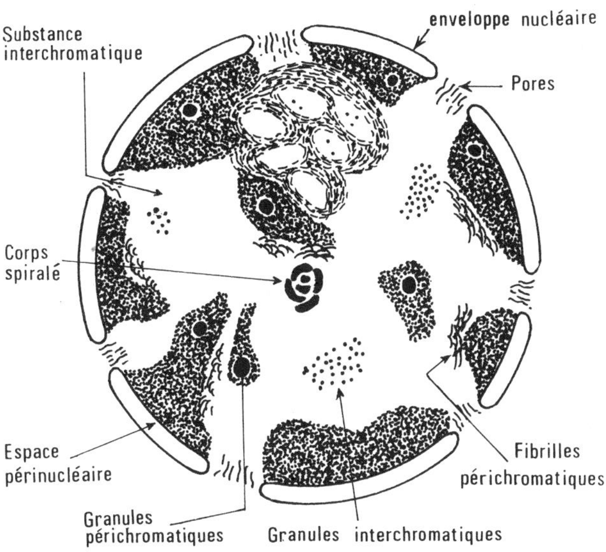

FIG. 58. – *Substance interchromatique.* Représentation du noyau en microscopie électronique.
(D'après M. MAILLET, *Éléments de cytologie animale.* Bordas, Paris, 1970.)

fibrilles dépassent les limites du granule. Parfois ces granules sont unis les uns aux autres par des faisceaux très fins de fibrilles.

Ils contiennent donc des ribonucléoprotéines; leur localisation fait penser qu'il s'agit d'une substance transmettant les informations du DNA.

■ ***Les corps spiralés.*** – Ils se situent dans les régions interchromatiques du noyau.

Ce sont des agrégats sphériques de 0,3 à 0,5 μ de fibres entortillées dont l'épaisseur varie entre 400 et 600 Å.

Ces fibres sont colorables comme les grains inter et périchromatiques. Elles contiennent des fibrilles très fines de 50 Å, irrégulièrement enroulées autour de l'axe des fibres.

Elles sont constituées par des ribonucléoprotéines.

Leur rôle est inconnu.

B. – LES FIBRES CHROMATINIENNES

I. – SIGNIFICATION

Les fibres chromatiniennes sont les constituants essentiels du noyau : elles représentent les chromosomes pendant l'interphase.

Ces fibres ont une longueur totale variable (elle est de 2,2 cm pour le lymphocyte humain).

Elles s'insèrent sur la membrane interne de l'enveloppe nucléaire au pourtour des pores.

Les fibres chromatiniennes ont des trajets complexes : on les rencontre aussi bien dans la chromatine que dans les espaces interchromatiniens. Elles sont sinueuses sur toute leur longueur. Elles décrivent des spires à enroulement serré dans les mottes de chromatine : on donne maintenant le nom d'hétérochromatine à ces régions condensées.

Les régions déspiralisées ou peu spiralisées sont désignées par le terme d'euchromatine.

II. – L'HÉTÉROCHROMATINE

On distingue deux types d'hétérochromatine :
- l'hétérochromatine constitutive,
- l'hétérochromatine facultative.

■ ***L'hétérochromatine constitutive.*** – Elle occupe une région du chromosome qui reste constamment condensée, et dont la localisation est identique sur le chromosome homologue. Elle est génétiquement inactive.

■ ***L'hétérochromatine facultative*** (fig. 59). – Elle correspond à une région chromosomique qui n'est pas obligatoirement condensée pendant l'interphase : les gènes structuraux qu'elle porte sont inactivés.

Elle est soit gonosomique (chromatine sexuelle), soit autosomale.

a) **L'hétérochromatine facultative gonosomique.** – Elle provient de l'inactivation du bras long d'un des deux chromosomes X chez la femelle. Elle est localisée soit contre l'enveloppe nucléaire, soit contre le nucléole. Elle a la forme d'une lentille biconvexe de 1 μ de diamètre.

b) **L'hétérochromatine facultative autosomale.** – Elle est moins connue. Elle a été étudiée principalement par Gropp et Citoler dans les cultures de fibroblastes de Erinaceus europaeus, où elle se présente sous la forme de 5 à 7 chromocentres. *La replication du DNA qui les constitue est tardive, comme celle de la chromatine sexuelle : elle survient après la replication du DNA de l'euchromatine.*

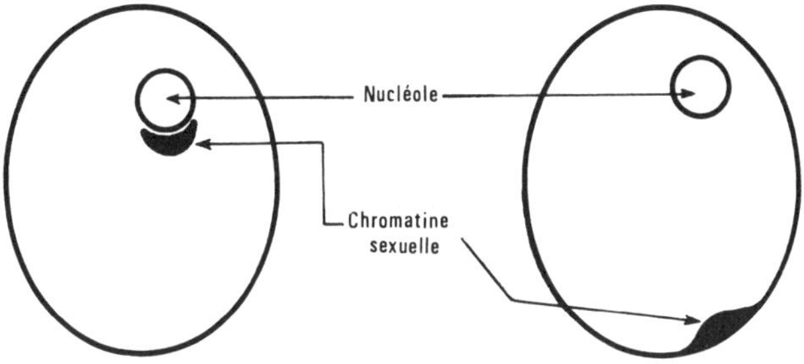

FIG. 59. – *Hétérochromatine facultative* (chromatine sexuelle). Lentille biconvexe localisée contre le nucléole ou contre l'enveloppe nucléaire.

III. – CONSTITUTION BIOCHIMIQUE DES FIBRES DE CHROMATINE

Elles sont constituées par un acide nucléique, l'acide désoxyribonucléique (DNA) et des protéines (histones, protamines et protéines acides).

■ ***Structure du DNA*** (fig. 60).

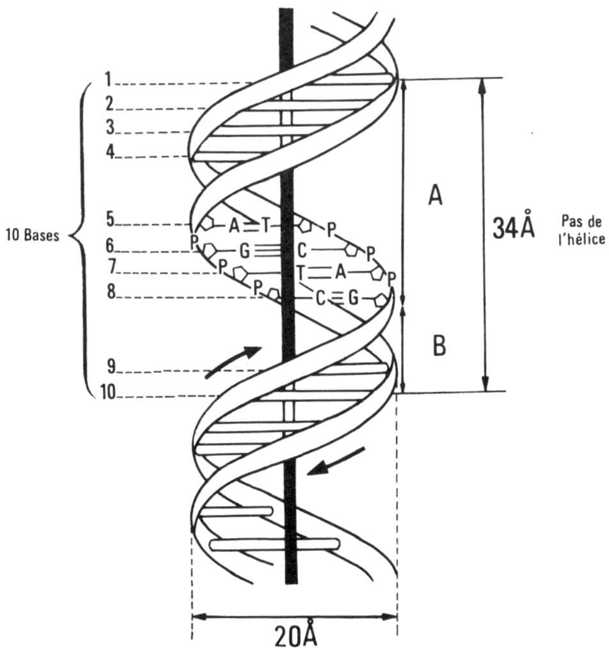

FIG. 60. – *Structure tertiaire du DNA*. Les brins sont disposés en une double hélice qui présente deux dépressions en spirale, l'une d'une longueur de 22 Å (A), l'autre de 12 Å (B).

La molécule de DNA (DNA bicaténaire) est formée de deux molécules (DNA monocaténaire ou brin) disposées en une double hélice.

Chaque brin résulte de l'association de nucléotides, molécules comprenant un phosphate, un sucre (le 2 désoxyribose) et une base qui est soit l'adénine (A) ou la guanine (G) (bases puriques), soit la thymine (T) ou la cytosine (C) (bases pyrimidiques).

Le phosphate unit les sucres et se fixant par une de ses extrémités au carbonne 3' du désoxyribose, et par l'autre au carbonne 5'.

Les deux brins sont réunis par les bases dont les formes sont complémentaires; pour cette raison, deux associations sont seulement possibles : T = A et G ≡ C.

Chaque brin possède deux extrémités, chacune portant une molécule de désoxyribose. A une extrémité, le carbone 3' de la molécule de glucose est libre, le carbone 5' est libre à l'autre extrémité.

Les deux brins de la molécule bicaténaire de DNA sont dits antiparallèles, car « l'extrémité 3' » d'un brin correspond à l'extrémité 5' du brin complémentaire.

■ *Constitution du DNA de l'hétérochromatine constitutive.*

L'hétérochromatine constitutive contient un DNA appelé DNA répétitif ou satellite.

Un DNA est « répétitif » lorsque de courtes séquences de nucléotides sont répétées un très grand nombre de fois :

$$\left[\begin{array}{lcccccr} 5' & & & & & & 3' \\ & \text{CTT} & \text{AGC} & \text{TTA} & \text{GCT} & \text{TAG} & \\ & \text{GAA} & \text{TCG} & \text{AAT} & \text{CGA} & \text{ATC} & \\ 3' & & & & & & 5' \end{array}\right]_n$$

Il représente chez les Mammifères 30 à 40 % du DNA total et peut être divisé en deux fractions :

- une fraction hautement répétitive formée de séquences de 300 nucléotides répétées 1 million de fois (10 %);
- une fraction intermédiaire (20 %) dont les séquences sont répétées de 100 à 100 000 fois.

Il est riche en adénine et en thymine.

■ *Les protéines associées au DNA*

Ces protéines se divisent en trois groupes :

- les histones } qui sont toutes deux des protéines basiques
- les protamines }
- les protéines acides.

Elles enrobent la molécule de DNA. Le traitement par la trypsine modifie le diamètre de ces fibres : elles deviennent très minces (22 Å). Ce fin filament est hydrolysable par la désoxyribonucléase.

La molécule de DNA est enroulée en spirale de manière à former un filament de 70 Å. Ce filament à son tour décrit une spirale serrée pour constituer la fibre chromatinienne d'un diamètre de 250 Å (v. chap. 5, fig. 74).

Le rôle des protéines dans l'organisation de la fibre chromatinienne est presque complètement inconnu. Elles ont semble-t-il, *un rôle structural* puisque leur extraction entraîne une déspiralisation de la fibre et un *rôle génétique* puisque les molécules de DNA recouvertes par les histones ne peuvent se repliquer.

L'intégrité de la fibre dépend aussi de la présence de cations divalents comme le calcium et le magnésium. Leur extraction par combinaison avec des agents chélatants provoque la déspiralisation des fibres et leur transformation en fibre de 70 Å de diamètre.

C. – ÉTUDE QUANTITATIVE DU DNA NUCLÉAIRE

I. – SA CONSTANCE PENDANT LES PHASES G1 ET G2 DU CYCLE CELLULAIRE

La quantité de DNA est constante dans les noyaux des cellules somatiques pendant la période interphasique (en dehors de la phase S) quelle que soit la cellule considérée.

Dans les cellules sexuelles (spermatozoïdes ou ovocytes), elle est égale à la moitié de celle des cellules somatiques en phase G1.

II. – LA REPLICATION DU DNA AU COURS DE LA PHASE S

La quantité de DNA double pendant une période limitée de l'interphase, la phase S.

La synthèse du DNA est définie par le terme de *replication* en raison du mécanisme si particulier qui préside à la duplication. La replication de l'euchromatine se produit avant celle de l'hétérochromatine (fig. 61).

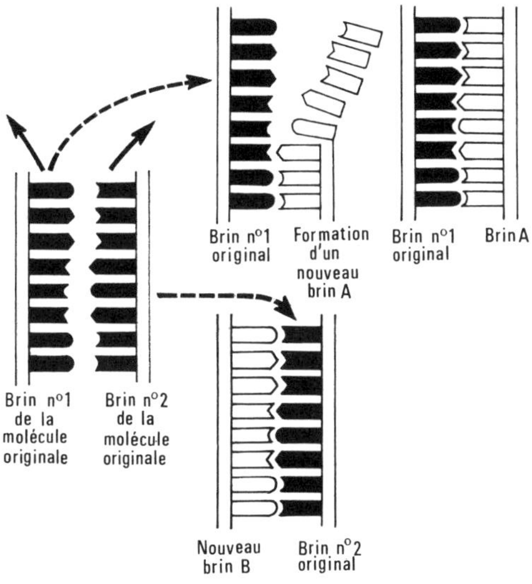

FIG. 61. – Le brin A forme un brin B′ copie exacte du brin B. Le brin B forme un brin A′ copie exacte du brin A.
(D'après *Éléments de cytologie animale,* par M. MAILLET. Bordas, Paris, 1970.)

Cette replication nécessite la séparation des deux brins à partir d'une extrémité. Chaque brin sert d'amorce et de moule pour former un brin complémentaire, de telle sorte qu'une molécule de DNA donne naissance à deux molécules de DNA parfaitement semblables (cette replication se fait en présence d'une *DNA polymérase* et d'une *ligase*).

La replication est donc semi-conservatrice et orientée.

III. – BLOCAGE DE LA REPLICATION

Des substances très diverses bloquent la replication du DNA en agissant soit sur les bases, soit sur la DNA polymérase.

■ ***Action sur les bases.***

a) **Par inhibition compétitive.** – Des molécules dont la forme est voisine de celle des bases mais qui ne peuvent pas être unies aux désoxyribonucléotides voisins par la DNA polymérase, bloquent la replication. La 6-mercaptopurine, la 5-fluoro-uracile, inhibiteurs préprophasiques de la mitose, agissent de cette manière.

b) **Par blocage de la guanine.** – L'actinomycine D forme avec la guanine des complexes qui bloquent la replication.

c) **Par blocage de la DNA polymérase.** – La sarcomycine se fixe sur les groupes sulfhydriles de la DNA polymérase et inhibe la polymérisation des désoxyribonucléotides.

■ ***Applications médicales; un exemple.*** – L'inhibition de la replication intéresse non seulement la thérapeutique chimique du cancer, puisque cette inhibition fait perdre à la cellule son aptitude à se diviser, mais aussi le traitement des maladies infectieuses ou parasitaires.

La *chloroquine* est un médicament utilisé dans la prophylaxie et le traitement du paludisme. Cette maladie appelée aussi malaria est due à un microorganisme, le plasmodium. La chloroquine se combine avec le DNA du plasmodium et inhibe sa replication.

IV. – FONCTIONS DU DNA

Ces fonctions dépendent de la nature du DNA.

■ ***Rôle du DNA dans la synthèse protéique.*** – Certaines régions ou segments de la molécule de DNA sont porteurs des informations nécessaires aux synthèses protéiques. Ce sont les gènes, séquences désoxyribonucléiques successives, dans lesquelles l'ordre des bases (puriques et pyrimidiques) constituent un code.

Le gène est capable de diriger l'élaboration des RNA (RNA de transfert, RNA ribosomal et RNA messager) : par leur intermédiaire, il assure la synthèse des protéines de structure et des enzymes.

Les protéines sont synthétisées dans le cytoplasme grâce aux ribosomes (donc loin des gènes) qui assemblent les acides aminés en protéines. L'ordre des acides aminés est spécifique d'une protéine donnée. L'ordonnancement des acides aminés est déterminé par les informations du gène qui sont transmises aux ribosomes par l'intermédiaire du RNA messager (mRNA).

Le DNA de l'euchromatine est porteur des gènes.

Le DNA de l'hétérochromatine facultative est porteur de gènes temporairement inactivés.

Le DNA de l'hétérochromatine constitutive ne contient pas de gènes structuraux et joue un rôle de protection.

D. – LA TRANSCRIPTION DU DNA

La transcription du DNA correspond à la synthèse d'une molécule de RNA (1) à partir d'un seul brin de DNA.

Le DNA de l'hétérochromatine n'est pas transcrit, soit parce qu'il n'est pas porteur de gènes (hétérochromatine constitutive), soit parce qu'il possède des gènes inactivés (hétérochromatine facultative).

Seul le DNA de l'euchromatine est transcrit.

Un seul brin de DNA sert à la synthèse du mRNA. L'enzyme responsable est la RNA polymérase-DNA dépendante qui, en se déplacant le long du brin, permet aux précurseurs (adénosine, cytidine, guanosine, uridine 5' triphosphate) de s'associer selon un ordre déterminé. Ceci est possible grâce au phénomène de complémentarité stérique.

La transcription du DNA aboutit donc à la formation du mRNA qui est une « copie » du gène, mais aussi de rRNA et de tRNA qui sont indispensables à la traduction du mRNA, mais qui ne peuvent eux-mêmes être traduits.

I. – MODIFICATIONS POST-TRANSCRIPTIONNELLES DES MOLÉCULES DE RNA

Les produits de la transcription, à l'exception du mRNA, sont transformés avant leur utilisation. Par exemple, le rRNA formé est une longue molécule le rRNA 45 S; il est d'abord clivé par les endonucléases en 3 précurseurs ribosomaux, puis il subit l'action des exonucléases et des méthylases qui le transforment rRNA 16 S, 23 S et 5 S (voir nucléole).

II. – LE mRNA; SA FORME

Le mRNA récemment synthétisé apparaît dans le noyau sous la forme des fibrilles périchromatiques.

E. – RÉGULATION DU CONTROLE DE LA TRANSCRIPTION

Les cellules règlent leur synthèse en fonction de leurs besoins et des variations du milieu ambiant.

Cette adaptation nécessite un contrôle de l'activité des gènes qui s'effectue soit par modification de l'aptitude de la RNA polymérase à reconnaître le promoteur, soit par action sur un site voisin du promoteur, dénommé opérateur (2).

(1) Le RNA est une molécule monocaténaire dont la structure diffère du DNA monocaténaire par le sucre qui est le ribose, et par l'uracile (qui remplace la thymine) dont la forme est complémentaire de l'adénine.

(2) Voir *Biochimie* de Kruh, Éd. Hermann.

III. – LE NUCLÉOLE

A. – DÉFINITION

Le nucléole est un organite responsable de la synthèse des acides ribonucléiques des ribosomes, présent dans le noyau au cours des phases G1, S, G2, et disparaissant pendant la mitose.

B. – STRUCTURE DU NUCLÉOLE

I. – MORPHOLOGIE EN MICROSCOPIE OPTIQUE

Cet organite apparaît sous la forme d'un granule réfringent, sphérique ou ovale, entouré plus ou moins complètement d'un anneau de chromatine.

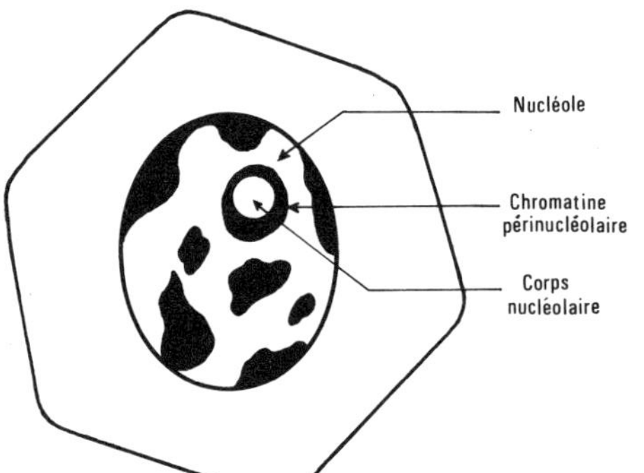

FIG. 62. – *Nucléole en microscopie optique.*

Le nucléole comprend en effet :
- la chromatine périnucléolaire, qui se dispose sous la forme d'un croissant entourant plus ou moins complètement le corps nucléolaire. Cette chromatine périnucléolaire présente des propriétés physiques singulières qui permettent d'isoler des nucléoles intacts par ultra-centrifugation (le calcium durcit cette zone de chromatine; en l'absence de calcium, le nucléole se gonfle et perd ses caractères morphologiques) (fig. 62);
- le corps nucléolaire, en général sphérique, qui correspond à la partie du nucléole entourée de chromatine périnucléolaire.

Les colorations par l'azur C, le bleu de toluidine, le montrent sous l'aspect d'un granule dense, homogène, dont la taille (1 à 2 μ en moyenne) varie dans les cellules normales.

En constraste de phase, il semble souvent hétérogène, contenant :

- soit des plaques denses, irrégulières, assemblées en damier,
- soit une substance sombre, uniforme, dans laquelle se détachent des vacuoles plus denses.

Enfin, les imprégnations argentiques employées après fixation par des agents coagulants, permettent, pour un certain nombre de nucléoles, de révéler une partie dense, *le nucléolonéma,* sorte de filament disposé d'une manière irrégulière, se détachant sur un fond d'apparençe amorphe ou pars amorpha.

II. – MORPHOLOGIE EN MICROSCOPIE ÉLECTRONIQUE

Elle révèle les constituants macromoléculaires du nucléole, *fibrilles* et *granules de RNA,* leur disposition, leur organisation dans le nucléole, ainsi que leur rapport avec les fibrilles de DNA (fig. 63).

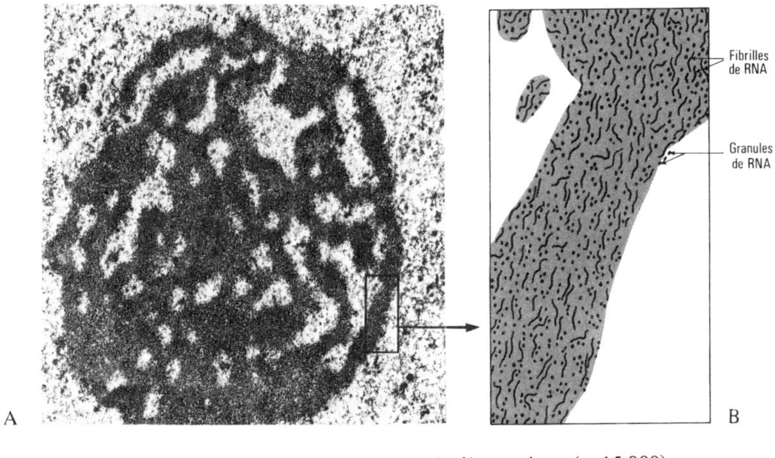

FIG. 63. – A : nucléole réticulé en microscopie électronique (×15 000).
B : schéma montrant la disposition des fibrilles et des granules de RNA.
(Cliché du Service de Microscopie électronique, Département de Biologie humaine, Tours.)

■ ***Les fibrilles.*** – Les fibrilles ont une longueur variable de 200 à 400 Å sur 40 à 80 Å de diamètre. Leur densité, après coloration par le tétraoxyde d'osmium, est identique à celle des fibres de chromatine, mais leur contraste est moindre après fixation au glutaraldéhyde.

■ ***Les granules.*** – D'un diamètre de 150 Å, ils ont non seulement les mêmes affinités tinctoriales que les ribosomes, mais possèdent aussi le même polymorphisme.

Ces granules comporteraient une zone dense, périphérique, et un cœur central plus clair : mais rien ne permet en fait d'affirmer que ces structures ne sont pas de courts tubules ou de petites vésicules dont l'aspect dépend de l'incidence de la coupe. De plus, des filaments à disposition sinueuse, spiralée ou pelotonnée, peuvent présenter des images identiques à celles de granules.

Les hauts pouvoirs de résolution indiquent que ces granules, tout comme les ribosomes, sont parfois réunis par un filament de 20 Å de diamètre.

■ ***La chromatine.*** – Elle est représentée par des fibrilles isolées, ou par des faisceaux de filaments dont la disposition est variable selon le type de nucléole. Les fibrilles de chromatine ont une épaisseur de 70 à 100 Å : elles sont formées par un filament spiralé de 20 à 25 Å de large. Parfois, entre les régions spiralées, il est possible d'observer des régions où le filament épais de 20 Å est non spiralé.

■ ***La pars amorpha.*** – La pars amorpha est moins bien définie : elle est modérément dense aux électrons.

III. – CLASSIFICATION DES NUCLÉOLES EN FONCTION DE LEUR ULTRASTRUCTURE

On distingue :
- les nucléoles réticulés,
- les nucléoles compacts,
- les nucléoles annulaires.

■ ***Les nucléoles réticulés*** (fig. 63). – C'est la forme la plus commune. En effet, habituellement, les matériels fibrillaire et granulaire mélangés se répartissent dans une matrice dense, à distribution réticulée, chaque maille du réseau ayant une épaisseur de 0,1 à 0,2 μ de diamètre.

Entre les mailles se détachent des surfaces claires (dénommées *vacuoles* par le comité de la nomenclature nucléolaire, terme qui prête à confusion; les termes de vacuole nucléolaire ou interstice nucléolaire – nucleolar interstitia – semblent mieux convenir).

Parfois la répartition des granules et des fibrilles est différente. La région nucléolaire centrale est alors occupée par les fibrilles de RNA, tandis que la région périphérique contient les granules.

La chromatine se dispose souvent sous la forme de septa, partant de la zone de chromatine périphérique à laquelle on donne souvent le nom de chromatine associée.

■ ***Les nucléoles compacts à distribution homogène.*** – Ces nucléoles n'ont pas une structure réticulée : la répartition des constituants granulaires et fibrillaires est homogène.

On ne les observe dans les conditions normales que dans quelques types cellulaires comme les lymphoblastes.

Mais il est possible d'en induire la formation par traitement avec l'actinomycine D et le thioacétamide.

La distribution de la chromatine dans de tels organites est difficile à préciser. Les digestions par la ribonucléase montrent qu'en général cette chromatine se distribue sous la forme de fibrilles isolées, dispersées dans tout le nucléole.

■ ***Les nucléoles annulaires.*** – Dans ces nucléoles, les structures contenant le RNA ont une distribution uniquement périphérique. La partie centrale contient des fibrilles de chromatine.

C. – BIOCHIMIE DU NUCLÉOLE

I. – LE DNA NUCLÉOLAIRE

Le DNA nucléolaire se présente :
- soit sous une forme condensée, il s'agit de *zones chromatiniennes péri-nucléolaires* ou *intranucléolaires* (fig. 64),
- soit sous une forme dispersée, la *chromatine intranucléolaire dispersée.*

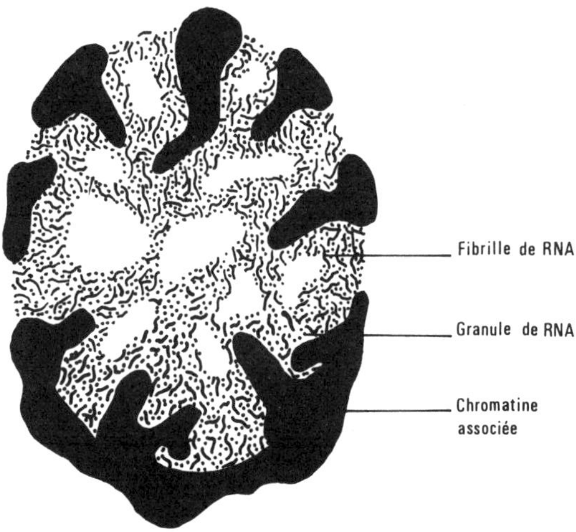

FIG. 64. – *La chromatine* se dispose parfois sous la forme de septa partant de la chromatine périnucléolaire (ou associée).

Il n'existe pas de différences significatives entre la quantité des bases puriques et pyrimidiques du DNA nucléolaire et celle du DNA nucléaire.

La replication du DNA nucléolaire s'effectue au cours de la phase S du cycle cellulaire. La replication du DNA périnucléolaire est plus précoce et plus rapide que celle du DNA intranucléolaire.

II. – LES RNA NUCLÉOLAIRES

Il existe dans le nucléole divers types de RNA. Ces RNA sont classés selon leur coefficient de sédimentation exprimé en unités Svedberg.

Dans les nucléoles des cellules hépatiques, on trouve les RNA suivants : RNA 45 S, 35 S, 28 S, 8 à 16 S, 4 à 7 S. Enfin, le 18 S a été isolé du nucléoplasme. Ces différents RNA correspondent à des étapes de maturation.

III. – LES PROTÉINES

Le nucléole contient deux types de protéines : des protéines acides et des histones.

Leurs fonctions sont mal connues et plusieurs hypothèses ont été retenues :

- ces protéines pourraient servir à protéger le RNA contre les RNases;
- elles pourraient aussi être utilisées comme des sous-unités associées au RNA (en nombre variable en fonction de la taille des molécules de RNA, au cours de sa maturation).

IV. – LES ENZYMES NUCLÉOLAIRES

Il existe dans le nucléole des enzymes qui interviennent dans des réactions biochimiques importantes de biosynthèse ou de maturation du RNA.

Le nucléole contient en effet :

- une RNA polymérase-DNA dépendante qui catalyse la synthèse du RNA,
- une NAD pyrophosphorylase encore appelée NAD synthétase dont le rôle est mal connu.

Des enzymes jouent un rôle dans la maturation du RNA :

- la convertase transforme le RNA 45 S en rRNA(1) 32 S et 28 S,
- les méthylases sont responsables de la méthylation, c'est-à-dire de la fixation d'un groupement CH_3 sur la molécule de RNA,
- la ribonucléase catalyse la scission des liaisons phosphodiester des molécules d'acide ribonucléique,
- la polyriboadénylique synthétase acide catalyse dans le nucléole, la synthèse de l'acide polyriboadénylique qui est un polymère de l'adénosine diphosphate ribose.

La matrice du nucléole est de nature protéique. Les fibrilles de 200 à 400 Å de longueur sur 40 à 80 Å de diamètre, les granules de 150 Å, les fibrilles de 20 Å de diamètre qui unissent les granules sont formés par du RNA, tandis que le DNA constitue les fibrilles chromatiniennes dont le diamètre est de 70 à 100 Å.

(1) rRNA : RNA ribosomal.

D. – LE ROLE DU NUCLÉOLE

I. – ROLE DANS LA SYNTHÈSE DU RNA RIBOSOMAL

Il est parfois utile d'avoir recours à des expériences de cytophysiologie comparée pour comprendre un mécanisme biologique d'une portée générale.

Il existe une souche de *Xenopus laevis,* crapaud africain, qui ne possède qu'un seul nucléole (Xenopus laevis possède habituellement deux nucléoles par noyau).

La présence d'un seul nucléole est un phénomène héréditaire : si on croise deux crapaux dont les cellules ne possèdent qu'un seul nucléole, les têtards obtenus constitueront une population dont 25 % possèdent des noyaux à deux nucléoles, 50 % des noyaux à un nucléole, 25 % des noyaux à 0 nucléole (fig. 65).

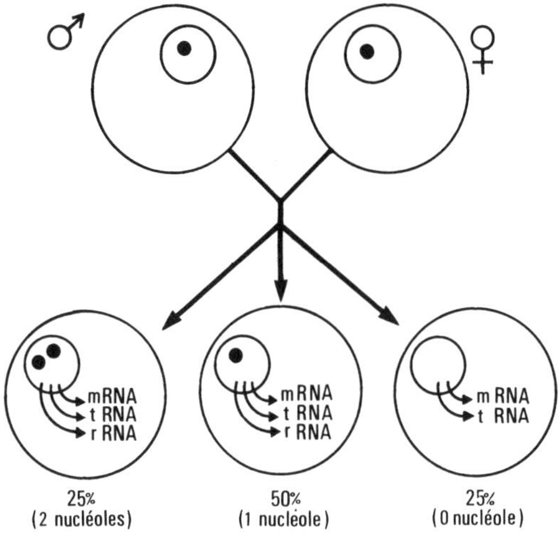

FIG. 65. – *Le croisement de deux mutants* dont les cellules ne possèdent qu'un seul nucléole, donne 25 % de têtards dont les cellules ont deux nucléoles, 50 % de têtards à un nucléole et 25 % sans nucléole. Le noyau de ces derniers ne synthétise pas de rRNA.

Le dernier groupe meurt quatre jours après l'éclosion, mais leur durée de vie est suffisante pour réaliser l'expérience suivante : on place les trois types de têtards dans des milieux contenant des précurseurs marqués du RNA. Les têtards qui ont 1 à 2 nucléoles incorporent les précurseurs et synthétisent du RNA messager, du RNA de transfert et du RNA ribosomal; par contre, ceux dont les noyaux sont sans nucléole, synthétisent uniquement le RNA messager et le RNA de transfert.

Les têtards sans nucléole ont perdu la possibilité de synthétiser le rRNA parce qu'ils n'ont plus de nucléole.

Les zones fibrillaires sont le site de synthèse du RNA : ce fait concorde bien avec la notion que ces zones sont étroitement juxtaposées au matériel chromosomique.

■ ***La synthèse du rRNA et sa maturation.***

Le DNA nucléolaire, qui joue le rôle de modèle sur lequel viennent se fixer les molécules destinées à la synthèse du rRNA, est une partie du DNA d'un chromosome localisée dans l'organisateur nucléolaire.

On donne le nom de rDNA aux cistrons responsables de la synthèse du rRNA.

Ce rRNA est le rRNA 45 S : il est le précurseur des autres RNA observés dans le nucléole et du RNA 18 S.

La transcription dure, dans les cellules HeLa prises comme type de description, 2 à 5 minutes au cours desquelles la plus grande partie de la molécule est méthylée.

Pendant sa transcription, le précurseur est incorporé à des protéines identiques à celles des ribosomes, et forme ainsi une particule de ribonucléoprotéine dont le coefficient de sédimentation est 80 S (on ne sait pas si la particule 80 S contient toutes les protéines ribosomales à ce stade).

La particule RNA 5 S d'origine extranucléolaire s'associe au précurseur au cours de ce stade qui dure 20 minutes.

La partie non méthylée, très riche en GC (80 %) ne sera pas conservée : elle est détruite par une endonucléase, de telle sorte que le RNA 45 S se transforme en perdant une partie de sa molécule en un RNA 41 S dont l'existence dure 2 minutes.

Le stade suivant nécessite un second clivage qui aboutit à la formation d'un RNA 20 S dont la durée de vie est brève, et un RNA 32 S (riche en GC, 70 %) dont la durée de vie est longue.

Le RNA 20 S est secondairement méthylé, et se convertit en une forme mature du RNA, le RNA 18 S, en perdant une partie de sa molécule. Ce RNA 18 S correspond à la première partie transcrite du RNA précurseur. Le RNA 18 S (56 % GC) sort du noyau sous la forme d'une particule de RNP dont le coefficient de sédimentation est 40 S.

Cette particule apparaît dans le cytoplasme 30 minutes après le début de la synthèse et formera la petite sous-unité du ribosome.

Le RNA 32 S (synthétisé après le 18 S RNA) se transforme en une forme mature de RNA, le RNA 28 S, à laquelle s'associe la particule 5 S d'origine extranucléolaire. Cette maturation se fait par perte d'une partie de la molécule RNA 32 S et dure 15 minutes.

Le RNA 28 S est contenu dans une particule de RNP 65 S qui apparaît dans le cytoplasme 60 minutes après le début de la synthèse; au cours de la maturation du rRNA 28 S et 18 S, trois fragments de molécules sont écartés : elles correspondent à des séquences de DNA répétitif.

Le précurseur rRNA 45 S forme finalement une molécule RNA 18 S et une molécule RNA 28 S, toutes deux méthylées et incorporées à des protéines ribosomales. Ces particules de RNP ribosomales (40 S pour le RNA 18 S et 65 S pour le RNA 28 S) passent dans le cytoplasme par les pores nucléaires pour former, en s'associant, les ribosomes.

La figure 66 résume et simplifie les notions concernant le rôle du nucléole dans la synthèse des ribosomes.

■ ***Régulation de la synthèse du rRNA.*** – La synthèse du rRNA dépend de la quantité de ribosomes présents dans le cytoplasme.

Le thioacétamide (CH_3CSH_3) provoque une biosynthèse accrue du rRNA puisqu'elle a dix fois la valeur de celle des cellules non traitées. Or, le thioacétamide provoque des lésions lysosomales : la libération consécutive de leurs enzymes, protéases, ribonucléases entraîne une destruction des ribosomes dont la quantité baisse de 50 à 75 %, et le nucléole répond par une hypertrophie et une production accrue de rRNA.

L'hypothèse retenue, pour expliquer le mécanisme de la régulation de l'activité nucléolaire, est la suivante : il existerait un système de rétro-action *(feed-*

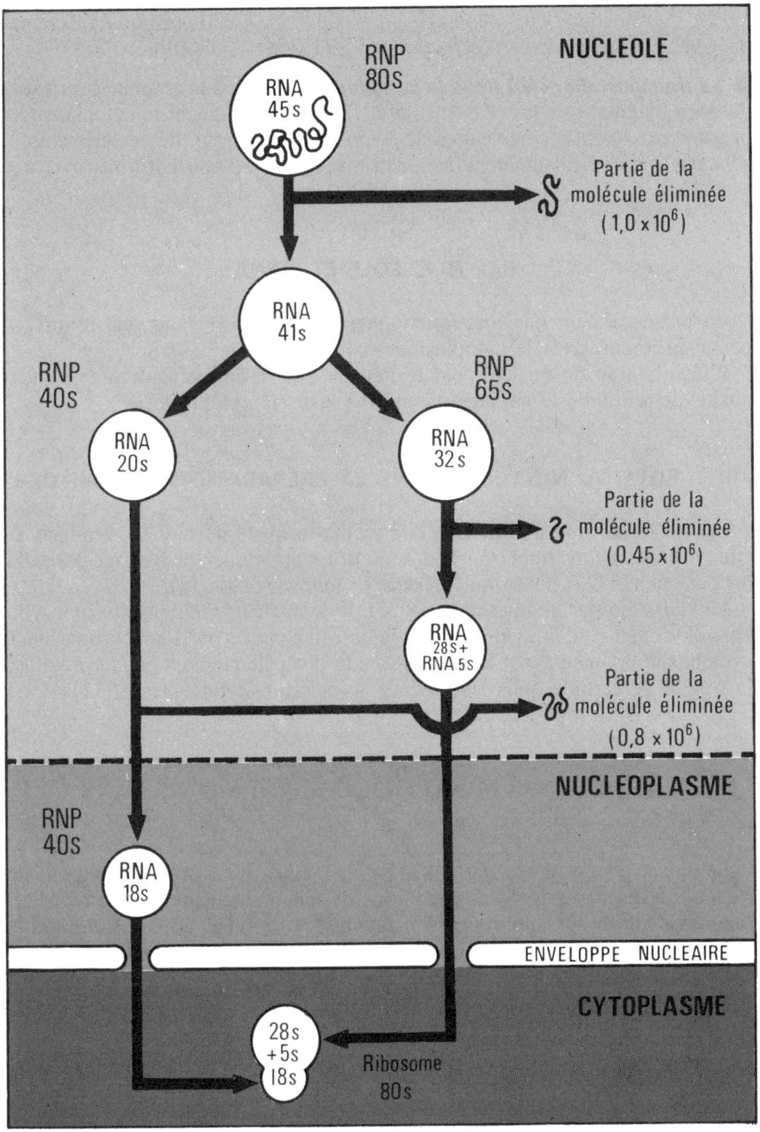

FIG. 66. – *Synthèse du RNA et sa maturation* (explication page 100).

back); les ribosomes eux-mêmes ou un produit ribosomal pourrait agir comme un gène inhibiteur. Leur destruction lèverait donc l'inhibition.

■ ***Le transport du rRNA dans le cytoplasme.*** – Il est admis (pour des raisons du pure logique) que les rRNA 18 S et rRNA 28 S gagnent le cytoplasme en passant par les pores nucléaires. (Les images de passage de ces éléments ne sont pas encore suffisamment démonstratives pour pouvoir l'affirmer avec certitude).

II. – NUCLÉOLE ET mRNA

La présence d'un nucléole fonctionnel est nécessaire pour que le mRNA passe du noyau dans le cytoplasme.

L'inactivation du nucléole par traitement par un microfaisceau de lumière ultraviolette inhibe le passage du mRNA dans le cytoplasme.

III. – ROLE DU NUCLÉOLE DANS LA PRÉPARATION A LA MITOSE

Les nucléoles sont indispensables à un déroulement normal de la mitose. En effet, des altérations importantes des nucléoles provoquent le blocage des cellules à la phase G2, phase qui précède la mitose (phase M).

L'irradiation par un microfaisceau d'UV du nucléole inhibe la division cellulaire. De même si la synthèse protéique est bloquée par l'actichrome ou la cyclohéximide juste avant la disparition du nucléole, au cours de la prophase, la mitose se déroule mais les noyaux ne peuvent se reformer.

E. – VARIATIONS MORPHOLOGIQUES DU NUCLÉOLE

Le nucléole subit des variations morphologiques dont *certaines* sont *physiologiques* (elles dépendent des conditions de fonctionnement normal de la cellule), et *d'autres* sont *anormales* ou *pathologiques* (elles apparaissent soit au cours de processus morbides, d'intoxication par des substances chimiques diverses, soit après emploi d'agents physiques).

I. – VARIATIONS PHYSIOLOGIQUES

Le volume du nucléole est le reflet fidèle de l'activité de synthèse de la cellule.

Les augmentations de volume sont induites par exemple par des substances physiologiques comme les hormones qui contrôlent normalement l'activité cellulaire.

Un exemple : le mode d'action des androgènes. – La prostate, glande annexe du tractus génital mâle, dépend étroitement d'un type d'hormones, les androgènes sécrétés par le testicule. Chez l'adulte, après castration, la prostate régresse. Cette régression est réversible; un traitement de substitution par la testostérone fait disparaître l'atrophie.

Privés d'androgènes, les cellules n'élaborent qu'une quantité minime de protéines, insuffisante pour maintenir leur volume habituel car le nucléole régresse et ne synthétise plus un nombre suffisant de ribosomes.

L'injection d'androgènes provoque une stimulation nucléolaire, accroît la synthèse du RNA 45 S, et augmente donc le nombre des ribosomes.

II. – VARIATIONS PATHOLOGIQUES

Dans des conditions pathologiques, le nucléole subit des altérations qui entraînent soit une inhibition, soit une stimulation anormale de son activité.

■ *Nucléole et inhibition de son activité.*

a) En microscopie optique.

L'inactivation nucléolaire provoque :
- soit une augmentation du nombre des nucléoles (cellules polyploïdes, cellules néoplasiques, déroulement anormal d'une mitose qui se caractérise par l'absence de cytodiérèse et la reconstitution d'un seul noyau);
- soit une diminution des nucléoles, hypotrophie nucléolaire qui s'observe au cours de blocages par l'actinomycine, l'asparaginase, la daunomycine, la nogalamycine);
- soit l'expulsion nucléolaire qui est un phénomène plus rare « exprimant » la souffrance cellulaire;
- soit une vacuolisation nucléolaire, phénomène rare, survenant après action par exemple de l'amphotériane B;
- soit une fragmentation : cette altération pathologique survient au cours de la phase de post-synthèse (G2), et est provoquée par divers agents (daunomycine, ribonucléase, sarcolysine).

b) En microscopie électronique.

A. LA SEGREGATION NUCLEOLAIRE. – La ségrégation des nucléoles, bien que pressentie par les études en microscopie optique, mérite une place particulière : elle n'est visible qu'en microscopie électronique et elle accompagne la majorité des altérations précédemment énumérées.

La ségrégation se définit par une séparation des divers constituants du nucléole (éléments fibrillaires, granulaires, matrice).

On distingue, en fonction de la dimension des zones occupées spécifiquement par l'un des constituants nucléolaires, de leur unité ou de leur multiplicité :
- une macroségrégation,
- une microségrégation.

B. LA MACROSEGREGATION. (fig. 67).

Ce type d'altération nucléolaire qui intéresse surtout les nucléoles réticulés, se déroule en trois étapes :

– *1re étape :* 4 zones distinctes apparaissent dans le corps nucléolaire par regroupement de chacun des éléments.

Les éléments fibrillaires se groupent en une masse plus ou moins compacte, tandis que les éléments granulaires, les protéines de la matrice, en font autant.

Le nucléole est alors constitué par l'association de 4 zones ayant chacune leurs propres caractères morphologiques, qui permettent de les différencier. On distingue :
- une zone fibrillaire, } toutes deux contenant du RNA
- une zone granulaire. }
- une pars amorpha de nature protéique,
- une substance dense, voisine du nucléole. Sa composition n'est pas connue. Elle pourrait cependant être constituée de ribonucléoprotéines disposées d'une manière très dense.

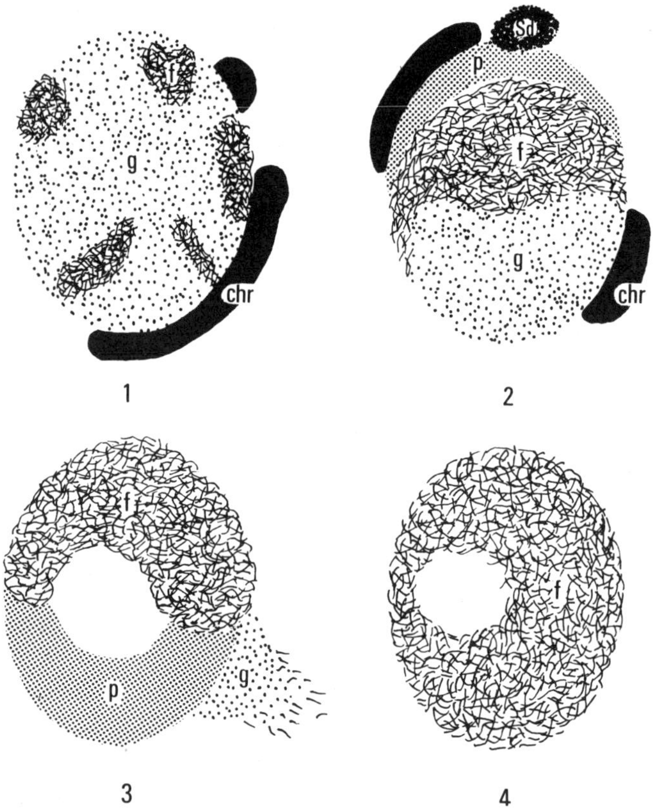

FIG. 67. – *Évolution de la ségrégation du matériel nucléolaire.* f : fibrilles, g : granules, p : pars amorpha, sd : substance dense, chr : chromatine associée. (Cliché de H. BUSCH et K. SMETANA; *The nucleolus,* Academic Press, 1970.)

– *2ᵉ étape :* la pars amorpha augmente de volume, tandis que la masse granulaire diminue, et que la masse fibrillaire persiste.
– *3ᵉ étape :* le corps nucléolaire ne renferme plus qu'une volumineuse masse fibrillaire.

C. LA MICROSEGREGATION. – Ce type d'altération se définit par la formation d'agrégats nucléolaires de petites dimensions, multiples, constitués soit d'éléments fibrillaires entourés de granules, soit d'éléments granulaires entourés de fibrilles.

Les microsphérules sont des petites formations arrondies formées d'éléments fibrillaires très denses, distribués à la périphérie nucléaire. Elles s'apparentent aux agrégats nucléolaires décrits précédemment.

D. SUBSTANCES INHIBITRICES DES FONCTIONS NUCLEOLAIRES. – Ces substances sont nombreuses. Seules quelques-unes sont données à titre purement indicatif. Ce sont :

– des antibiotiques antimitotiques *(Actinomycine D, Mitomycine C, Chloromycine, Cycloheximide, Daunomycine, Puromycine, Rifamycine...)*
– des antimitotiques non antibiotiques *(Acridine orange, Adénosine, Bromure d'éthidium, Fluorouracil, Nicotinamide, Moutarde à l'azote...),*
– des substances carcinogènes,
– des toxines microbiennes,
– des agents physiques : chaleur, rayons X, UV.

E. LE MECANISME. – La ségrégation s'observe après action d'agents chimiques ou physiques inhibiteurs des synthèses d'origine nucléolaire : la quantité de 45 S rRNA baisse puis il disparaît.

Cet arrêt de la synthèse est provoqué :
– soit par altération du système RNA polymérase;
– soit par rupture des molécules de DNA (chaleur, rayons X ou UV).

■ *L'hypertrophie nucléolaire au cours des stimulations d'origine toxique ou pathologique.*

a) **Structure.** – La stimulation du nucléole se traduit habituellement par une hypertrophie nucléolaire.

Elle s'accompagne :
– d'une disparition des espaces clairs et des éléments fibrillaires,
– d'une augmentation de l'aspect compact, dû à une augmentation de la *concentration des éléments granulaires,* et à une augmentation de la quantité de rRNA 45 S.

b) **Agents induisant la stimulation.** – Les agents sont variés :
– *thioacétamide, phytohémagglutinine, pilocarpine...,*
– radiations,
– certaines infections virales par l'adénovirus.

■ *Le nucléole des cellules cancéreuses.*

Le nucléole représente pour les cytopathologistes un organite de choix puisque ses modifications structurales macroscopiques font partie d'un ensemble de critères qui permettent de placer sur une cellule l'étiquette de cellule cancéreuse.

Cette transformation du nucléole, dont nous ne connaissons pas l'origine, intéresse le volume, le nombre, la forme.

Il faut cependant insister sur le fait que ces altérations nucléolaires ne sont pas spécifiques du cancer, qu'elles ne sont pas suffisantes à elles seules pour affirmer le diagnostic, et qu'il est nécessaire qu'elles soient associées à d'autres modifications nucléaires ou cytoplasmiques.

Cependant, les caractères nucléolaires sont une aide précieuse dans l'approche du diagnostic.

a) **L'hypertrophie nucléolaire.** – L'hypertrophie nucléaire observée fréquemment dans les cellules néoplasiques n'est pas accompagnée d'une hypertrophie proportionnelle du noyau.

Le rapport nucléolo-nucléaire, volume nucléolaire/volume nucléaire, des cellules cancéreuses est supérieur à celui des cellules normales. Si cette augmentation est associée à des nucléoles ayant un diamètre supérieur de 1/3 à celui des cellules normales, les probabilités pour que la cellule observée soit néoplasique sont fortes.

Cette hypertrophie est en rapport avec l'activité proliférative de la cellule et est souvent proportionnelle au degré de malignité de la tumeur.

b) **Le nombre de nucléoles.** – Généralement, le nombre des nucléoles est augmenté dans les cellules malignes, mais ce fait n'est pas spécifique puisque des cellules d'origine non tumorales peuvent être multinucléolées, ou que certaines cellules cancéreuses ne possèdent qu'un seul nucléole.

A. DIMINUTION DU NOMBRE DES NUCLEOLES. – Dans les cancers prostatiques très indifférenciés, le nucléole peut ne pas être visible en microscopie optique lorsqu'on utilise les techniques habituelles de coloration, tandis que le nombre des nucléoles sera augmenté dans un cancer modérément indifférencié. Dans ce cas particulier, le nombre des nucléoles varie en fonction du degré de différenciation de la tumeur.

Dans une tumeur hépatique du Rat (hépatome de Morris), qui se développe à partir des hépatocytes, le nombre moyen de nucléoles par cellule est de 1,3 alors qu'il est de 2,7 dans les hépatocytes de foie normal. Ce même phénomène s'observe aussi dans les cancers primitifs du foie humain.

Il en est de même pour les nucléoles dans les tumeurs thyroïdiennes dont le nombre est inférieur à celui des adénomes thyroïdiens qui sont des tumeurs bénignes.

Il est possible de multiplier les exemples : en fait, il convient certes, de retenir que le diagnostic de cellules cancéreuses ne repose pas uniquement sur un ensemble de critères généraux, mais aussi sur la connaissance de la structure particulière que peuvent prendre les cellules, en fonction de leur origine et de la nature de la tumeur.

B. AUGMENTATION DU NOMBRE DES NUCLEOLES. – Cette augmentation peut être considérable, puisque dans les adénocarcinomes ovariens, par exemple, le nombre de nucléoles est compris entre 1 et 24.

D'une manière générale, le nombre de noyaux dont les nucléoles sont numériquement augmentés, est proportionnel au degré de malignité de la tumeur.

c) **La forme.** – Les nucléoles ont soit une forme arrondie, soit une forme irrégulière.

A. FORME ARRONDIE. – De nombreuses cellules tumorales d'origines diverses ont une forme arrondie, mais dans ces cas, les nucléoles sont le plus souvent petits et nombreux.

B. FORME IRREGULIERE. – La forme irrégulière fait partie des critères généraux de malignité; la forme irrégulière varie d'une cellule à une autre pour la même tumeur. Mais ce critère est également non spécifique : des cellules non tumorales, cellules de régénération du foie, proérythroblastes, fibroblastes en cours de prolifération, ont des nucléoles de forme comparable.

C. CYTOCHIMIE DU NUCLEOLE DES CELLULES NEOPLASIQUES. – Cette technique révèle :
– *Pour le DNA :* une augmentation fréquente mais non constante du DNA associé et intranucléolaire dans les cancers humains. Dans les cancers induits par des virus oncogènes, on observe des corpuscules intranucléolaires d'un diamètre de 0,5 à 1 μ (grains denses) se colorant par la réaction de Feulgen : ces corpuscules inhabituels sont donc constitués par du DNA.
– *Pour les protéines nucléolaires :* certaines techniques à l'amidoblack 10 B colorent les protéines nucléolaires des cellules cancéreuses, tandis que les cellules normales ne le sont pas (ex. les nucléoles des cellules tumorales d'Erhlich).
– *Pour les enzymes :* l'activité ATPasique des nucléoles des cellules tumorales d'Erhlich augmente; dans les cellules tumorales âgées, l'activité ATPasique décroît.

Une succinodéshydrogénase, dont la localisation est inhabituelle, a été découverte dans les cancers du col utérin de l'espèce humaine.

D. ULTRASTRUCTURE. – L'organisation ultrastructurale du nucléole des cellules néoplasiques est *soit normale,* comparable au nucléole des cellules saines, *soit anormale,* les anomalies intéressant les proportions relatives de chacun des constituants. Une fois de plus, les différences spécifiques sont actuellement impossibles à mettre en évidence.

Les modifications structurales et ultrastructurales des cellules néoplasiques ne sont pas spécifiques et ne permettent pas d'établir le diagnostic de cancer à elles seules.

Mais quand ces modifications nucléolaires appartiennent à des cellules dont on peut dire qu'elles sont malignes grâce à une convergence de critères, elles peuvent permettre dans une certaine mesure, de conclure que l'intensité des modifications (augmentation du nombre et de la taille) est proportionnelle à la malignité de la tumeur.

5

LES CONSTITUANTS NUCLÉAIRES PENDANT LA MITOSE

Au cours de la mitose, les principaux constituants nucléaires subissent d'importantes modifications.

Les fibres de chromatine qui représentent les chromosomes pendant la période interphasique, se spiralisent et se condensent durant la prophase pour devenir visibles en microscopie optique. Cette condensation aboutit à la formation des chromosomes prophasiques qui, au cours de la mitose, passent par les stades de chromosomes métaphasiques, anaphasiques et télophasiques.

L'enveloppe nucléaire et le nucléole disparaissent pour réapparaître dans les deux cellules filles.

A. – LES CHROMOSOMES

I. – DÉFINITION

Les chromosomes sont des éléments permanents de la cellule, dont le constituant essentiel est la fibre chromatinienne. Ils sont situés dans le noyau (au cours des phases G1, S, G2) et ils se répartissent en nombre égal (à celui de la cellule mère) dans les cellules filles grâce à la phase M.

Leur structure varie pendant le cycle cellulaire, en fonction du degré de spiralisation de la fibre nucléoprotéique.

II. – TECHNIQUES D'ÉTUDE

Les chromosomes sont étudiés au cours de la mitose : tout tissu capable de proliférer est apte à fournir le matériel nécessaire.

En biologie humaine, les médecins utilisent les fibroblastes et surtout les lymphocytes. Ces derniers, stimulés par la phytohémagglutinine, subissent en culture une transformation lymphoblastique et se multiplient activement.

L'accumulation des mitoses est recherchée afin d'examiner facilement un grand nombre de chromosomes. Dans ce but, on synchronise la culture ou on bloque les divisions cellulaires (la colchicine arrête la mitose au stade de la métaphase par dépolymérisation des microtubules du fuseau).

Les cellules, recueillies par centrifugation, sont fixées au Carnoy, puis subissent un choc hypotonique afin de disperser les chromosomes en rompant les membranes cellulaires. Les chromosomes d'une même cellule sont réunis sur une surface limitée : leur structure est relativement peu altérée, tandis que tous les autres constituants cellulaires sont désorganisés.

Ces préparations sont suffisantes pour les examens en microscopie optique. *Les colorations conventionnelles non spécifiques* (Bleu de Unna) sont utiles pour classer les chromosomes d'une cellule en fonction de leur forme, et établir le *caryotype.*

III. – MORPHOLOGIE DES CHROMOSOMES

■ ***Variations au cours de la mitose.*** – Au début de la prophase, les chromosomes sont formés de deux fins filaments sinueux, allongés et entremêlés (fig. 68).

Pendant la fin de la prophase, la prométaphase et la métaphase, ils se contractent, se spiralisent et acquièrent une morphologie que l'on connaît bien, celle du chromosome métaphasique.

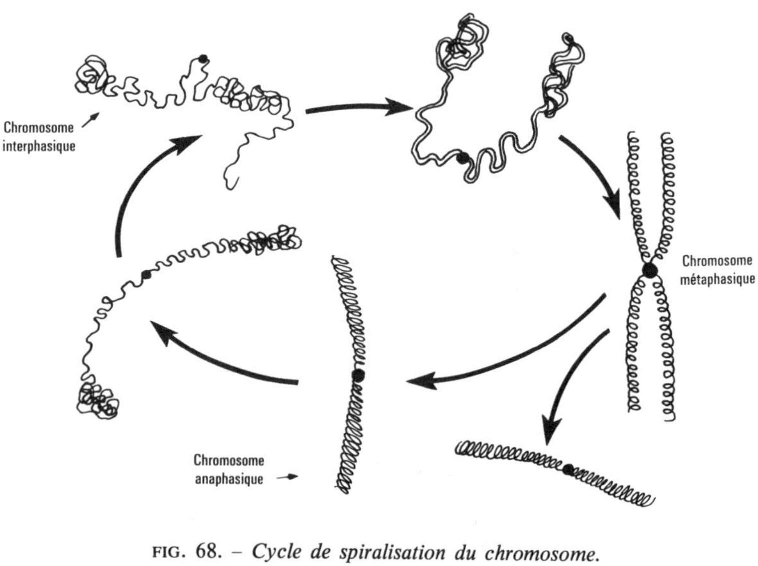

FIG. 68. – *Cycle de spiralisation du chromosome.*

a) **Le chromosome métaphasique.** – Il a une longueur comprise entre 3 et 10 μ. Chaque chromosome comprend deux chromatides séparées par un espace clair et unies par le centromère [1]. Sa structure est symétrique par rapport à un plan passant par le kinétochore et parallèle aux chromatides.

Chaque chromatide a la forme d'un cylindre intensément coloré par la réaction de Feulgen ou les colorants basiques. Elles sont visibles en contraste de phase. Elles absorbent les radiations ultraviolettes à la longueur d'onde de 2 600 Å.

b) **Le chromosome anaphasique.** – A la fin de la métaphase, les chromatides de chaque chromosome se séparent par division verticale du centromère.

Le chromosome est devenu monochromatidien. Chaque chromosome migre vers un des pôles de la cellule.

c) **Le chromosome télophasique.** – Les chromosomes sont réunis aux deux pôles de la cellule; ils perdent leur structure par déspiralisation de la fibre chromatinienne.

■ ***Critères d'identification des chromosomes*** (fig. 69). – Quelle que soit la cellule considérée, appartenant à un tissu donné, un chromosome a toujours la même forme et les mêmes caractères. Chaque chromosome est identifiable par :

- l'indice centromérique (qui dépend de l'emplacement du centromère sur la chromatide),
- les constrictions secondaires,
- les télomères,
- les satellites,
- les bandes.

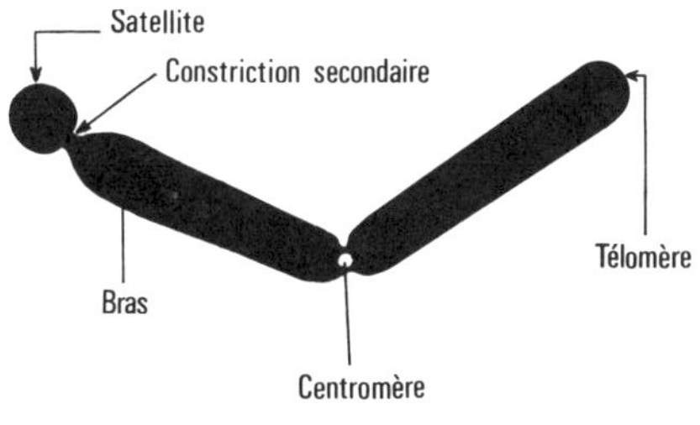

FIG. 69. – *Schéma général d'un chromosome* montrant les différents critères d'identification (à l'exception des bandes).

a) **L'indice centromérique.** – Le centromère occupe une place différente d'un type de chromosome à un autre : il divise chaque chromatide en deux régions, les bras, dont la longueur dépend de la position du kinétochore. Les bras sont le plus souvent inégaux, parfois égaux. La position du centromère est définie

(1) Encore appelé kinétochore ou constriction primaire.

par le rapport de la longueur du bras court P sur la somme de la longueur du bras court et du bras long Q :

$$Ic = \frac{P}{P + Q}$$

La position du centromère permet de distinguer les chromosomes acrocentriques, télocentriques, submétacentriques et métacentriques : le centromère est respectivement en position terminale, subterminale, submédiane et médiane (fig. 70).

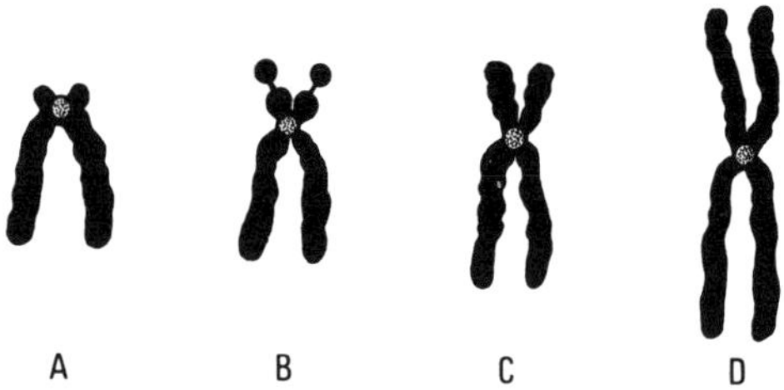

FIG. 70. – *Schéma des différents types de chromosomes :*
A : chromosome acrocentrique; B : chromosome télocentrique; C : chromosome submétacentrique; D : chromosome métacentrique.
(In : *Cancer Biology;* The role of chromosomes, P. C. KOLLER, 1972, Springer Verlag ed.)

b) **Les constrictions secondaires.** – Les bras ont parfois une ou plusieurs zones plus étroites et claires, les constrictions secondaires. Certaines constrictions secondaires, qui ne peuvent être morphologiquement distinguées des autres, sont intimement associées à la formation du nucléole (le nucléole disparaît à la fin de la prophase et réapparaît dans le noyau de chacune des deux cellules filles). Ces zones spécialisées se dénomment zone nucléolaire ou organisateur nucléolaire.

c) **Les télomères.** – Ce terme qualifie les extrémités de chaque chromosome. Les segments obtenus en brisant les chromosomes par les rayons X se ressoudent les uns aux autres : ils ne s'unissent pas au télomère dont la polarité empêche les autres segments de se joindre à lui.

d) **Les satellites.** – Ce sont des éléments morphologiques caractéristiques, arrondis ou allongés, reliés à l'extrémité des bras par un filament chromatique fin. Leur diamètre correspond parfois à celui des bras; il est parfois plus petit.

e) **Les bandes chromosomiques.**

L'utilisation des techniques de coloration par des substances fluorescentes, ou de coloration après digestion enzymatique ou dénaturation par la chaleur met en évidence des bandes transversales.

En fonction de la technique utilisée, on distingue des bandes Q, C, G ou R (fig. 71).

A. LES BANDES Q. – Les chromosomes colorés par la moutarde à la quinacrine, et observés en fluorescence, montrent des bandes transversales fluorescentes, parallèles les unes aux autres, dont la disposition est caractéristique de chaque chromosome.

B. LES BANDES C. – Les bandes C peuvent être obtenues par dénaturation par une solution d'urée chauffée à 87°.

C. LES BANDES G. – Les chromosomes sont traités à la température du laboratoire par une solution d'enzyme (pronase, trypsine, αdymotrypsine, protéase...).

D. LES BANDES R. – Ces bandes sont obtenues par dénaturation à la chaleur. Les coupes sont plongées pendant 10 à 20 minutes dans une solution de Earle à pH 6,5, chauffées à 87° C.

Les bandes C, G et R sont colorées par le Giemsa.

FIG. 71. – *Les bandes chromosomiques :*

□ { bandes Q et G négatives / bande R positive

■ { bandes Q et G positives / bande R négative

▨ bandes variables

■ ***Le caryotype*** (fig. 72). – Le caryotype est une représentation photomicrographique des chromosomes d'une cellule, considérée comme caractéristique de l'arrangement chromosomique de toutes les cellules d'un organisme donné. Il permet de définir le nombre de chromosomes et de les classer en fonction des critères précédemment décrits.

Il existe dans l'espèce humaine :

- 22 paires d'autosomes,
- et une paire de chromosomes sexuels XX ou XY.

Le nombre total de 46 chromosomes est dit diploïde (2N chromosome). Il caractérise les cellules somatiques. Les cellules sexuelles (ovocytes ou spermatozoïdes) contiennent un nombre haploïde de chromosomes (23 ou N).

IV. – ULTRASTRUCTURE DU CHROMOSOME

L'étude ultrastructurale du chromosome s'est révélée assez décevante. Deux techniques ont été employées pour tenter de résoudre ce problème :

- soit la technique des coupes ultrafines,
- soit une technique basée sur la conservation de la masse chromosomique totale. Des cellules cultivées, bloquées en métaphase par la colchicine, sont soumises à un choc hypotonique : elles libèrent leurs chromosomes qui sont récupérés sur des grilles recouvertes d'un film de carbone; après lavage, traitement par divers réactifs, séchage au CO_2 liquide, les chromosomes sont étudiés en microscopie électronique.

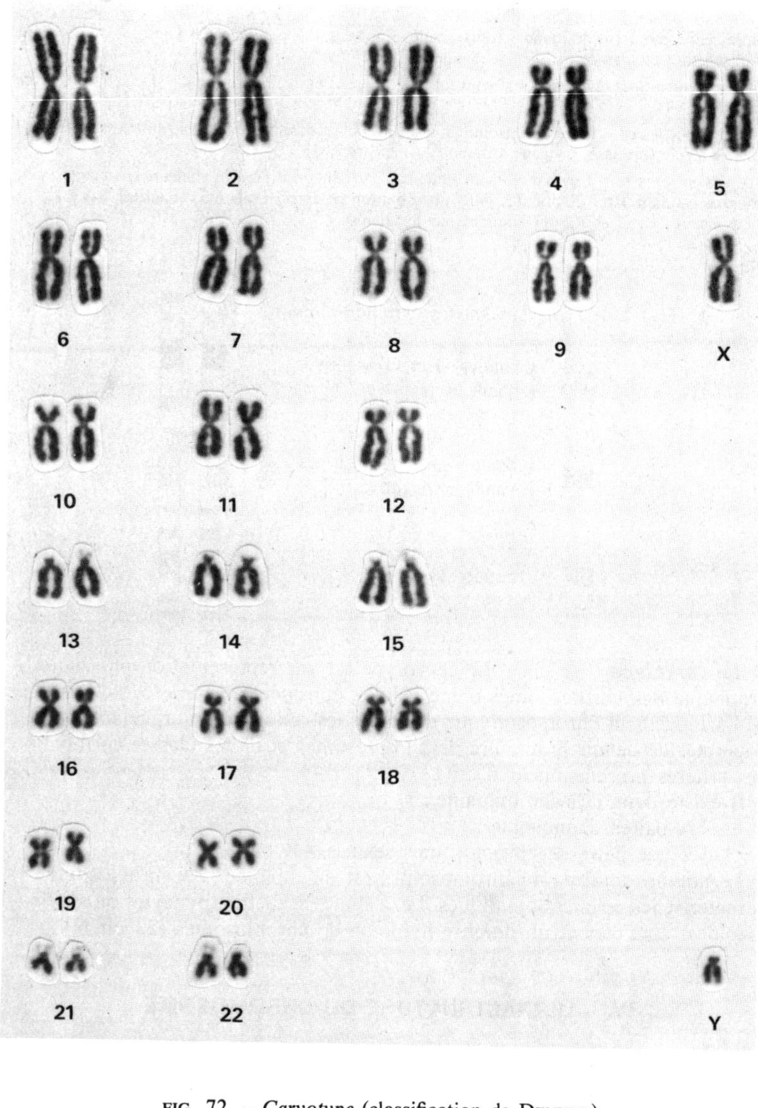

FIG. 72. – *Caryotype* (classification de DENVER).
(Professeur MORAINE, unité de cytogénétique du Département de Biologie Humaine, C.H.U. TOURS.)

A

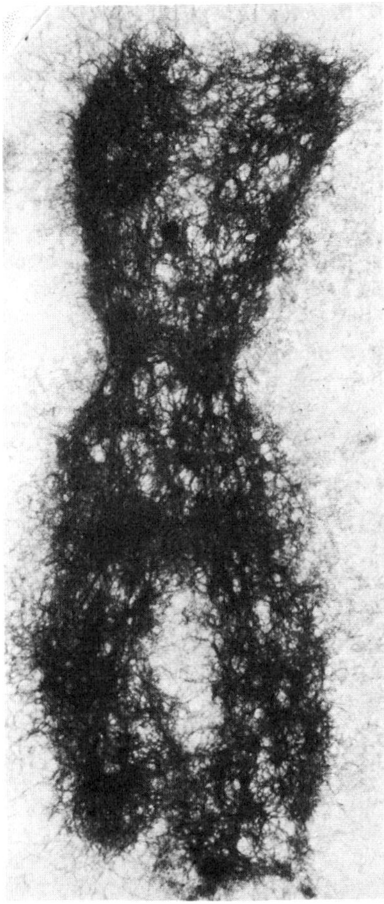

FIG. 73. – *Structure d'un chromosome métaphasique étalé sur grille.*
A : vue d'ensemble d'un chromosome montrant la disposition de ses fibres de chromatine (avec l'autorisation de OHARA);
B : disposition des fibres de chromatine en boucles telles qu'on peut les voir sur les parties latérales des bras (Cliché de DEMINATTI.)

B

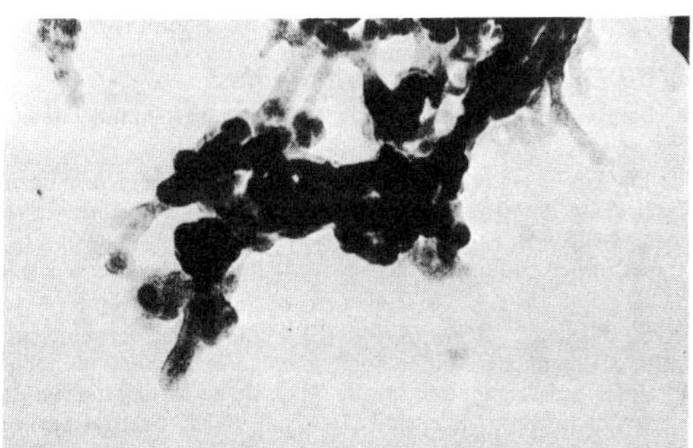

■ ***Structure sur coupes ultrafines.***

a) **Les fibres de chromatine.** – L'ensemble du chromosome est constitué de fibres chromatiniennes, serrées les unes contres les autres, spiralées, qu'il n'est possible de suivre, en raison de la finesse de la coupe, que sur des distances trop courtes pour avoir une idée de leur disposition.

b) **Le kinétochore.** – Il est formé par un élément linéaire, dense, entouré sur ses deux côtés d'une zone fibrillaire moins dense. Des microtubules appartenant au fuseau se terminent dans la zone fibrillaire et pénètrent jusqu'à l'élément dense.

L'élément dense serait formé par une paire de fibrilles enroulées en hélice, de 50 à 80 Å de diamètre. La région moins dense est occupée par des boucles attachées par leurs extrémités à l'élément précédent.

■ ***Structure du chromosome étalé sur grille.*** – Les fibres de chromatine sont bien visibles à la périphérie du chromosome : comme il s'agit d'un étalement, il est possible de suivre leur trajet. Elles n'ont jamais d'extrémité libre, mais dessinent des boucles sur le pourtour du chromosome (fig. 73).

Quelques fibres de chromatine (5 à 6), côte à côte, traversent la région centromérique.

V. – ORGANISATION MOLÉCULAIRE DU CHROMOSOME

Les résultats précédents ne donnent aucune indication ni sur l'organisation moléculaire de la fibre de chromatine, constituant essentiel du chromosome mitotique, ni sur la disposition des molécules de DNA dans le chromosome.

■ ***Organisation moléculaire de la fibre de chromatine.*** – Il est généralement admis que la fibre de chromatine a un diamètre de 250 Å et qu'elle contient une seule molécule de DNA bicaténaire.

Cette molécule a un diamètre de 20 Å. Elle se spiralise pour donner un filament de 70 Å de diamètre. Ce dernier filament décrit à son tour des spires, et constitue ainsi une fibre de 250 Å de diamètre (fig. 74).

Le rôle des protéines, et en particulier des histones, dans l'organisation de la fibre est mal connu. Leur extraction par l'urée ou les protéases diminue le diamètre de la fibre; ce fait suggère que les histones auraient un rôle structural en maintenant les spires les unes contres les autres.

Les histones seraient disposées autour de la molécule de DNA.

■ ***Disposition du DNA dans les chromatides.***

a) **Hypothèse de Bahr.** – La chromatide contient une fibre chromatinienne qui décrit des spires de 3ᵉ ordre (fig. 75).

b) **Hypothèse de Du Praw.** – La chromatide contient, comme précédemment, une seule fibre de chromatine de 250 Å de diamètre, repliée sur elle-même; sa disposition serait caractéristique de chaque chromosome (fig. 76).

Ces deux hypothèses ont en commun la notion que la fibre de chromatine est le seul constituant du chromosome.

c) **Hypothèse de Stubblefield.** – La constitution hélicoïdale des chromosomes est évidente : il est possible de colorer d'une manière différentielle *dans la chromatide* un composant qui la parcourt d'un bout à l'autre en dessinant une spirale (le terme de chromonéma autrefois utilisé pour désigner ce « squelette » de la chromatide a été abandonné; il est remplacé par le terme de « core », âme, noyau) (fig. 77).

FIG. 74.

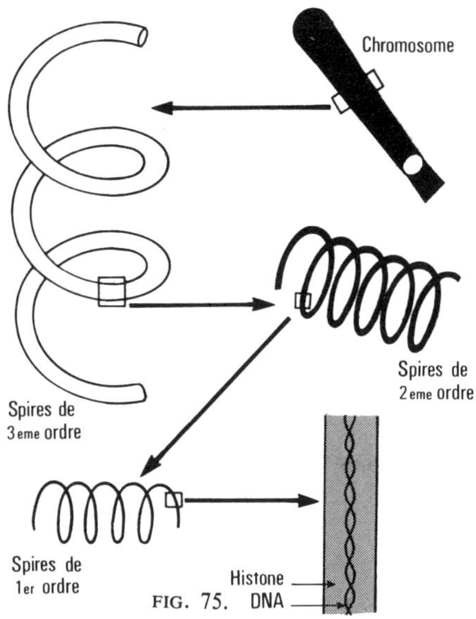

FIG. 75.

FIG. 74. – *Schéma montrant la disposition de la molécule de DNA* dans une fibre de chromatine de 250 Å de diamètre.

FIG. 75. – *Disposition du DNA dans les chromatides.* Hypothèse de BAHR.

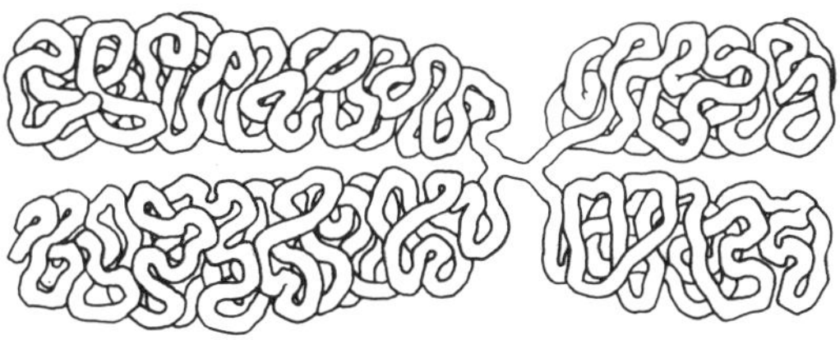

FIG. 76. – *Disposition de la fibre de chromatine* dans un chromosome métaphasique. Hypothèse de DU PRAW.

FIG. 77.

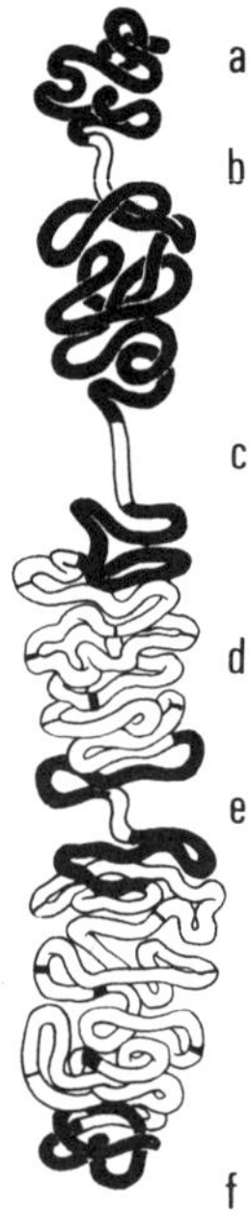

FIG. 78.

FIG. 77. – *Chromosome métaphasique.* Modèle de STUBBLEFIELD et WRAY (1971). Sur ce schéma, les degrés divers de dissociation des 4 bras permettent de comprendre l'organisation du chromosome. Le bras supérieur gauche n'est pas dissocié. Le bras inférieur gauche est relativement peu modifié; on note qu'il est spiralé. Le bras supérieur droit est étiré; les deux lignes denses en torsade correspondent à l'âme sur laquelle s'insère l'épichromatine (boucle des fibres de chromatine). L'épichromatine a été enlevée du bras inférieur droit de telle sorte que les deux fibres de l'âme sont visibles. La fibre située en bas à droite est dissociée en ses deux rubans. Des fragments d'enveloppe nucléaire sont attachés à 3 télomères de ce chromosome.

FIG. 78. – *Chromosome anaphasique montrant la localisation de l'hétérochromatine constitutive* (en noir) :

a et f : télomères;
b et e : constrictions secondaires;
c : constriction primaire;
d : segment chromosomique compris entre 2 constrictions, dans lequel on note par places la présence d'hétérochromatine constitutive.
(In : *Modern aspects of cytogenetic constitutive heterochromatin in Man;* YUNIS, Constitutive heterochromatin and the repeated DNA sequence of Mammals.)

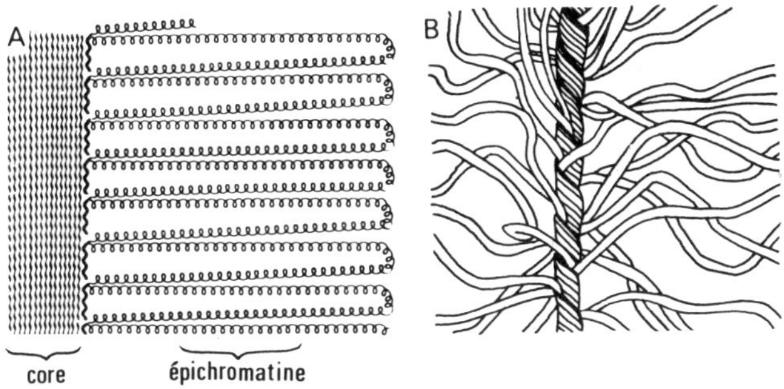

FIG. 79. – A : structure de l'âme du chromosome avec ses fibres de DNA parallèles les unes aux autres, sur lesquelles s'insèrent les boucles de DNA de l'épichromatine; B : relations entre les fibres d'épichromatine et l'âme du chromosome.

A. STRUCTURE DE L'AME DU CHROMOSOME. – Il est constitué de *deux fibres de 500 Å* de diamètre qui parcourent toute la longueur de la chromatide. Elle jouerait un rôle de soutien.

Chaque fibre du « core » contient deux rubans enroulés ensemble; les rubans ont 50 Å d'épaisseur, 4 000 Å de largeur et plusieurs microns de longueur (ils ont probablement six fois la longueur du chromosome dont ils proviennent).

La constitution biochimique de ces fibres n'est pas connue. La DNAse est sans action, ce qui pourrait laisser supposer soit qu'elles ne contiennent pas de DNA, soit que leur DNA est protégé par des protéines. Cependant, les analyses biochimiques révèlent qu'après extraction en solution saline, ces fibres contiennent 10 % du DNA total du chromosome et 25 % après extraction à l'urée.

Ces deux fibres sont recouvertes par les fibres de chromatine de 250 Å de diamètre auxquelles Stubblefield donne le nom « d'épichromatine ».

B. L'EPICHROMATINE (fig. 79). – Les fibres de 250 Å décrivent des boucles qui sont attachées aux fibres du core par leurs extrémités.

Chaque boucle correspondrait à un replicon et contiendrait une longueur de DNA de 100 μ, disposé en une fibre de chromatine de 250 Å de diamètre.

Un chromosome contenant 22 cm de DNA serait formé de 2 000 boucles attachées au core; comme dans ce chromosome les fibres du core ont une longueur de 60 μ, les boucles sont attachées tous les 600 Å.

L'information génétique serait portée par ces boucles.

■ *L'hétérochromatine constitutive des chromosomes.*

a) Signification des bandes.

Les bandes G et Q sont des régions élargies (artificiellement par les techniques utilisées) : elles représentent les zones où le colorant s'est fixé sur la molécule de DNA puisque la coloration disparaît après traitement par la désoxyribonucléase.

La quinacrine possède une longue chaîne aliphatique latérale, et transporte deux fonctions NH_2 chargées positivement. La chaîne latérale se fixerait dans le sillon mineur de la molécule de DNA, sur les groupes phosphate par l'intermédiaire de ses 2 fonctions amines. La fixation ne se fait que si la distance séparant les deux fonctions amines est identique à celle des phosphates.

Le Giemsa, mélange de 4 colorants, contient du bleu de méthylène et de l'éosine. Lors de la coloration des bandes, il se forme un nouveau composé résultant de la combinaison de 2 molécules de bleu de méthylène pour une molécule d'éosine. Chaque molécule de bleu de méthylène se disposerait entre les bases, et deux molécules voisines seraient réunies par un pont constitué par de l'éosine.

Les bandes G ou Q apparaîtraient dans des régions où les molécules de DNA n'ont pas été modifiées par la dénaturation, car la dénaturation augmente les espaces séparant les groupes phosphate ou les bases, et empêche donc la fixation de la quinacrine ou du Giemsa.

Les bandes C correspondent aux régions contenant l'hétérochromatine constitutive où le DNA répétitif est compact, fermement lié aux protéines acides, donc peu sensible aux agents dénaturants.

b) **Localisation de l'hétérochromatine constitutive.** – L'hétérochromatine constitutive est localisée en plusieurs points du chromosome (fig. 78) :

- elle constitue le satellite, les télomères;
- elle est située de part et d'autre du centromère, de l'organisateur nucléolaire;
- elle est intercalée dans les régions euchromatiques.

B. – L'ENVELOPPE NUCLÉAIRE

A la fin de la prophase, l'enveloppe nucléaire se rompt pour libérer les chromosomes. Les fragments de membrane restent attachés aux télomères ou aux régions subtélomériques des chromosomes. Ils seront entraînés avec eux au cours de l'anaphase.

La reconstitution de l'enveloppe nucléaire à la fin de la télophase se fait à partir de ces fragments d'enveloppe et du réticulum endoplasmique qui, pendant la mitose, apparaît sous forme de vésicules en dehors du fuseau.

C. – LE NUCLÉOLE

Le nucléole, contrairement à la majorité des autres organites, n'est pas un élément permanent de la cellule : il disparaît pendant la phase M au cours de la prophase pour réapparaître pendant la télophase.

I. – AU COURS DE LA PROPHASE : LA DISPARITION DU NUCLÉOLE

Lorsque la spiralisation des fibres de chromatine se produit au début de la prophase, les chromosomes commencent à devenir visibles en microscopie optique. Il est alors facile de remarquer que chaque nucléole est associé à un chromosome, le chromosome nucléolaire.

En effet, le chromosome nucléolaire se condense comme les autres chromosomes, mais la région porteuse du nucléole peut ne pas se condenser : il se forme alors une constriction secondaire.

L'existence ou non de cette constriction secondaire est fonction de la vitesse à laquelle le nucléole disparaît. Si sa disparition est plus lente que la condensation des fibres de chromatine, une zone moins colorable par le Feulgen, dénommée *constriction secondaire,* marque l'emplacement du nucléole.

Dans l'espèce humaine, les chromosomes porteurs d'organisateur nucléolaire sont les chromosomes 13, 14, 15, 21 et 22. Dans les chromosomes à satellites, l'organisateur nucléolaire est situé dans la longue constriction qui sépare le satellite de la masse chromosomique.

Si la disparition du nucléole est plus rapide que la condensation, il ne se forme pas de constriction secondaire à l'emplacement du nucléole; c'est le cas des animaux de laboratoire comme la souris, le rat, le lapin.

Chaque nucléole est fixé sur un site spécifique d'un chromosome nucléolaire.

La microscopie électronique a permis dans de rares cas, de suivre la désintégration nucléolaire. Elle aboutit à la formation de masses denses qui ne possèdent plus l'organisation caractéristique du nucléole. Le plus souvent, le nucléole n'est plus visible en microscopie électronique.

II. – STRUCTURE DE L'ORGANISATEUR NUCLÉOLAIRE DU CHROMOSOME MÉTAPHASIQUE

L'organisateur nucléolaire contient des fibres de chromatine dont le diamètre (70 Å) est inférieur à celui des autres fibres de la chromatide. Elles remplissent complètement l'espace qui, en microscopie optique, se présente sous l'aspect d'une constriction secondaire : il est possible que ce fait soit lié à une perte ou à une absence de colorabilité du matériel fibrillaire.

III. – AU COURS DE LA TÉLOPHASE : LA RESYNTHÈSE DU NUCLÉOLE

La réapparition du nucléole est en relation avec *l'organisateur nucléolaire* dont les gènes spécifiques effectuent la synthèse du RNA.

IV. – LE ROLE DE L'ORGANISATEUR NUCLÉOLAIRE

Les expériences réalisées sur les têtards de Xenopus laevis, dont les mutants sont anucléolés, éclairent ce problème; bien que connaissant le danger des généralisations, il semble logique d'admettre que certains constituants nucléolaires, et *en particulier le rRNA, proviennent de l'activité de l'organisateur nucléolaire.* Les mutants anucléolés de Xenopus laevis ne synthétisent plus les rRNA.

Trois hypothèses peuvent expliquer cette absence de différenciation du nucléole :
- les gènes de l'organisateur nucléolaire responsables de la synthèse du rRNA ont été perdus;
- le gène opérateur qui contrôle la synthèse du rRNA a disparu;
- la RNA polymérase a été détruite ou est devenue inactive.

Il est possible, grâce à l'utilisation du rRNA marqué par un isotope radioactif, de vérifier quelle est la bonne hypothèse.

La dénaturation du DNA par la chaleur provoque une déspiralisation de la double hélice : chaque molécule de DNA est ainsi libérée sous la forme d'un brin. Le DNA dénaturé est incubé en présence du RNA ribosomal marqué. Il ne se lie à la molécule de DNA que sur les gènes responsables de la synthèse du rRNA puisque dans ces régions la complémentarité de structure du DNA et du rRNA est parfaite. Le rRNA non fixé est éliminé au cours des opérations de lavage qui suivent.

La quantité de rRNA fixé sur les gènes du DNA est ainsi déterminé par la quantification de la radioactivité.

Le rRNA représente seulement 0,2 % de tous les gènes nucléaires. Les noyaux binucléolés *(Xenopus laevis)* contiennent 1 600 gènes, les noyaux mononucléolés n'en contiennent que 800, enfin les noyaux anucléolés aucun.

Cette expérience élimine donc la deuxième et la troisième hypothèse et démontre l'importance de l'organisateur nucléolaire.

V. – AMPLIFICATION DES GÈNES DE L'ORGANISATEUR

Dans les noyaux des ovocytes, les cistrons de l'organisateur nucléolaire subissent un processus d'amplification. Ceci se traduit par la replication à plusieurs millions d'exemplaires d'une séquence de rDNA. Ce mécanisme d'amplification s'explique dans la mesure où l'on pense que le noyau doit synthétiser une quantité suffisante de rRNA pour un volume cytoplasmique qui devrait normalement contenir plusieurs centaines ou milliers de noyaux.

D. – ANOMALIES CHROMOSOMIQUES ET CANCER

Les cellules cancéreuses sont fréquemment aneuploïdes, soit hypodiploïdes, soit hyperdiploïdes. La population cellulaire est hétérogène : l'équipement chromosomique n'est pas le même pour les cellules, pourtant originaire d'une même tumeur.

L'hétérogénéité est la conséquence d'anomalies mitotiques qui affectent la cytodiérèse, le fuseau ou la forme et la structure des chromosomes.

Si la cytodiérèse ne se produit pas, la cellule, après la mitose, contient deux noyaux. La répétition de mitoses sans formation de membrane plasmique, produit des cellules multinucléées ou cellules géantes.

Le fuseau est parfois multipolaire (tri, tétrapolaire...). Dans ces conditions, la répartition des chromosomes entre les cellules filles est irrégulière. Les noyaux n'ont pas les mêmes dimensions (anisokaryose). Les chromosomes sont fréquemment anormaux. Ces anomalies concernent leur forme, leur migration et leur replication.

I. – FORME DES CHROMOSOMES

Les chromosomes ont fréquemment la forme de *bâtonnets* courts, épais, qui s'accolent les uns aux autres à la métaphase. Ils échangent des ponts qui ne se rompent pas à l'anaphase; à la télophase, les ponts persistent parfois et nuisent à leur séparation.

Les chromosomes se *fragmentent* en segments dont les uns conservent le centromère tandis que les autres sont acentriques. Les fragments acentriques ne s'accolent pas aux microtubules du fuseau et ne migrent pas. Ils restent sur place et, à la fin de la mitose, donnent naissance à des micronoyaux.

La fragmentation est suivie d'accolement de segments. Il arrive que deux segments pourvus chacun d'un centromère se soudent et forment un chromosome dicentrique.

Si chaque centromère de ce chromosome est attiré par un pôle différent, une masse chromatique reliée par un segment chromosomique occupera chaque pôle du fuseau. Le noyau issu d'une telle mitose aura une forme très anormale.

II. – MIGRATION

Les anomalies de la migration des chromosomes dépendent :
- de la vitesse de leur déplacement,
- de l'absence de disjonction.

■ ***Vitesse de migration.*** – Certains chromosomes ne migrent pas vers les pôles avec la même vitesse que les autres. Ils sont en retard : à la fin de la mitose, ils ne s'intègrent pas dans les cellules filles.

■ ***Anomalie de la disjonction.*** – Assez souvent, les chromatides ne se séparent pas à l'anaphase, si bien que les deux chromatides d'un chromosome métaphasique migrent vers le même pôle.

III. – L'ENDOREPLICATION

Ce phénomène, rarement observé, aboutit pendant la phase S à la formation de chromosomes à 4 chromatides.

6

LES MITOCHONDRIES

STRUCTURE DES MITOCHONDRIES

A. – DÉFINITION

Les mitochondries sont des organites présents dans toutes les cellules aérobies, dont le rôle essentiel est de mettre en réserve, sous forme d'adénosine triphosphate, l'énergie libérée par l'oxydation enzymatique des molécules nutritives.

B. – MORPHOLOGIE EN MICROSCOPIE OPTIQUE

I. – FORME
(fig. 80)

Il s'agit d'éléments qui sont :
- soit filamenteux (chondriocontes),
- soit granulaires (mitochondries).

Le terme de mitochondrie est, depuis quelques années, utilisé pour désigner tous les éléments du chondriome [1] quelle que soit leur forme.

La forme varie avec la position qu'il occupe dans la cellule. Ainsi, dans les entérocytes, le chondriome a une disposition bipolaire : au pôle apical, il est filamenteux, au pôle basal, il est granulaire. La pression osmotique, le pH agissent sur la forme du chondriome; en pH acide, le chondriome tend à devenir vésiculaire.

(1) Le terme chondriome s'applique à l'ensemble des mitochondries d'une cellule.

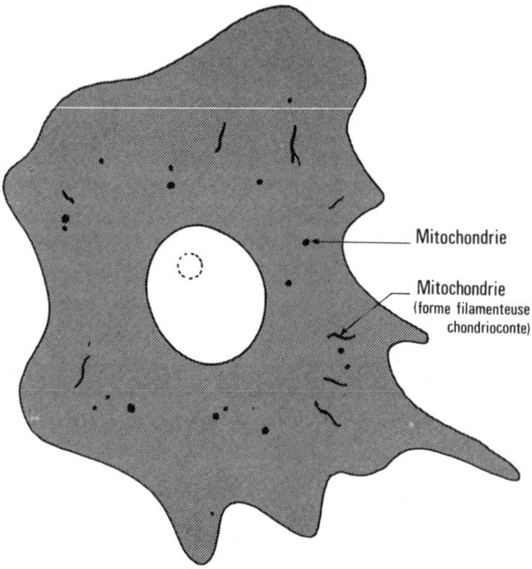

FIG. 80. – *Fibroblaste en culture. Forme des mitochondries.*

II. – TAILLE

La taille du chondriome est aussi un élément variable. Dans la plupart des cellules, les mitochondries ont une forme de petits bâtonnets de 0,5 à 1 μ de diamètre, pouvant atteindre une longueur maximale de 7 μ.

Toutefois, cette forme dépend de l'activité de la cellule : le chondriome se modifie au cours du cycle sécrétoire. Les mitochondries peuvent être plus fines, 0,2 μ, ou plus épaisses, 2 μ au maximum.

III. – DISTRIBUTION
(fig. 81)

La répartition du chondriome est bien souvent uniforme dans le cytoplasme. Mais il existe des exceptions à cette règle.

Dans les tubes contournés du rein, le chondriome se dispose à la base des cellules; il se présente en microscopie optique sous la forme de bâtonnets basaux, perpendiculaires à la membrane cellulaire basale; les mitochondries occupent en fait les compartiments que délimitent les invaginations de la membrane cellulaire. Parfois le chondriome se distribue autour du noyau ou au contraire à la périphérie du cytoplasme. Parfois, il se place autour du centre cellulaire entre les filaments de l'aster.

La fonction de la cellule conditionne la localisation du chondriome. Celui-ci se localise dans les régions où la cellule a besoin d'énergie. Dans le muscle, le chondriome est en regard des disques A des myofibrilles. Dans les bâtonnets

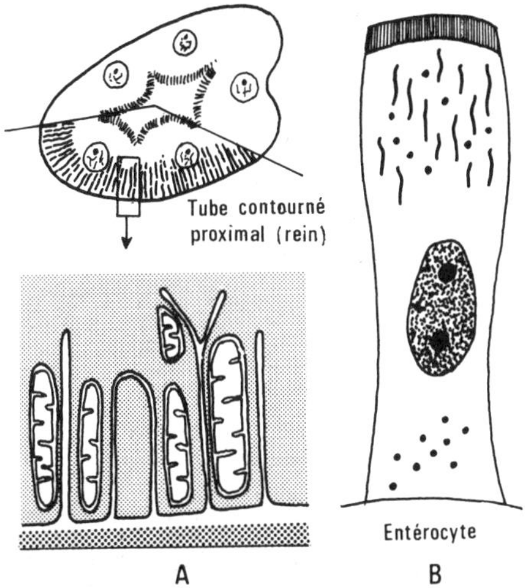

FIG. 81. – *Distribution du chondriome :*
A : dans les tubes contournés proximaux du rein : les mitochondries occupent les compartiments délimités par les invaginations de la membrane cellulaire;
B : dans un entérocyte.

(rétine), il occupe l'article interne. Dans les tubes rénaux, il libère, dans la région basale de la cellule, une énergie que la membrane utilise pour les transports d'eau et de substances.

IV. – LES MOUVEMENTS DU CHONDRIOME

■ ***Dans la cellule au repos.*** – La microcinématographie en accéléré (Frédéricq et Chèvremont, 1951, contraste de phase) révèle un chondriome animé de mouvements incessants, de déplacements liés aux courants cytoplasmiques de diffusion, de modifications structurales rapides. Les mitochondries se recourbent, se redressent, subissent un mouvement oscillatoire.

Elles s'enroulent, se tordent, se fragmentent en bâtonnets plus courts, ou bien fusionnent en bâtonnets plus longs. Les courants cytoplasmiques n'interviennent pas dans ces mouvements. Or, le chondriome n'est pas doué de contractilité. Les modifications de forme proviennent vraisemblablement d'intenses changements dans les conditions de surface. Les échanges métaboliques entre le chondriome et le cytoplasme causeraient des réactions chimiques intenses, à l'origine des mouvements.

■ ***Au cours de la mitose.*** – Au cours de la mitose somatique, le chondriome modifie son comportement, les mouvements se ralentissent. Les mitochondries se répartissent en dehors des figures chromosomiques et fusoriales.

Elles se distribuent dans les deux cellules filles d'une manière approximativement égale au cours de la cytodiérèse.

C. – ULTRASTRUCTURE

L'ensemble des recherches confirme l'universalité de la structure fondamentale des mitochondries. Quel que soit le type cellulaire auquel elles appartiennent, les mitochondries répondent toutes au schéma suivant (fig. 82).

A

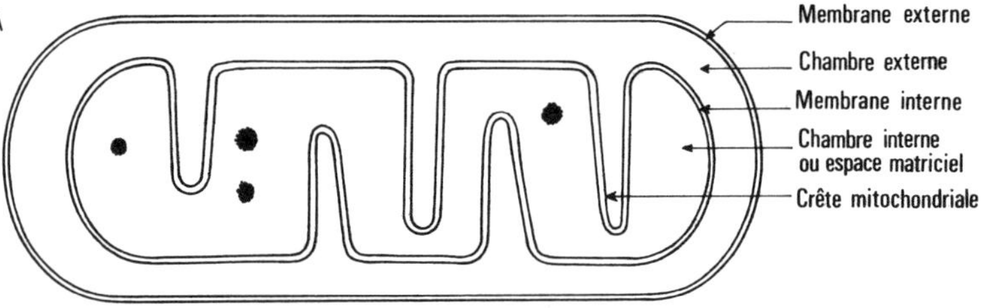

B

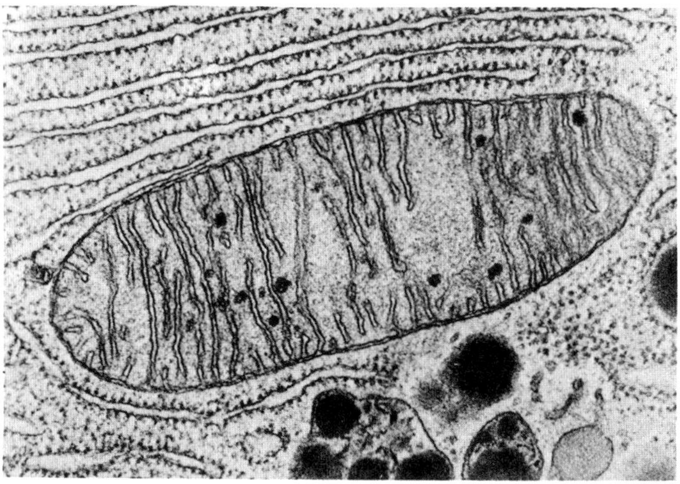

FIG. 82. – A : schéma d'une mitochondrie;
B : ultrastructure d'une mitochondrie.
(Cliché de K. R. PORTER, in *Atlas of fine structure,* FAWCETT; Saunders ed.)

C'est un organite formé :

- **de deux systèmes membranaires :**
  - un premier système complexe réalise la paroi de la mitochondrie avec deux membranes, l'une externe et l'autre interne, séparées par un espace clair, la chambre externe;
  - un deuxième système groupe l'ensemble des crêtes mitochondriales;
- **et d'une chambre interne,** espace matriciel (matrice).

I. – LA « PAROI » DE LA MITOCHONDRIE

Les deux membranes de cette « paroi » sont isolables l'une de l'autre en plaçant les mitochondries dans un milieu hypotonique ou dans une solution de digitonine.

Un milieu hypotonique gonfle, distend les mitochondries. La membrane externe se rompt, la membrane interne se déplisse sans rupture. La centrifugation de ces suspensions mitochondriales dans un gradient convenable, sépare les deux membranes.

Des concentrations basses de digitonine rompent la membrane externe : une centrifugation assure l'isolement de membranes internes pures. La chambre externe sépare donc complètement les deux membranes qui, en aucun point, n'adhèrent l'une à l'autre.

■ *La membrane externe.*

D'une épaisseur de 50 à 70 Å, elle est lisse sur sa face interne; sa face externe émet par places, de rares et courtes projections.

Dans les conditions de fixation habituelles, elle est constituée d'un feuillet osmiophobe placé en sandwich entre deux feuillets osmiophiles.

Le feuillet moyen de la membrane externe (après cryodécapage) est occupé par des particules sphériques dont le diamètre varie avec les conditions de fixation, entre 60 et 100 Å.

La face A (1) possède beaucoup plus de particules que la face B, comme en témoigne le tableau ci-dessous :

Face fracturée	A	B
Nombre de particules	3 100	1 500

■ ***La membrane interne.*** – La membrane interne a une épaisseur de 50 à 70 Å; son apparence varie en fonction des techniques.

Elle est agencée en un triple feuillet (membrane unité, technique conventionnelle).

Sa texture est globulaire (Sjöstrand).

Elle est faite de l'assemblage d'unités tripartites (F. Moran).

Elle contient des particules intra-membranaires d'un diamètre de 80 à 100 Å (technique de cryodécapage).

Ces aspects ne sont pas visibles simultanément. L'unanimité des biologistes est donc loin d'être faite. *En admettant que chaque unité tripartite symbolise l'unité structurale fondamentale de la membrane interne, certains auteurs pensent que ces unités façonnent exclusivement la paroi des crêtes mitochondriales.*

D'autres estiment que la membrane de la paroi mitochondriale et celle des crêtes ne diffèrent pas : la membrane des crêtes ne s'incorpore-t-elle pas dans la membrane interne, lorsque le volume de la chambre interne augmente.

■ ***La chambre externe.*** – C'est l'espace compris entre la membrane interne et la membrane externe; il a une épaisseur de 40 à 70 Å. Il apparaît clair, peu dense au rayonnement électronique. Il communique avec la lumière des crêtes mitochondriales.

(1) La face A désigne la face de la moitié externe de la membrane qui est tournée vers l'intérieur de l'organite. La face B désigne la moitié interne de la membrane, tournée vers l'extérieur de l'organite.

II. – LES CRÊTES MITOCHONDRIALES

■ ***Forme et mode d'implantation*** (fig. 83). – La membrane interne s'invagine en tubes ou en saccules, qui pénètrent profondément dans la matrice de la mitochondrie.

Le mode d'attache de ces crêtes et leur forme ne sont pas bien connus. On représente les crêtes :

- soit sous la forme de bouteilles aplaties, de flasques, dont le « goulot » ou pédicule serait plus étroit que la crête elle-même,
- soit sous la forme de saccules, dont les parois se poursuivent, sans portion rétrécie, avec la membrane interne : contrairement au cas précédent, le compartiment intérieur de la crête communique largement et non par un orifice étroit avec la chambre externe,
- soit sous la forme de tubules (fig. 84).

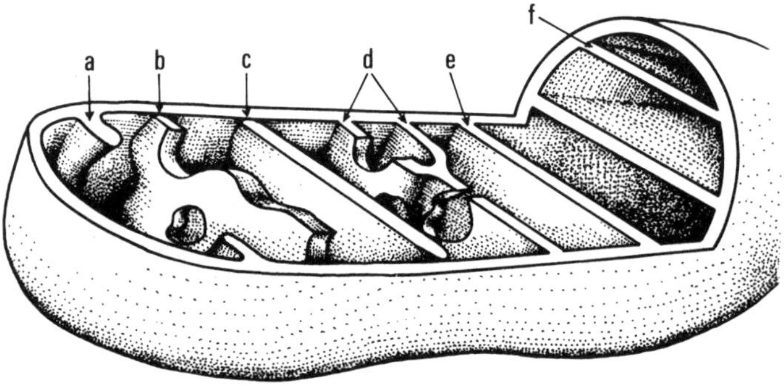

FIG. 83. – *Mitochondrie.* Représentation tridimensionnelle montrant divers types de crêtes et leur relation avec la membrane interne.
Crêtes transversales :
Type a. crête courte;
Type b. crête fenêtrée;
Type c. crête non fenêtrée;
Type d. crête bifurquée fenêtrée;
Type e. crête communiquant sur toute sa longueur avec la chambre externe.
Crêtes longitudinales :
Type f.

■ ***Structure de la membrane interne des crêtes mitochondriales.*** – Les cytologistes admettent que la membrane interne est composée :

- soit par l'*association d'unités tripartites* (2 000 à 4 000 unités par μ^2, soit 10^4 à 10^5 par mitochondrie),
- soit par un *double feuillet lipidique,* dans lequel des protéines globulaires s'enfoncent plus ou moins profondément (modèle en mosaïque de Singer et Nicolson).

a) **Structure des unités tripartites de la membrane interne.** – Chaque unité de base possède :

- une tête sphérique (encore appelée particule élémentaire), de 90 Å de diamètre, qui fait saillie dans la matrice,

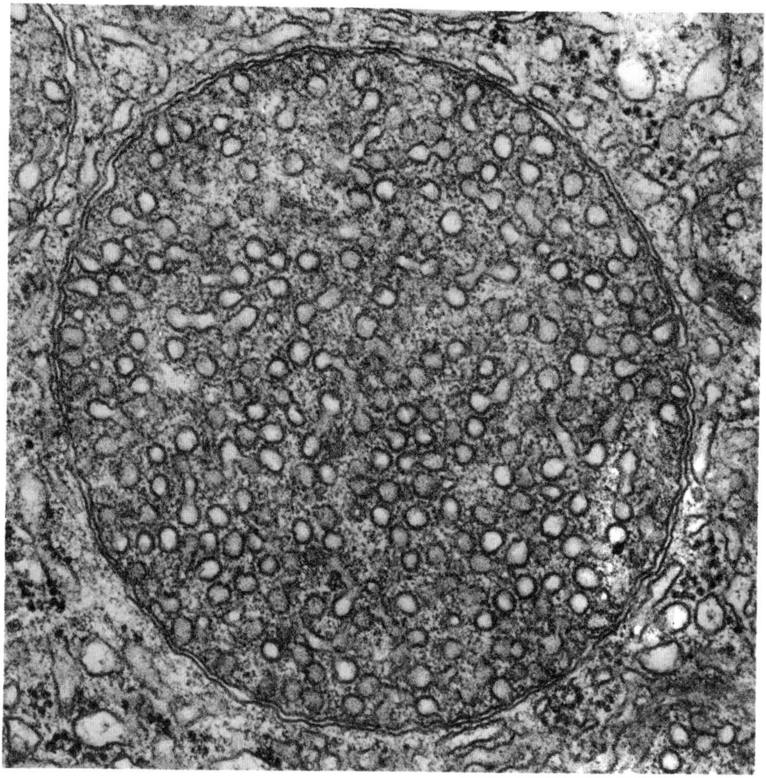

FIG. 84. – *Crêtes tubulaires* (surrénale de Rat : zone fasciculée) (× 10 500). (Cliché de FRIEND et BRASSIL; *J. Cell Biol., 46,* 1970, 252.)

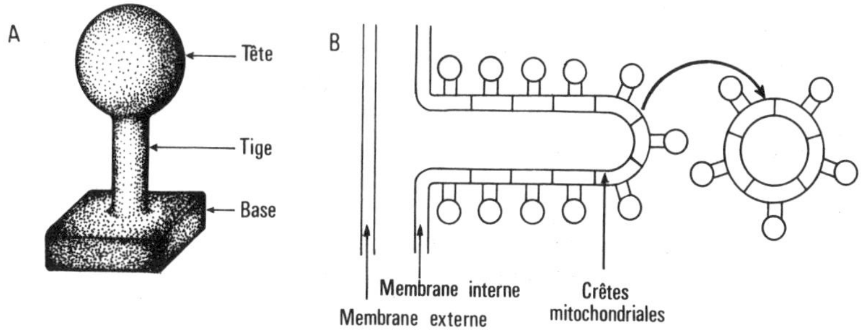

FIG. 85. – A : *unité tripartite.* Leur association constitue la membrane interne de la mitochondrie.

B : *structure de la membrane interne.* Isolement des unités tripartites par sonication et réunion en vésicules; dans ces vésicules ainsi reconstituées, la tête est tournée vers le milieu extérieur tandis que la base limite directement la cavité. Le cryodécapage ne révèle pas d'unités tripartites mais uniquement des particules intramembranaires. (D'après LEE et ERNSTER, 1966.)

– une tige de 35 Å de diamètre et de 50 Å de longueur,
– une base de 45 à 50 Å d'épaisseur sur 140 Å de diamètre (fig. 85).

La membrane est dissociée en unités par les ultrasons.

Isolées, elles s'agglomèrent en vésicules (fig. 85) : leur orientation est inverse de celle qu'elles ont dans la mitochondrie. Les têtes sphériques saillent dans le milieu ambiant, et non vers le centre de la vésicule.

Cette expérience est importante, car elle a permis de localiser avec précision, certaines substances dans la tête ou dans la base de l'unité tripartite.

b) **Le modèle en mosaïque.** – L'existence des unités tripartites est contestée. La technique de coloration négative, brutale, crée des artéfacts.

Le cryodécapage découvre une texture globulaire. Des particules sphériques d'un diamètre de 80 à 100 Å, occupent l'épaisseur de la membrane.

c) **Existe-t-il une opposition entre ces deux modèles?** – Ces deux modèles ne s'opposent en fait qu'en apparence.

En effet, le nombre de particules intramembranaires par μ^2 est le même que celui des unités tripartites. Les particules intramembranaires seraient donc la traduction morphologique *in vivo* des unités tripartites révélées par les colorations négatives.

Les unités tripartites, même si elles n'ont pas la forme que nous leur attribuons, sont malgré tout l'expression morphologique d'une disposition et d'une organisation moléculaire particulière.

III. – LA CHAMBRE INTERNE

C'est l'espace limité en dehors par la membrane interne, et compris entre les crêtes mitochondriales.

Une matrice finement granuleuse la remplit. Sa densité varie en fonction de l'état fonctionnel de l'organite. Elle renferme constamment :

– des molécules de DNA,
– des mitoribosomes (mtRNA, visibles après colorations négatives),
– des granulations denses, irrégulières, de 500 Å de diamètre (accumulation de cations).

En résumé, nous admettrons que la paroi mitochondriale est constituée d'une membrane externe de nature globulaire (particules intra-membranaires), d'une membrane interne formée d'unités tripartites, ces deux membranes étant séparées par la chambre externe.

D. – CONSTITUTION CHIMIQUE DES MEMBRANES MITOCHONDRIALES

I. – GÉNÉRALITÉS

Les deux membranes, interne et externe, jouent un rôle de squelette pour la mitochondrie. D'un point de vue strictement structural, ces membranes sont élastiques, flexibles, et stables. La cinématographie en contraste de phase a montré les mouvements très importants, les déformations considérables des mitochondries des fibroblastes en culture.

Ces modifications de la forme dépendent de la composition et de la disposition des molécules de la paroi. Les membranes mitochondriales sont de nature lipoprotéique (70 % de protéines pour 30 % de lipides [1]).

La constitution biochimique en lipides des membranes a été étudiée par André et ses collaborateurs.

La membrane externe contient 62,6 % de protéines et 37,4 % de phospholipides. Le rapport cholestérol/phospholipides est de 1/18. La membrane interne renferme 74,6 % de protéines et 25,4 % de phospholipides. Le rapport cholestérol/phospholipides est de 1/53.

II. – LES ENZYMES MITOCHONDRIALES

■ ***La membrane externe contient.*** – *Des transférases,* enzymes qui transfèrent une partie d'une molécule (autre que l'hydrogène ou des électrons) d'un donneur à un accepteur (glycérolphosphate-acyltransférase, lysophosphate-acyltransférase, lysolécithine-acyltransférase...),
– *des kinases* (c'est-à-dire des enzymes qui catalysent le transfert d'un radical phosphate de l'adénosine triphosphate sur un accepteur : nucléoside diphosphokinase),
- l'ATP acyl CoA synthétase,
- le cytochrome B,
- la NADH cytochrome B réductase,
- la phosphotidase phosphatase,
- des phospholipases.

■ ***La chambre externe.*** – Elle renferme des kinases (comme la membrane externe) :
- adénylate kinase,
- nucléoside diphosphokinase,
- nucléoside monophosphokinase.

■ ***La membrane interne.*** – Elle contient :
- *les enzymes de la chaîne respiratoire* (cyto a, a_3, b, c, succinate déshydrogénase, succinate cytochrome C-réductase, succinate oxydase, NADH cytochrome C-réductase, NADH oxydase, choline cytochrome C-réductase...),
- *des transférases* dont la carnitine acyl-transférase,
- *des enzymes appartenant au système d'élongation* et au système d'oxydation des acides gras,
- la D-β hydroxybutyrate déshydrogénase,
- la ferrocholatase.

■ ***La matrice.*** – Elle renferme toutes les enzymes impliquées dans le cycle de Krebs et dans la biosynthèse des acides gras.

Les mitochondries sont le siège de nombreuses réactions enzymatiques.

---

(1) Les lipides sont surtout représentés par des phospholipides et du cholestérol.
La membrane externe possède la plus grande partie des phospholipides (en particulier du phosphatidyl-inositol). Le *cardiolipide* existe surtout dans la membrane interne.

II. – FONCTIONS DES MITOCHONDRIES

Les mitochondries sont le siège de cycles ou de réactions biochimiques qui seront volontairement décrites d'une manière succincte.

A. – LE CYCLE DE KREBS

Il se déroule dans la chambre interne. C'est une séquence organisée de réactions enzymatiques ayant l'acide oxaloacétique comme substrat initial et terminal.

Le produit final et commun du catabolisme des nutriments (glucides, protides, lipides) est l'acide acétique dont le radical acétyl se combine avec le coenzyme A. L'acétyl coenzyme A cède le radical acétyl CH_3CO à l'acide oxaloacétique : ainsi commence une succession de réactions d'oxydation qui transforment chaque radical acétyl en deux molécules de CO_2, 8 atomes d'hydrogène et 8 électrons (fig. 86).

Les diverses étapes du cycle de Krebs sont schématisées dans les figures 86 et 87.

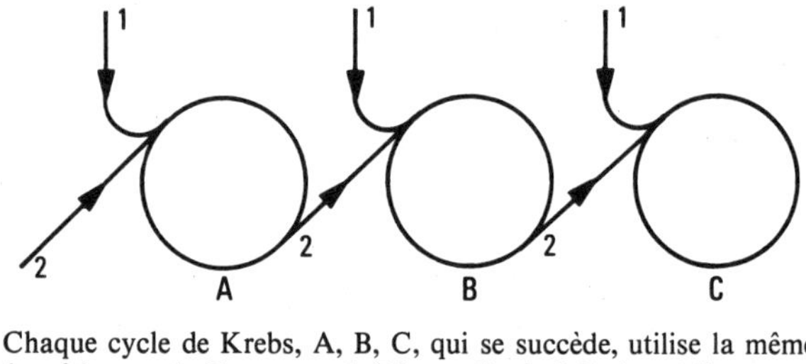

FIG. 86. – Chaque cycle de Krebs, A, B, C, qui se succède, utilise la même molécule d'acide oxaloacétique et de Coenzyme A (dès que l'acétyl CoA a cédé son groupe acétyl à l'acide oxaloacétique, il se combine avec un nouveau groupe acétyl).
1. Acétyl CoA.
2. Acide oxaloacétique.

B. – LE TRANSFERT D'ÉLECTRONS

Les 8 électrons libérés à chaque cycle sont acceptés par le nicotinamide adénine nucléotide (NAD) et le flavine adénine nucléotide (FAD). Ils sont transmis jusqu'à l'accepteur final, l'oxygène moléculaire, par un ensemble de complexes associés en une chaîne respiratoire (fig. 87).

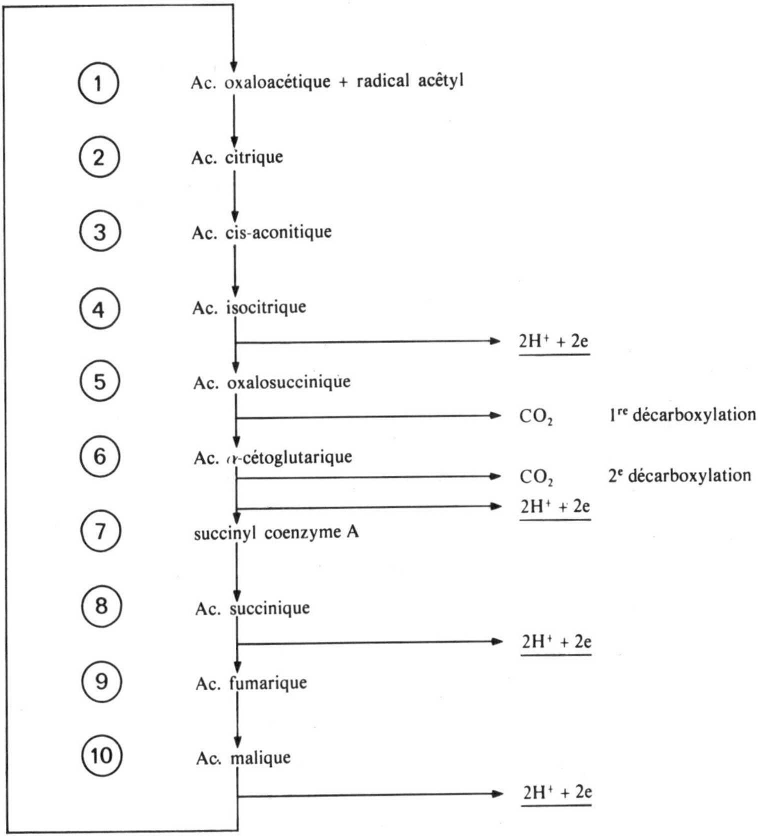

FIG. 87. – *Cycle de Krebs.*

Il existe 4 complexes désignés chacun par un chiffre romain :
- I ou NADH-coenzyme Q-réductase,
- II ou acide succinique-coenzyme Q-réductase,
- III ou coenzyme Q-cytochrome C-réductase,
- IV ou cytochrome C-oxydase.

Chaque complexe transfère les électrons d'un donneur à un accepteur (fig. 88).

Les complexes occupent une des bases des unités tripartites, de telle sorte que les électrons cheminent dans la paroi des crêtes mitochondriales selon une direction perpendiculaire à l'axe des tiges (fig. 89).

Ils sont groupés de telle sorte que les électrons du NAD réduit sont transportés successivement par les complexes I, III et IV, tandis que ceux provenant du FAD réduit passent par les complexes II, III et IV.

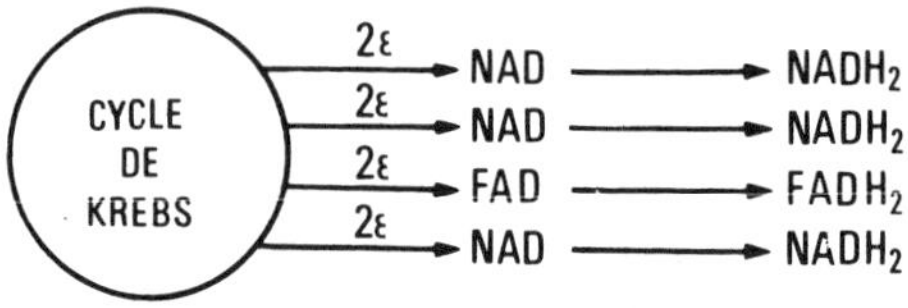

FIG. 87. – *Les deux premiers accepteurs d'électrons provenant du cycle de Krebs.*

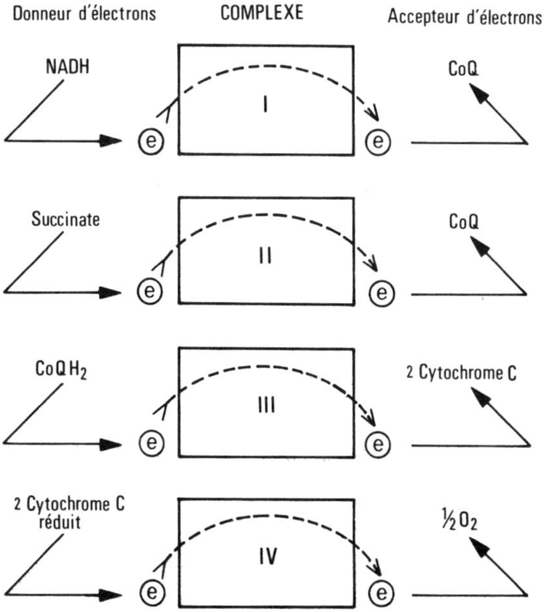

FIG. 88. – *Représentation schématique des molécules mobiles,* accepteur et donneur d'électrons, qui vont d'un complexe à un autre (e : électron).

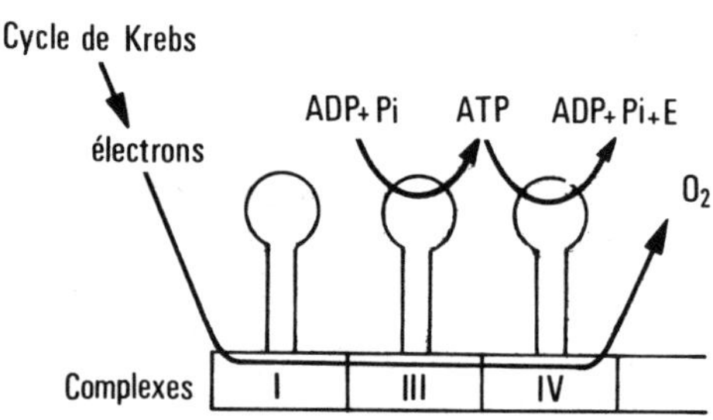

FIG. 89. – *Unité tripartite* (transfert d'électrons et phosphorylation oxydative). Le transfert d'électrons s'effectue dans la base des unités tripartites. La phosphorylation de l'ADP se fait grâce à l'activité enzymatique de la tête de l'unité tripartite.

C. – LA PHOSPHORYLATION OXYDATIVE

L'énergie libérée au cours du transfert d'électrons sert à la synthèse de l'adénosine triphosphate ou ATP par phosphorylation de l'adénosine diphosphate ou ADP : ADP + Pi + E ↔ ATP (Pi : phosphate inorganique, E : énergie), réaction contrôlée par l'adénosine triphosphosynthétase.

L'ATP met en réserve l'énergie (provenant des réactions d'oxydation) : elle peut la libérer grâce à la réaction inverse : ATP ↔ ADP + Pi + E qui est contrôlée par l'adénosine triphosphatase.

La réaction de phosphorylation se déroule dans la tête des unités tripartites (fig. 89).

La phosphorylation et le transfert d'électrons sont couplés par des facteurs dits *facteurs de couplage* localisés essentiellement dans la tige de l'unité tripartite.

Parmi les 3 principales hypothèses tentant d'expliquer comment le transfert d'électrons permet la phosphorylation, retenons celle du *couplage conformationnel.*

La configuration des mitochondries varie avec la phosphorylation :
- une forme orthodoxe (qui a été prise comme type de description),
- une forme condensée qui caractérise les mitochondries dont la phosphorylation est très active (fig. 90).

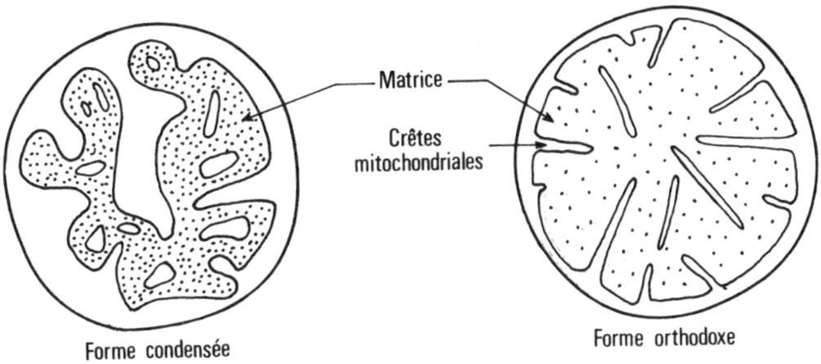

FIG. 90. – Les mitochondries condensées, placées dans un milieu contenant du succinate, prennent progressivement une structure orthodoxe. Les inhibiteurs du transport d'électrons comme le cyanure de potassium, l'antimycine, en inhibent la transformation. La transformation forme condensée ↔ forme orthodoxe serait dûe à une *conversion directe* de l'énergie chimique libérée par le transfert d'électrons en travail mécanique. *Transfert d'électrons* ↔ E ↔ *travail mécanique.*

La chambre interne est diminuée de volume, la matrice est très dense, la chambre externe a augmenté de volume. *Les unités tripartites sont en extension :* la tige est allongée, la tête et la pièce basale sont nettement séparées (fig. 91).

Ainsi, l'énergie libérée par le transport des électrons modifie la structure des unités tripartites et par voie de conséquence, la conformation de la mitochondrie dont la membrane interne est la somme des unités tripartites.

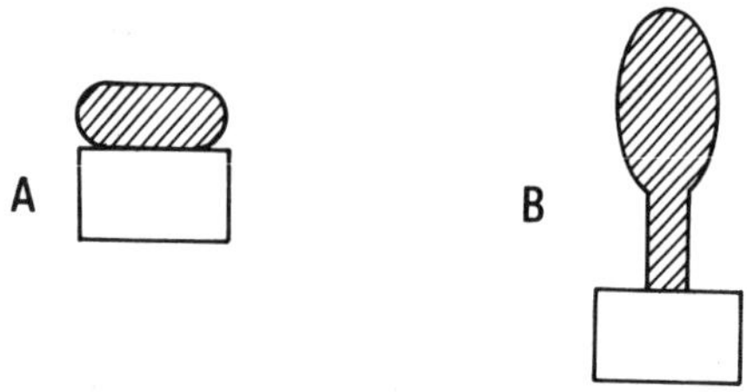

FIG. 91. – *Unités tripartites.*
A : forme contractée (phosphorylation inhibée);
B : forme en extension (phosphorylation active).

D. – LA β OXYDATION DES ACIDES GRAS
(Hélice de Lynen)

L'acide gras n'est oxydé que s'il est préalablement activé par combinaison avec le coenzyme A et que s'il pénètre dans la matrice mitochondriale (le passage à travers la membrane interne se déroule grâce à la carnitine).

L'oxydation se déroule dans la matrice par étapes successives : à chaque étape, l'acide gras perd 2 atomes de carbone (soit un radical acétyl CH_3CO).

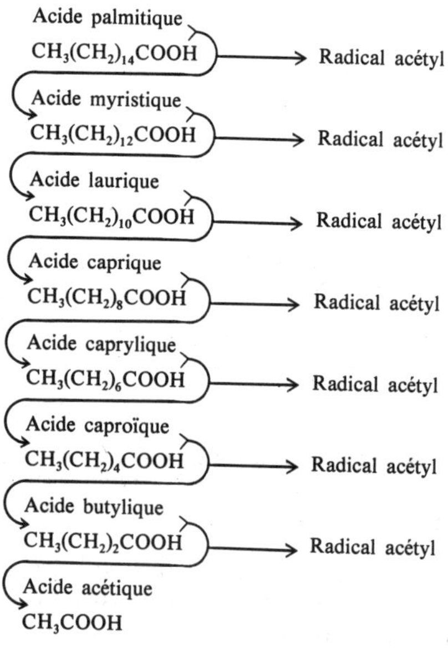

E. – SYNTHÈSE DES ACIDES GRAS

La synthèse des acides gras peut s'opérer à l'intérieur des mitochondries, grâce à un système connu sous le nom de système mitochondrial, qui suit le chemin inverse de celui pris par les acides gras lors de leur oxydation.

On aboutit surtout à la synthèse d'acide stéarique, mais aussi à de petites quantités d'acides palmitique, laurique, myristique, oléique et arachidonique.

F. – CONCENTRATION DE SUBSTANCES DANS LES MITOCHONDRIES

Les mitochondries ont la possibilité de concentrer des substances dans la chambre interne. La coloration supra-vitale par le vert Janus est un exemple classique et connu depuis longtemps (Michaelis, 1899). On sait maintenant que le vert Janus pénètre dans la cellule vivante où il est réduit en un leucodérivé (dérivé incolore) concentré dans les mitochondries et réoxydé : l'oxydation lui redonne sa couleur primitive. Les mitochondries sont capables de concentrer des protéines, des lipides, des métaux (Ag, Fe, Ca), des colorants, des ferments et des particules ressemblant à des virus. Le calcium concentré par les mitochondries apparaît sous la forme de granulations de 500 Å de diamètre environ. Il s'agit essentiellement de phosphate de calcium. Voici quelques exemples :

I. – DÉPOT DE FER DANS LES MITOCHONDRIES

Les cellules réticulaires phagocytent des hématies. Les molécules de ferritine apparaissent dans le cytoplasme. Elles sont cédées aux jeunes érythroblastes (cellules souches de la lignée rouge). Elles pénètrent dans les mitochondries où elles sont brisées en molécules plus petites. Ces mitochondries éclatent alors et libèrent des granules qui interviennent dans la synthèse de l'hémoglobine.

II. – MITOCHONDRIES ET DÉPOTS LIPIDIQUES

Après une courte période de jeûne, on peut observer dans le foie, des rapports entre les gouttelettes lipidiques du cytoplasme et les mitochondries. Celles-ci viennent s'accoler contre la goutte lipidique : à la surface de la gouttelette lipidique apparaissent des zones moins denses, qui évoquent l'utilisation des lipides par la mitochondrie.

En fait, au cours du jeûne, les glucides diminuent, et le chondriome fait appel aux lipides, qui sont alors activement oxydés et dégradés, pour être utilisés dans le cycle de Krebs.

III. - PROTÉINES

Dans les ovocytes de Planorbis, on a pu noter que les protéines étaient stockées sous une forme cristalline. Ces cristallisations protéiques sont formées de molécules de 60 Å de diamètre, séparées par des espaces de 85 Å.

IV. - MODIFICATIONS STRUCTURALES AU COURS DU STOCKAGE

Ces quelques exemples montrent donc la possibilité qu'ont les mitochondries, de concentrer et de stocker des substances qui seront utilisées ultérieurement. Au cours du stockage, la mitochondrie est souvent formée par une simple membrane et par des crêtes courtes qui disparaissent progressivement. Après élimination du produit, la mitochondrie reprend un aspect normal.

III. – BIOGENÈSE DES MITOCHONDRIES

Les trois principaux mécanismes qu'il serait possible de retenir pour expliquer la biogenèse des mitochondries sont :

- la formation « de novo »,
- une différenciation à partir de membranes préexistantes,
- la division de mitochondries existantes.

Les deux premières hypothèses n'ont pas de preuves suffisantes, tandis que la dernière est la plus satisfaisante.

A. – DIVISION DES MITOCHONDRIES

En microcinématographie en contraste de phase, les images de divisions mitochondriales sont évidentes.

La microscopie électronique de tissus animaux en cours de croissance, prélevés à des intervalles réguliers, révèle des images susceptibles d'être interprétées comme des divisions mitochondriales (fig. 92).

Cependant, une preuve définitive a été apportée par l'expérience suivante. Une souche de Neurospora crassa est cultivée sur un milieu contenant de la choline radioactive (la choline est incorporée par les lécithines, constituant important des phospholipides mitochondriaux). Les cellules sont ensuite lavées, puis remises en culture sur un milieu dont la choline n'est pas radioactive.

La distribution des grains d'argent témoignant de la présence de choline radioactive pourrait se faire de trois manières différentes.

Prenons une mitochondrie contenant quatre grains radioactifs. L'étude de la répartition des grains, et plus exactement la moyenne du nombre de grains par mitochondrie au cours de sa biogenèse, permet d'émettre trois hypothèses (fig. 93) :

- si les mitochondries se forment « de novo », la moyenne des grains de la population mitochondriale marquée ne se modifie pas;
- si les mitochondries se forment à partir de membranes préexistantes, le nombre total des grains augmente progressivement puisque les membranes plasmiques ou nucléaires sont en effet aussi marquées par la choline radioactive;
- si les mitochondries se forment par division, la moyenne des grains par mitochondrie baisse.

Les résultats obtenus confirment la troisième hypothèse.

B. – CROISSANCE DES MITOCHONDRIES

Les divisions donnent naissance à des mitochondries de petites dimensions; elles subissent ensuite une phase de croissance pour atteindre leur taille habituelle. Comment s'effectue la synthèse des diverses molécules organiques nécessaires à cette croissance?

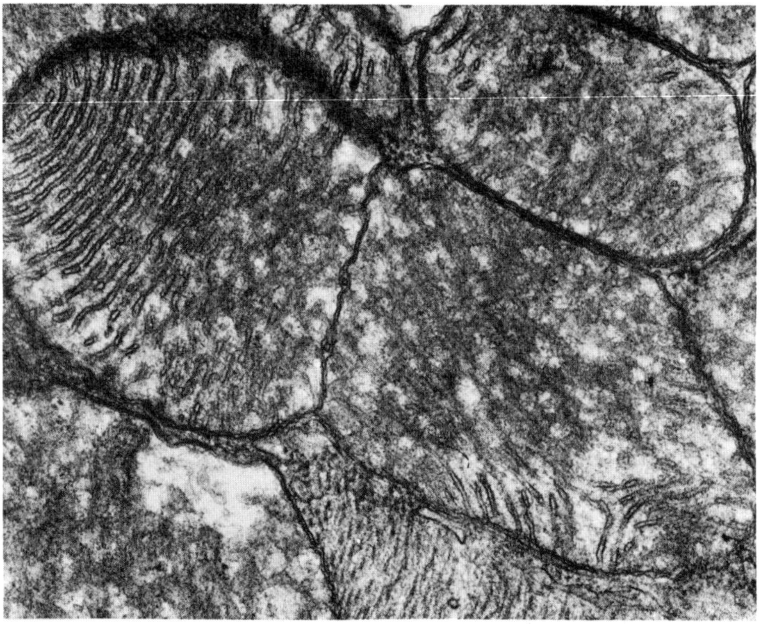

FIG. 92. – *Mitochondrie du muscle cardiaque.* Division d'une mitochondrie (× 38 700). (Cliché de B. TANDLER et C. L. HOPPEL; *Anat. Rec., 173,* 1972, 309-324.)

Il est logique d'attribuer à la mitochondrie la possibilité de synthétiser elle-même les macromolécules qui entrent dans la constitution de ses membranes. Chèvremont apporte la preuve de l'existence de DNA intra-mitrochondrial. A la suite de ces travaux princeps, une série de recherches a établi que la mitochondrie contient dans sa matrice toute la machinerie nécessaire à sa biogenèse. *Cette dernière décade apporte la preuve que la mitochondrie contient un appareil génétique distinct de celui du reste de la cellule.*

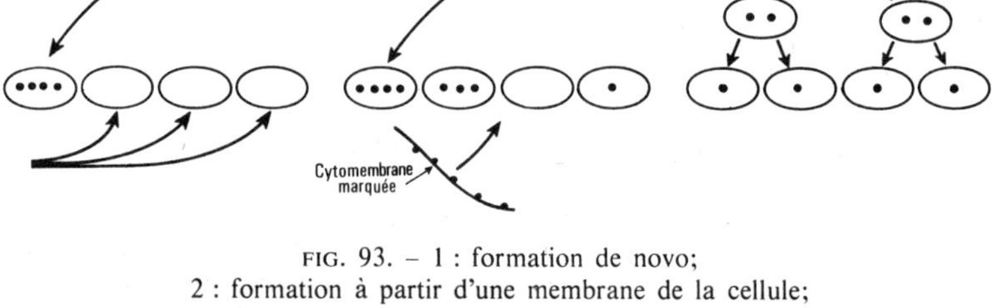

FIG. 93. – 1 : formation de novo;
2 : formation à partir d'une membrane de la cellule;
3 : formation par division.

C. – LA MACHINERIE DE SYNTHÈSE PROTÉIQUE

I. – LE DNA MITOCHONDRIAL (mtDNA)

■ ***Sa découverte.*** – L'histochimie ne peut caractériser le DNA mitochondrial que dans certaines conditions expérimentales : par exemple, au cours de l'inhibition préprophasique de la mitose par la ribonucléase ou par le trihydroxy-N-méthylindole, les mitochondries se colorent par la réaction de Feulgen. La désoxyribonucléase inhibe cette réaction.

■ ***Forme du DNA mitochondrial.*** – Le mtDNA est visible en microscopie électronique dans les mitochondries dans des conditions exceptionnelles. Pour le mettre en évidence, il est nécessaire de l'isoler.

Ces techniques d'isolement, fort complexes, nécessitent avant tout l'obtention par ultracentrifugation d'un culot pur mitochondrial. Les mitochondries isolées, soumises à un choc hypotonique, libèrent après rupture leur mtDNA qui est recueilli sur une grille recouverte d'un film de carbone. Une coloration négative au phosphotungstate objective la forme du mtDNA (fig. 94).

Le mtDNA est circulaire; sa forme est celle d'une courbe fermée. Il a une longueur de 5 μ (une telle structure se retrouve chez tous les Métazoaires des Nématodes à l'Homme). Cette longueur n'est pas universelle : dans les mitochondries de *Saccharomyces cerevisiae,* la longueur est de 25 μ, tandis que chez Neurospora crassa, elle est de 2 à 25 μ.

■ ***Le nombre de molécules de mtDNA.*** – Le mtDNA représente 1 à 5 % du DNA cellulaire total. Dans les mitochondries des hépatocytes, le nombre moyen de molécules de mtDNA (par mitochondrie) est de 4 à 5. Cependant, il varie en fonction des conditions physiologiques de la cellule.

■ ***La localisation du mtDNA.*** – Il est localisé au voisinage des crêtes mitochondriales sur lesquelles il est souvent attaché.

■ ***La replication du mtDNA.***

a) **Mise en évidence.** – Les mitochondries contiennent l'enzyme qui intervient dans la replication, c'est-à-dire la *DNA polymérase.*

La replication du mtDNA s'opère selon un mécanisme semi-conservatif. La confirmation de ce mécanisme a été obtenue en soumettant des rats à des injections de bromodésoxyuridine. L'isolement par sédimentation isopycnique montre que le mtDNA est alors constitué d'un brin lourd, radioactif et d'un brin léger sans aucune radioactivité.

L'étude de l'incorporation de thymidine tritiée dans le mtDNA de cellules hépatiques humaines en culture, démontre que l'incorporation est continue, même en l'absence de synthèse nucléaire.

La mitochondrie possède donc son propre système de replication du mtDNA.

b) **Rôle du DNA nucléaire dans la synthèse du mtDNA.** – En l'absence de noyau (Pérasso, amibes anucléées), l'incorporation dans le mtDNA d'uracile tritié, est plus rapide et plus importante.

Le noyau aurait un rôle régulateur dans la replication mitochondriale, probablement par l'intermédiaire de répresseurs.

Il a été possible d'étudier des cultures synchrones de Neurospora crassa, de levure et de cellules HeLa; dans ces cultures, toutes les mitochondries se divisent et croissent simultanément. Les phases de replication du DNA nucléaire et du DNA mitochondrial alternent périodiquement. Dans les cellules HeLa, la synthèse de DNA mitochondrial commence au cours de la phase S, atteint un maximum pendant la phase G2, et s'interrompt au cours de la phase M. Ce fait implique l'existence d'un système de contrôle de l'activité mitochondriale par le noyau, mais aussi que le noyau est informé de l'activité du DNA mitochondrial.

■ ***Analogie du mtDNA mitochondrial et bactérien.*** – La forme du mtDNA est comparable au DNA bactérien qui est aussi circulaire. De plus, il semble que le mtDNA ne contient pas d'histones comme celui des bactéries.

II. – LES RNA MITOCHONDRIAUX

Actuellement, les RNA mitochondriaux suivants ont pu être mis en évidence :

- RNA ribosomal,
- RNA de transfert,
- RNA messager.

■ ***Le RNA ribosomal mitochondrial: les mitoribosomes (André).*** – Les techniques d'isolement et de coloration négative ont permis d'étudier la taille et la forme des mitoribosomes (fig. 95).

a) **Taille.** – Elle est variable suivant l'origine des mitochondries étudiées. D'une manière générale, les mitoribosomes humains ou d'autres cellules de Vertébrés Supérieurs (Rat, Vache, Porc, Lapin, Poulet), sont des particules du type 50 à 60 S avec deux sous-unités, une de 25 à 33 S et l'autre de 35 à 45 S.

b) **Forme.** – La grande sous-unité est grossièrement sphérique, la face en rapport avec la petite sous-unité étant aplatie.

La petite sous-unité a une forme allongée, ellipsoïde. Un sillon sépare les deux sous-unités (fig. 96).

Une dépression, placée au centre du sillon, est bien visible sur une des faces, moins évidente sur l'autre.

c) **Origine.** – Il semble que la quasi-totalité sinon la totalité des protéines des mitoribosomes soit synthétisée dans le cytoplasme.

■ ***Le RNA de transfert mitochondrial (tRNA).*** – Les mitochondries contiennent tous les RNA de transfert pour tous les acides aminés.

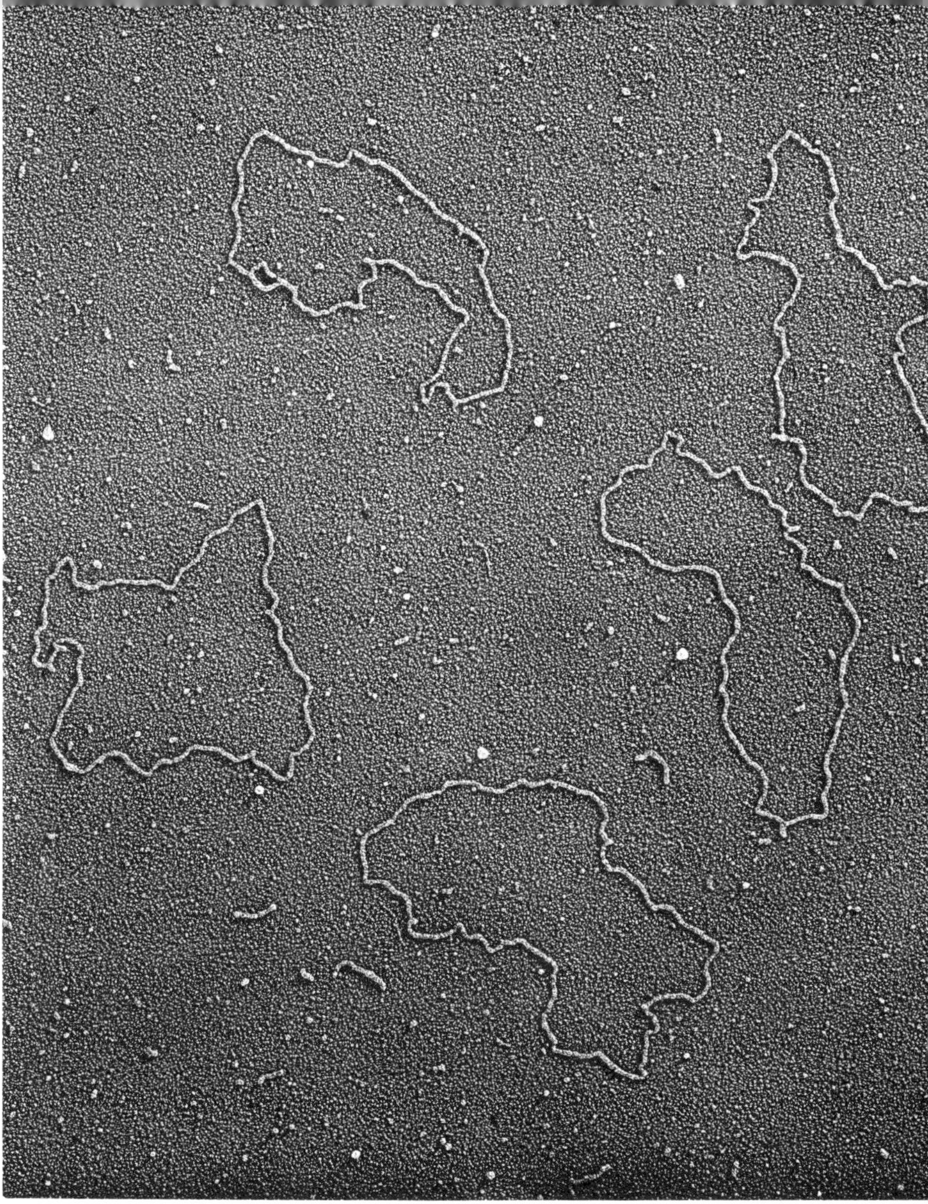

FIG. 94. – *Forme du DNA mitochondrial.* Coloration négative (X 54 400).
(Cliché de WELLAUER, WEBER et WYLER; *J. Ultrast. Res., 42,* 1973, 377-393.)

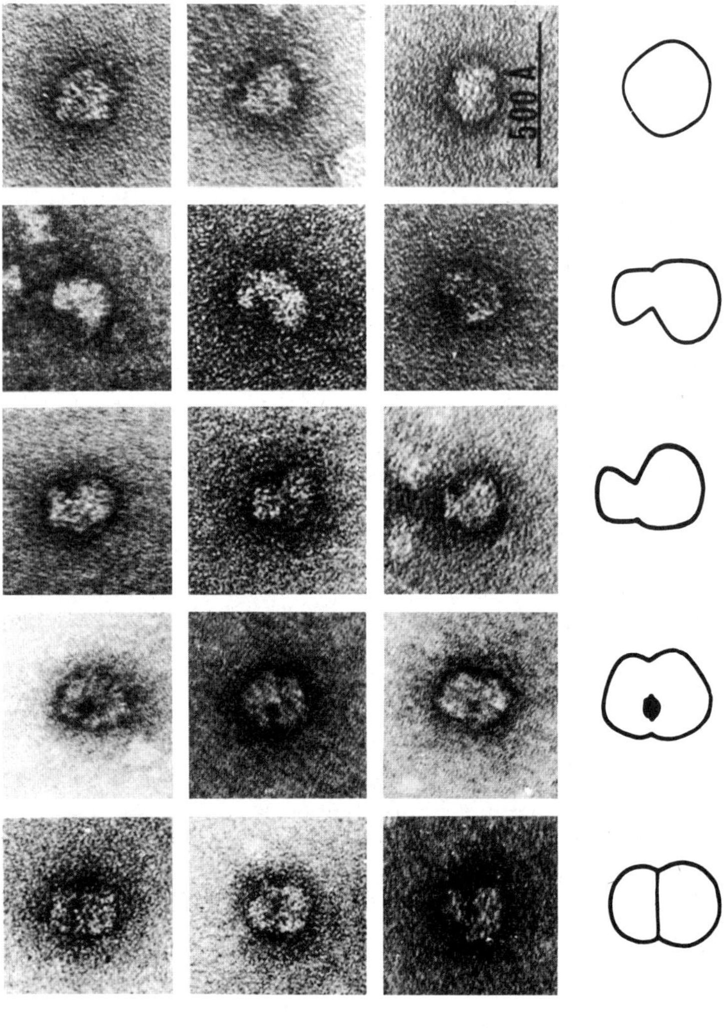

FIG. 95. – *Mitoribosomes*. Forme des ribosomes mitochondriaux étudiés par coloration négative au phosphotungstate de sodium (× 380 000).
(Cliché de ANDRE et VIGNAIS; *J. Cell. Biol.*, *54*, 1972, 468.)

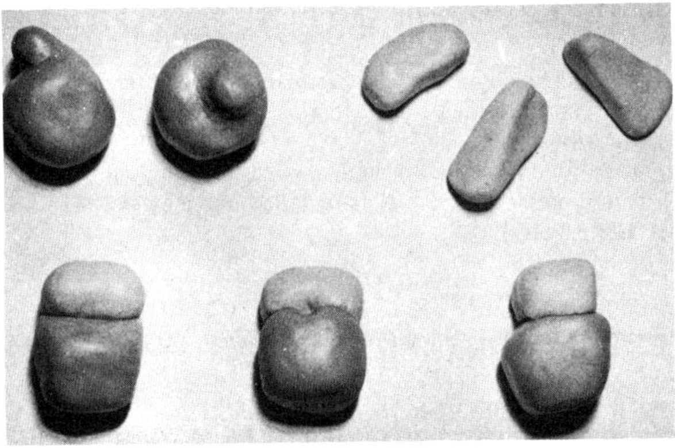

FIG. 96. – *Reconstitution tridimensionnelle de mitoribosomes.* (Cliché de ANDRE et VIGNAIS; *J. Cell. Biol., 54,* 1972, 468.)

D. – FONCTIONNEMENT DE LA MACHINERIE DE SYNTHÈSE PROTÉIQUE DANS LES MITOCHONDRIES

I. – PÉNÉTRATION DES ACIDES AMINÉS

Les expériences de marquage par les éléments radioactifs ont démontré que les acides aminés provenant du pool cytoplasmique traversent les membranes externe et interne pour gagner la matrice. Cette pénétration ne peut se faire que grâce à un mécanisme d'échange-diffusion.

II. – SYNTHÈSE DU RNA MESSAGER

La mitochondrie contient une RNA polymérase qui assure la synthèse de RNA messager, dont la forme est complémentaire du mtDNA. Ce mtRNA migre vers les mitoribosomes qui se fixent sur cette molécule et la décodent (voir protéogenèse, fonctions des ribosomes).

III. – ACTIVATION DES ACIDES AMINÉS

Les RNA de transfert, sous l'influence d'enzymes, activateurs spécifiques, et en présence d'ATP (aminoacyl RNA synthétase), fixent les acides aminés et forment les aminoacyl tRNA (acides aminés activés).

IV. – FORMATION DE LA CHAINE POLYPEPTIDIQUE

Par un processus analogue à celui observé dans le cytoplasme, les aminoacyl tRNA se fixent par l'intermédiaire de leurs anticodons sur les codons du RNA messager (voir ribosomes).

Mais l'initiation de la chaîne protéique nécessite ici, comme chez les bactéries, le N-formylméthionine-tRNA (substance qui n'existe pas dans le cytoplasme des Eukaryotes).

E. – SYNTHÈSE DES PROTÉINES MITOCHONDRIALES

I. – ORIGINE DES PROTÉINES DE LA MITOCHONDRIE

La mitochondrie ne synthétise pas toutes ses protéines parce que la potentialité de codage du mtDNA se limite à 5 000 acides aminés.

La proportion des protéines synthétisées est probablement de 5 %.

Des expériences réalisées in vitro, utilisant le ^{14}C comme marqueur, démontrent que le cytochrome C, la malicodéshydrogénase, sont synthétisés hors de la mitochondrie dans le réticulum endoplasmique.

Les protéines solubles de la matrice mitochondriale, les protéines de la membrane externe, de nombreuses protéines des crêtes sont synthétisées par les cytoribosomes et codées par les gènes nucléaires. Cependant le mtDNA assure la synthèse d'une protéine insoluble, protéine de régulation et d'intégration qui assure la mise en place des protéines solubles.

Les protéines des mitoribosomes sont synthétisées par les cytoribosomes.

Certaines protéines enzymatiques sont synthétisées à la fois par le cytoplasme et la mitochondrie : ainsi l'apoenzyme de la cytochrome oxydase est synthétisée par les cytoribosomes. Il n'acquiert ses capacités enzymatiques que lorsqu'il se fixe sur une protéine de la membrane interne synthétisée par les mitoribosomes.

II. – CYCLE DE SYNTHÈSE

Les synthèses protéiques, pendant le cycle cellulaire, s'effectuent au cours de trois périodes (fig. 97).

a) **1re période : synthèse de protéines non mitochondriales.** – Cette période débute après la phase M et s'arrête à la fin de la phase G2. Les gènes responsables de la synthèse des protéines mitochondriales sont réprimés par un répresseur d'origine mitochondriale.

b) **2e période : synthèse extramitochondriale de protéines mitochondriales.** – Cette période commence à la fin de la phase S. C'est en effet à ce moment-là, à la fin d'une nouvelle duplication du DNA, que la dérépression des gènes nucléaires responsables de la synthèse des protéines mitochondriales se produit. Elle s'arrête à la fin de la phase G2.

c) **3e période : synthèse intramitochondriale des protéines mitochondriales.** – Cette période débute avec la phase G2, atteint son maximum au cours de la phase M, et s'arrête au début de la phase G1. Les mitochondries produisent un répresseur qui arrête la synthèse du RNA messager, porteur du codage nécessaire à la synthèse extramitochondriale des protéines mitochondriales. La

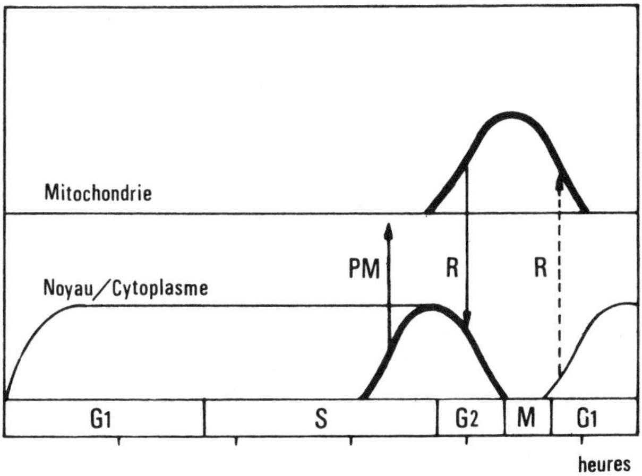

FIG. 97. – *Synthèse protéique dépendant du noyau et des mitochondries* au cours du cycle cellulaire. —— synthèse des protéines non mitochondriales, ▬▬ synthèse des protéines mitochondriales, R : répresseur, PM : protéines mitochondriales.

synthèse de ce répresseur atteint son maximum au cours de la phase M et s'arrête au début de la phase G1. Les protéines solubles préalablement formées (enzymes de la chaîne respiratoire et de la phosphorylation oxydative) sont assemblées par les protéines synthétisées par les mitochondries.

Cette 3e période ne peut être initiée que dans la mesure où le noyau produirait un facteur de replication mitochondriale. Elle se termine grâce à l'action d'un répresseur des gènes nucléaires, élaboré par le génome mitochondrial.

Il est possible actuellement, sur un plan purement hypothétique, de schématiser les relations fonctionnelles noyau ⇄ mitochondrie (fig. 98).

III. – DIFFÉRENCES DE FONCTIONNEMENT AVEC LA MACHINERIE DE SYNTHÈSE DU CYTOPLASME

La machinerie de synthèse protéique des mitochondries est :
- insensible à l'action de la ribonucléase,
- sensible au *chloramphénicol.*

Ce dernier fait est troublant puisque cette substance inhibe aussi la synthèse protéique des bactéries, alors qu'elle est sans action sur la synthèse protéique qui se déroule dans le cytoplasme.

Cette inhibition serait due à une fixation du chloramphénicol sur le ribosome.

Par contre, la cyclohéximide, inhibiteur puissant des synthèses cytoplasmiques, n'a qu'un effet inhibiteur discret sur la synthèse protéique des mitochondries.

Le système de synthèse des protéines est aussi bloqué par l'*érythromycine,* la *streptomycine,* et la *néomycine.*

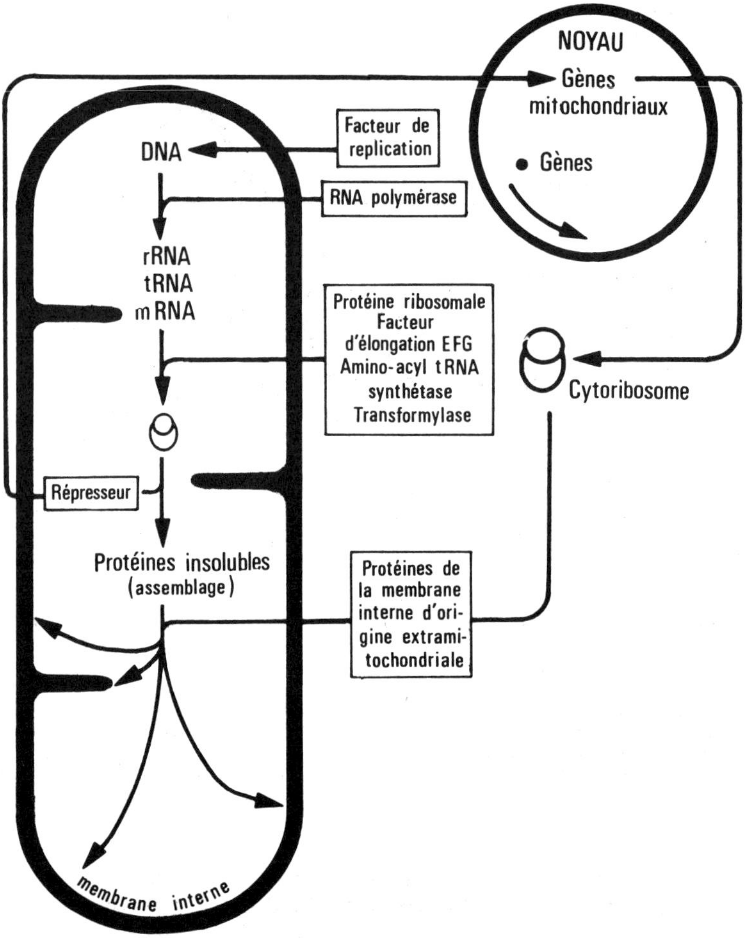

FIG. 98. – *Relations fonctionnelles noyau mitochondrie.* Le noyau possède des gènes « mitochondriaux », c'est-à-dire des gènes contrôlant la synthèse par les cytoribosomes de protéines d'origine extramitochondriale. Les mitoribosomes élaboreraient en même temps que des protéines mitochondriales un répresseur susceptible d'avoir une action régulatrice sur les gènes mitochondriaux.

IV. – MODIFICATIONS ULTRASTRUCTURALES PATHOLOGIQUES DES MITONCHONDRIES

A. – LES DIVERS TYPES DE MODIFICATIONS

Elles intéressent essentiellement :
- la forme,
- la taille,
- la structure et la disposition des crêtes,
- l'aspect de la matrice,
- la présence dans le compartiment externe ou la chambre interne d'un matériel d'accumulation pouvant prendre des aspects divers.

Elles ne sont pas obligatoirement en rapport avec des phénomènes pathologiques mais peuvent simplement traduire des états d'activité de la cellule. D'autre part, des aspects identiques s'observent au cours de maladies très différentes. Elles ne sont donc pas spécifiques.

I. – LA FORME

Habituellement ovalaires, elles peuvent être bifurquées en Y, en haltère ou anneau, en bissac... Le phénomène est loin d'être rare, et sa signification n'est pas précise.

II. – LA TAILLE

■ ***Le gigantisme mitochondrial.***

a) **Morphologie.** – Les mitochondries géantes se caractérisent par une augmentation considérable de leur taille, hypertrophie associée à des modifications de leur morphologie et des crêtes. Elle est considérable puisque le grand diamètre de la mitochondrie atteint en général 4 à 5 μ, mais qu'il n'est pas rare qu'il dépasse 15 μ. Il est donc possible de rencontrer dans les cellules des mitochondries au moins aussi volumineuses que le noyau.

Cette hypertrophie est rarement isolée, mais le plus souvent s'accompagne d'altérations morphologiques : la mitochondrie devient triangulaire, tubulaire, ou prend la forme d'un trèfle.

Les crêtes sont abondantes, plus abondantes que dans les mitochondries habituelles certes, mais surtout elles sont anormalement disposées, et leurs rapports avec la membrane interne sont bouleversés.

b) **Signification.**

A. L'HYPERACTIVITE DU CHONDRIOME. – Elle se traduit parfois par de telles images. Dans la muqueuse utérine, les cellules glandulaires qui sécrètent au cours de la seconde moitié du cycle du glycogène et des mucopolysaccharides, contiennent pendant quelques jours des mitochondries géantes arrondies, dont les crêtes ont une forme tubulaire; mais la forme n'est pas irrégulière, les crêtes ne sont pas disposées d'une manière anarchique.

B. AU COURS DES PHENOMENES PATHOLOGIQUES. – Ce gigantisme mitochondrial apparaît au cours d'affections extrêmement différentes et n'ayant aucun lien les unes avec les autres.

Ces mitochondries ont été décrites chez l'Homme :

- dans les cellules du foie atteint de cholostase, d'hépatite virale, d'hépatite alcoolique, d'hyperlipémie, d'hyperbilirubinémie constitutionnelle, d'amylase hépatique, de leptospirose, de stéatose;
- dans certaines tumeurs de l'ovaire ou de la surrénale qui sécrètent des stéroïdes en grande quantité;
- dans le tissu musculaire strié, au cours des myopathies;
- au cours de carences alimentaires : un régime dépourvu de riboflavine (vitamine B_2) ou d'acide gras, provoque l'apparition des mitochondries géantes dans les hépatocytes; au cours des carences en riboflavine, le processus est réversible puisque, peu de temps après l'injection de vitamine B_2, toutes les mitochondries hépatiques ont une structure normale;
- au cours d'intoxications : un agent chélatant du cuivre, la cuprizone, provoque l'apparition des mégamitochondries;
- après administration de méthandrostérone : les altérations mitochondriales sont comparables à celles provoquées dans les hépathocytes du Rat par ligature du canal biliaire.

c) **Origine.** – Ces mitochondries géantes proviennent souvent de la fusion de plusieurs mitochondries, mais il semble également que certaines soient capables de gonfler énormément.

d) **Valeur.** – Il est indiscutable que, dans le cas des tumeurs sécrétantes par exemple, un tel aspect est lié à une *hyperactivité du chondriome.* Par contre, au cours d'affections hépatiques provoquées par l'alcoolisme chronique, les carences en vitamine B_2 ou en acide gras, il se produit un *découplage de la phosphorylation.*

On pourrait donc considérer que le gigantisme mitochondrial pathologique serait la conséquence de la carence en ATP et une tentative de compensation.

III. – RÉTRACTION DES MITOCHONDRIES

■ ***Morphologie.*** – Ces aspects sont parfois improprement désignés par les termes de « mitochondries condensées ». De telles mitochondries ont un volume diminué, des crêtes peu visibles et une matrice en général très dense.

■ ***Signification.*** – Il s'agit là d'une forme de dégénérescence qui, le plus souvent, dans une cellule, n'intéresse que quelques mitochondries, tandis que les autres conservent une structure normale.

IV. – LA TUMÉFACTION TROUBLE OU TURGESCENCE DES MITOCHONDRIES

■ ***Morphologie*** (fig. 99). – Ce type d'altération est relativement fréquent; il se caractérise par :

- une augmentation globale de la taille,
- un élargissement (inconstant) du compartiment externe,
- un raccourcissement, une raréfaction et parfois une disparition des crêtes,
- une matrice anormalement claire, d'aspect floconneux (l'osmiophilie a considérablement diminué), vacuolisé.

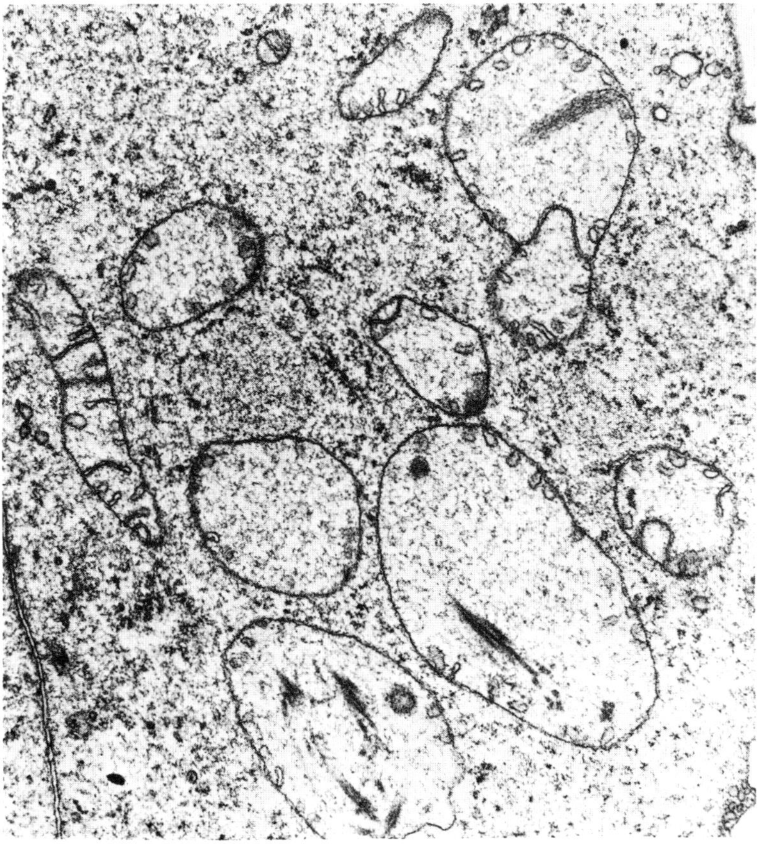

FIG. 99. – *Image de turgescence des mitochondries* après traitement par le bromure d'éthidium.
(Cliché de G. SOSLAU; *J. Cell Biol., 51,* 1971, 514-524.)

■ ***Signification.*** – Cette turgescence implique une perturbation de la perméabilité de la paroi des mitochondries. Elle témoigne d'un trouble des mouvements hydriques. Les mitochondries se gonflent par imbibition.

■ ***Les facteurs responsables.*** – La tuméfaction trouble apparaît :
- au cours du jeûne, de l'hypoxie,
- des régimes pauvres en chlorure ou au cours des carences protéiques, de carence en vitamine B_2,
- après action de la *chlorpromazine,* du tétrachlorure de carbone,
- au cours d'affections comme l'hépatite virale, la fièvre jaune.

■ ***Réversibilité de la tuméfaction trouble.***

a) **Réversibilité.** – *Cette altération est réversible* lorsqu'il s'agit d'un phénomène passif lié à des troubles isotoniques simples et transitoires qui n'ont pas eu le temps de provoquer des destructions des crêtes et de la membrane interne.

Cette réversibilité de la lésion s'observe :
- dans le muscle au cours de la fatigue après un effort prolongé (tuméfaction sans destruction de la membrane),
- dans le foie au cours du jeûne,
- au cours de l'hypoxie.

b) **Irréversibilité.** – *Cette altération est irréversible* lorsqu'il s'agit d'un mécanisme actif dépendant de l'activité de la chaîne respiratoire et *en particulier des cytochromes.* L'inhibition de la synthèse des cytochromes a pour conséquence la destruction des crêtes et l'accumulation intramitochondriale des matériaux utilisés pour leur synthèse au cours des intoxications qui modifient la phosphorylation oxydative (méthylglyoxal, l'alcool méthylique, les thiobarbiturates agissant ainsi sur les mitochondries des hépatocytes).

V. – LA DESTRUCTION DES MITOCHONDRIES

La mitochondrie perd ses crêtes, la membrane se rompt, tandis que la matrice offre soit une augmentation de sa densité, soit une diminution de son osmiophilie.

La matrice peut se répandre dans le cytoplasme tandis que les membranes mitochondriales disparaissent.

Mais il est également possible qu'une vacuole autophagique [1] se forme et séquestre les débris mitochondriaux qui seront lysés.

VI. – ACCUMULATION INTRAMITOCHONDRIALE DE PRODUITS CYTOPLASMIQUES EXEMPLE : LE GLYCOGÈNE

Habituellement, le glycogène *n'existe que dans le cytoplasme* et n'est associé à aucun organite. Il se présente dans le cytoplasme sous deux formes :
- une forme β (monoparticulaire) : ce sont des granulations isolées d'un diamètre compris entre 150 et 400 Å;

(1) Voir Lysosomes : 9e partie.

– une forme α, où les particules β sont groupées en rosette dont le diamètre varie entre 1 000 et 2 000 Å.

■ ***Son accumulation intramitochondriale.*** – Dans certaines conditions pathologiques, le glycogène occupe l'un des compartiments de la mitochondrie, probablement le compartiment externe (aucune certitude n'existe en raison des profondes altérations subies par l'organite).

Du glycogène intramitochondrial a été observé dans des *cardiopathies.*

Il est possible expérimentalement de provoquer l'accumulation intramitochondriale de glycogène. Des chiens sont soumis à une anoxie provoquée par arrêt cardiaque après clampage de l'aorte pendant une durée de 30 à 40 minutes. La circulation cardio-pulmonaire est totalement détournée pendant toute cette période sur un cœur artificiel. Cette anoxie de 30 à 40 minutes provoque l'accumulation de particules de glycogène d'un diamètre de 250 à 400 Å, en quantité très variable d'une mitochondrie à une autre.

■ ***Mécanisme d'accumulation.*** – Le mécanisme d'accumulation du glycogène dont le poids moléculaire est considérable (plusieurs millions), est difficilement compréhensible puisque nous savons que les membranes mitochondriales sont peu perméables.

On admet donc actuellement et sans aucune preuve directe :
- que les enzymes nécessaires à la synthèse du glycogène et dont la localisation est intracytoplasmique (en fait dans le hyaloplasme) sont solubilisées,
- que la perméabilité de la membrane externe est considérablement augmentée,
- que les enzymes solubilisées diffusent dans le compartiment externe,
- et que la synthèse du glycogène s'y opère grâce aux molécules de glucose qui y ont pénétré.

VII. – LES INCLUSIONS

■ ***Définition.*** – Ce sont des formations (non limitées par une membrane) cristallines, paracristallines, lamellaires, filamenteuses, tubulaires ou ayant la forme de figures myéliniques, situées dans la matrice (fig. 100).

■ ***Conditions d'apparition.*** – Ces inclusions ont été fréquemment observées dans les mitochondries des cellules hépatiques humaines.

Elles sont extrêmement fréquentes au cours de processus pathologiques (cholostase, hépatite virale, alcoolique, diabète, amyloïdose).

Leur signification est mal connue.

B. – LES MITOCHONDRIES DES CELLULES CANCÉREUSES

Les mitochondries montrent des variations numériques et structurales, mais aucune n'est spécifique.

I. – VARIATIONS NUMÉRIQUES

L'étude quantitative des mitochondries des cellules néoplasiques est décevante puisque dans certains types de cellules cancéreuses, leur nombre est augmenté, alors que dans d'autres, il est diminué. Le nombre des mitochondries peut aussi varier pour les cellules de la même tumeur.

Le nombre des mitochondries de la cellule cancéreuse dépend de sa richesse dans le tissu normal dont elle est issue.

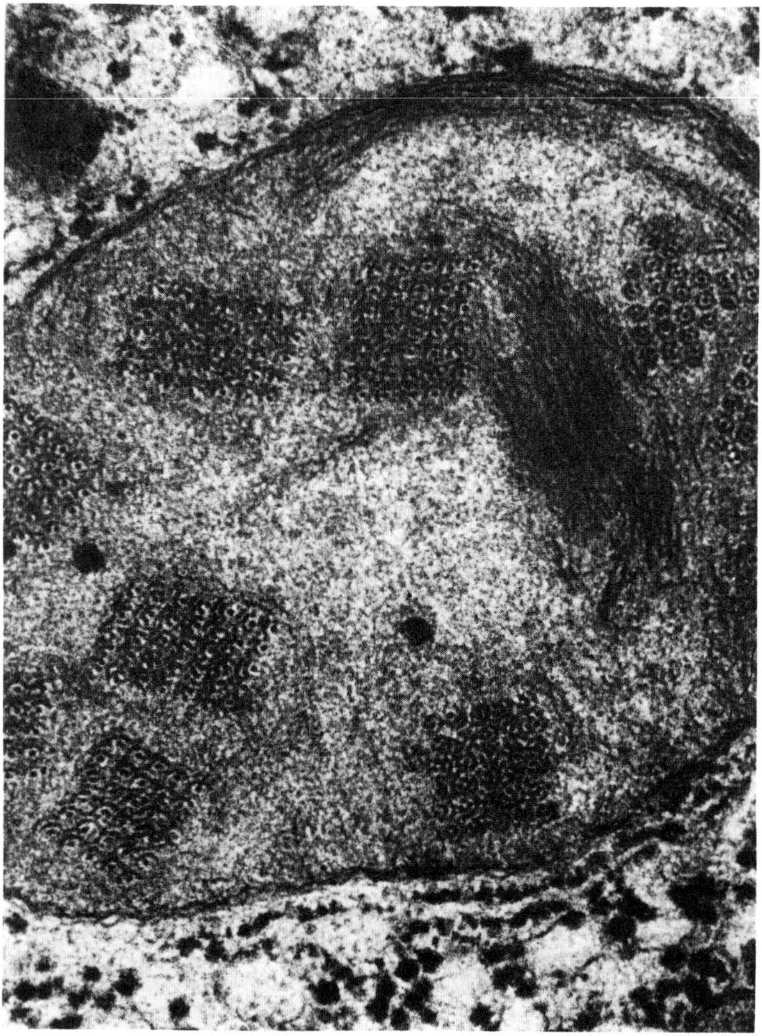

FIG. 100. – *Mitochondrie hypertrophiée contenant des inclusions de divers types* (X 82 500).
(Cliché de G. FELDMANN; *Path. Biol.*, *16*, 21, 1968, 943-956.)

II. – ALTÉRATIONS STRUCTURALES

Aucune altération structurale n'est spécifique du cancer car toutes s'observent aussi dans des cellules pathologiques non cancéreuses.

La tuméfaction trouble, dont nous avons parlé dans le paragraphe précédent, et dont les causes sont multiples, est la modification la plus fréquente, sans que pour cela il soit possible de lui attribuer une quelconque valeur de spécificité. Mais elle n'est pas la seule.

Il est bien évident que certains cancers, comme le cancer du rein à cellule claire, certains sarcomes (les oncocytomes, la tumeur de Whartin et le cystadénome lymphomatosum de la parotide) ont des mitochondries dont les anomalies sont superposables. Il s'agit d'anomalies :

- de taille (2 μ de diamètre pour 4 μ de longueur),
- de forme (formes très irrégulières, expansions latérales, bourgeonnement, constriction...),
- de la matrice dont la densité est augmentée,
- des crêtes qui se disposent concentriquement à la périphérie.

Par contre, certains cancers ne montrent que peu d'altérations des mitochondries, comme en témoignent les hépatocytes des hépatomes.

7

LE RÉTICULUM ENDOPLASMIQUE

A. – DÉFINITION

Le reticulum endoplasmique est un système de saccules ou de canalicules (limités par des membranes de nature lipoprotéique) comprenant deux compartiments qui communiquent l'un avec l'autre, mais qui diffèrent par leur constitution et leurs fonctions.

Ces deux compartiments sont :
- le reticulum endoplasmique granulaire (REG),
- le reticulum endoplasmique lisse (REL).

Ces deux compartiments intercommunicants ont un constituant commun de type membranaire, d'une épaisseur de 50 à 60 Å, dont la structure est comparable aux autres cytomembranes.

Ils diffèrent par la forme des cavités limitées par ces membranes et par la présence sur la face externe, dans le cas du REG, de granulations, les ribosomes qui y sont accolés (fig. 101).

B. – STRUCTURE LAMELLAIRE DU RETICULUM ENDOPLASMIQUE GRANULAIRE

Les éléments caractéristiques du REG sont de fines lamelles composées de deux membranes unies sur leur bord et limitant une cavité en forme de sac aplati (saccule) plus ou moins distendu.

La disposition, le nombre des saccules varient en fonction de la nature de la cellule et de l'importance de son activité.

A

B

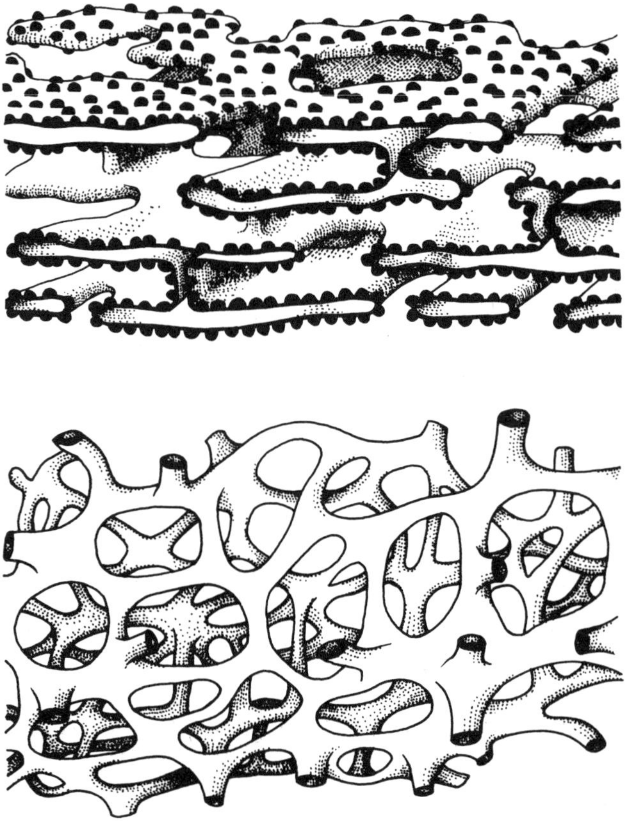

FIG. 101. – *Schéma tridimensionnel du réticulum endoplasmique granulaire et du réticulum endoplasmique lisse.*
A : réticulum endoplasmique granulaire;
B : réticulum endoplasmique lisse.

Lorsque le REG est très développé, la disposition des saccules est systématisée : ils sont orientés, parallèles les uns aux autres, circonscrits ou non à certains territoires de la cellule. Dans les cellules glandulaires des acini du pancréas, de la parotide ou de la sous-maxillaire, tous les saccules occupent la partie basale du cytoplasme (fig. 102).

Leur quantité est telle qu'ils confèrent à cette région de la cellule un aspect « feuilleté » en microscopie optique.

Dans les hépatocytes, les saccules se groupent pour former les corps de Berg. Ils ont souvent une disposition concentrique.

Dans les cellules nerveuses (cellules multipolaires de la corne antérieure de

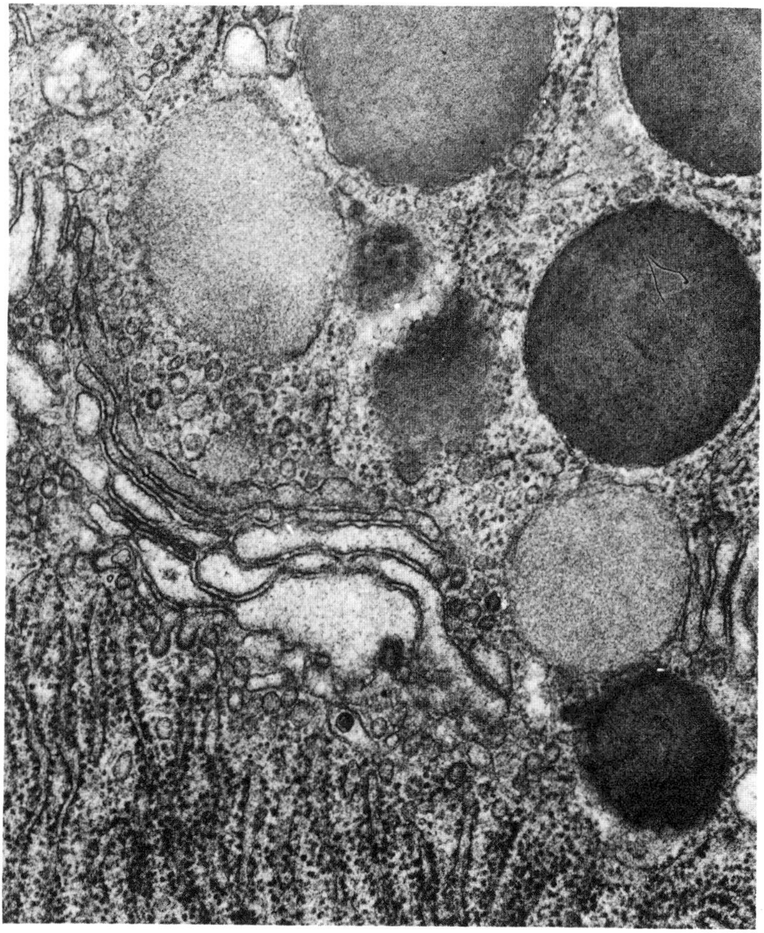

FIG. 102. – *Saccule du réticulum endoplasmique granulaire.* Noter l'orientation des saccules et la présence des ribosomes sur la face externe des membranes (X 41 760). (Cliché de H. MOE et F. BOJSEN MOLLER; *J. Ultrastr. Res., 36,* 1971, 127-148.)

la moelle épinière), les saccules se réunissent dans des territoires de petite dimension, qui correspondent au corps de Nissl de la microscopie optique.

Dans les plasmocytes, ils occupent tout le cytoplasme : leur trajet affecte des courbes concentriques par rapport au noyau.

Les cellules moins actives contiennent aussi des saccules, mais plus rares et disséminés dans l'ensemble du cytoplasme.

C. – LA STRUCTURE TUBULAIRE DU RETICULUM ENDOPLASMIQUE LISSE

Par contraste avec la constitution lamellaire du REG, le REL est formé d'un « labyrinthe de fins canalicules interconnectés », qui s'infiltrent dans tout le cytoplasme.

Il n'y a pas de ribosomes sur la face externe de ses membranes.

Le REL a la propriété, contrairement au REG, d'établir d'étroits contacts avec les mitochondries, les dépôts de glycogène et les peroxysomes.

En résumé, le REG a une organisation sacculaire : ses membranes sont recouvertes par les ribosomes. Le REL est un réseau de tubules anastomosés, caractérisé par l'absence de ribosomes.

D. – CONSTITUTION CHIMIQUE DES MEMBRANES DU RETICULUM ENDOPLASMIQUE

Les techniques d'ultracentrifugation différentielle isolent les membranes du reticulum endoplasmique sous la forme de petites vésicules, les microsomes, recouvertes ou non de ribosomes (fig. 103).

L'analyse biochimique de ces membranes (traitées préalablement par la ribonucléase pour éliminer les ribonucléoprotéines) révèle que les membranes du reticulum endoplasmique contiennent :

- des protéines de structure et des lipides (30 à 50 %),
- des enzymes nécessaires à la synthèse des protéines, au métabolisme des lipides, aux phénomènes de détoxification.

Le REL et le REG sont intercommunicants : bien qu'il soit difficile de séparer les membranes du REL et du REG, il semble que la constitution biochimique de ces deux systèmes soit différente; ainsi :

- la teneur en phospholipides est plus élevée dans le REL que dans le REG;
- le rapport quantité de phospholipides/quantité de cholestérol est de 15 pour le REG et de 4 pour le REL;
- la glucose 6 phosphatase est surtout localisée dans le REG;
- la 5' nucléotidase est située essentiellement dans le REL.

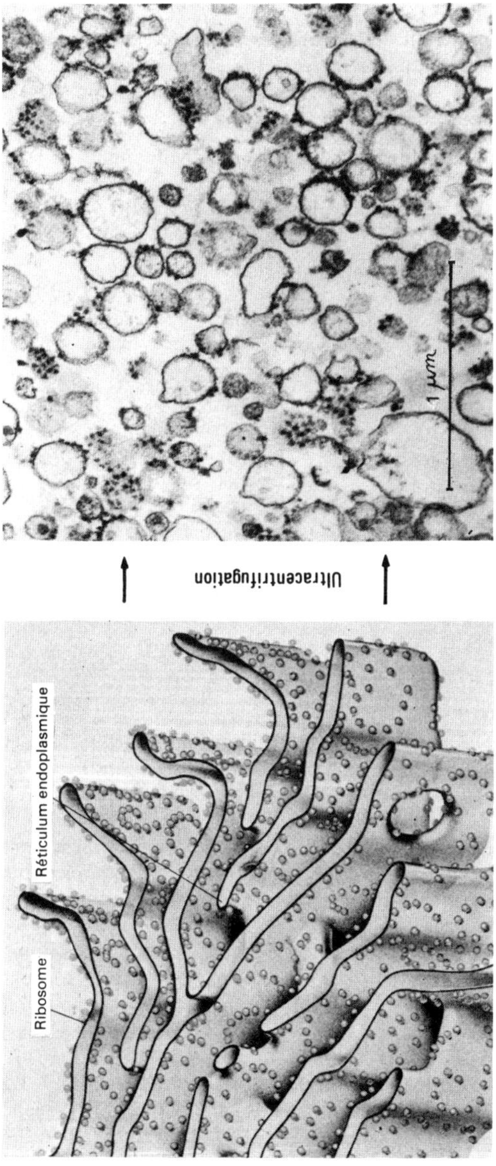

FIG. 103. – *Microsomes* (voir p. 160) (× 30 000). (Avec l'autorisation de G. W. RICHTER.)

E. – LES RIBOSOMES

■ ***Définition.*** – Les ribosomes sont des particules compactes, constituées de ribonucléoprotéines, accolées ou non à la face externe des membranes du reticulum endoplasmique, qui assurent la synthèse des protéines en assemblant des acides aminés dans un ordre prédéterminé.

■ ***Caractères.*** – Leur forme est universelle : en coupe longitudinale, ils sont légèrement elliptiques.

Les techniques de coloration négative révèlent qu'un sillon transversal, perpendiculaire au grand axe de la particule, la divise en deux sous-unités de dimensions inégales (fig. 104).

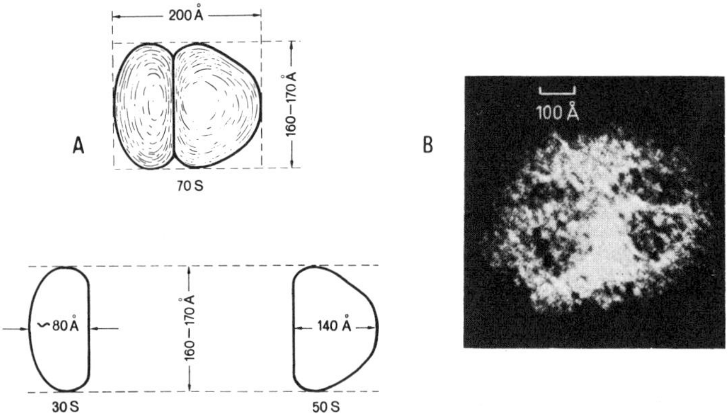

FIG. 104. – *Ribosome de Prokaryote.*
A : représentation schématique d'un ribosome avec ses deux sous-unités et de leurs dimensions;
B : 2 ribosomes observés en microscopie électronique après coloration négative.

L'ultracentrifugation différentielle isole ces deux sous-unités, dont il est alors possible de déterminer les composants. Les sous-unités sont associées de manière que leur axe soit perpendiculaire au sillon les séparant : la somme des axes est égale au grand axe du ribosome.

Le côté de la plus grande sous-unité, appliquée contre la petite sous-unité, ressemble à un dôme dont la base est accolée à la face plane ou le plus souvent concave de la petite particule.

Leur poids moléculaire est de 4 à 5×10^6. Ils mesurent (ribosomes desséchés) $240 \times 200 \times 200$ Å.

Chaque sous-unité a une constante de sédimentation de 65 S et 40 S [(1)]. La sous-unité 65 S a une forme ovoïde, sauf au niveau de la face sur laquelle

(1) Chez les Vertébrés Supérieurs.

s'accole la petite sous-unité (40 S) qui est occupée sur la partie médiane par un sillon. La sous-unité 40 S a la forme d'une ellipsoïde allongée de 95 × 170 Å.

La grande sous-unité est formée de protéines et de RNA en quantité équivalente; elle contient deux types de rRNA : un rRNA 28 S et un rRNA 5 S. La petite sous-unité renferme un rRNA 18 S.

F. – LES POLYSOMES OU POLYRIBOSOMES

Les polysomes sont des formations constituées par une molécule de RNA messager sur laquelle se fixent plusieurs ribosomes; ils sont soit fermement attachés aux membranes du reticulum endoplasmique, soit libres.

La molécule de RNA messager a une longueur variable. Le RNA messager des réticulocytes, qui transmet les informations pour la synthèse de l'hémoglobine, a une longueur de 26 000 Å; son diamètre est de 10 à 15 Å.

Pour certains auteurs, les ribosomes sont accolés à la molécule de mRNA par la petite sous-unité de 40 S, au voisinage de son bord libre; pour d'autres, le mRNA passerait entre les deux sous-unités (fig. 105).

Les ribosomes sont distants de 50 à 150 Å.

Les ribosomes et la molécule de RNA messager établissent des rapports étroits (la zone de contact sur la sous-unité a une longueur d'une centaine

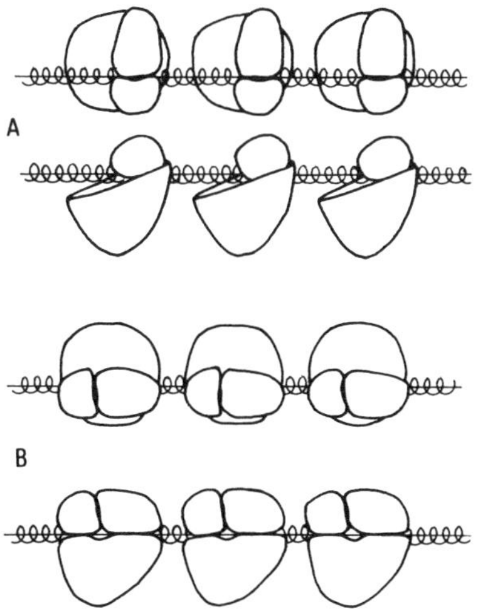

FIG. 105. – *Polyribosomes.* Le trait en hélice représente la molecule de mRNA. La molécule de mRNA passerait entre les deux sous-unités, soit en suivant le sillon de la sous-unité 65 S (A), soit perpendiculairement à ce sillon (B).

d'Å) : chaque petite sous-unité entre en contact avec 25 à 30 nucléotides de la molécule de mRNA.

En fin de synthèse, les ribosomes des polysomes non liés à la membrane deviennent libres et indépendants.

Par contre, les ribosomes des polysomes liés à la membrane du reticulum endoplasmique restent adhérents à la membrane. Cette adhérence à la membrane des ribosomes dépendrait du Mg^{++} et de la longueur de la chaîne protéique synthétisée, car son inhibition par des antibiotiques en présence de K^+ augmente le nombre des ribosomes libres (fig. 106).

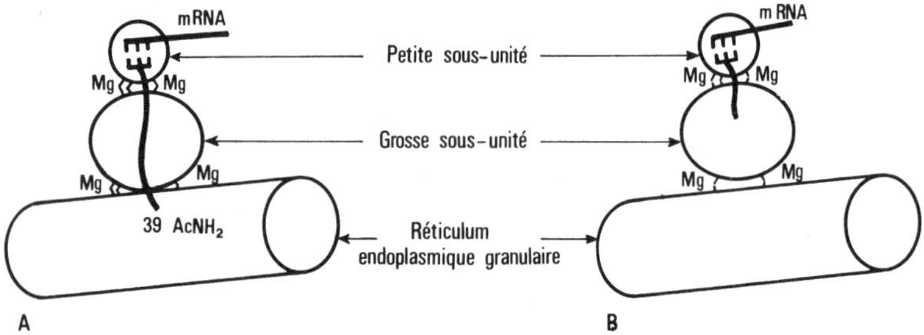

FIG. 106. – A : la molécule synthétisée par le ribosome doit posséder 39 résidus d'acides aminés pour que son extrémité atteigne la membrane du réticulum endoplasmique; B : en présence de puromycine, les synthèses protéiques ribosomales s'arrêtent de telle sorte qu'après un certain délai, le nombre des ribosomes porteurs, dans le milieu, de polypeptides contenant moins de 39 acides aminés a augmenté. La protéine ne peut plus unir le ribosome au réticulum endoplasmique, mais les ions Mg^{++} encore présents servent de lien.

Les polyribosomes libres dans le hyaloplasme élaborent des protéines destinées à la cellule.

Par contre, les polyribosomes liés à la membrane synthétisent des protéines qui seront excrétées (dans la glande mammaire au repos, les polyribosomes sont libres, tandis qu'au cours de la lactation, ils sont liés aux membranes du reticulum).

G. – ROLE DES RIBOSOMES DANS LA PROTÉOGENÈSE

La protéogenèse est l'ensemble des réactions biochimiques qui, utilisant comme matériaux les acides aminés [1], aboutit à la formation de protéines.

Les protéines sont des macromolécules spécifiques, c'est-à-dire caractéristi-

(1) Les protéines sont formées d'une vingtaine d'acides aminés de formule générale $H_2N - CH - R - COOH$.

ques de l'espèce. En fait, la spécificité des protéines va plus loin, puisqu'elles sont spécifiques non seulement de l'individu, mais aussi de la cellule.

Elles diffèrent entre elles par la disposition, l'arrangement des acides aminés.

Pour une protéine déterminée d'un individu donné, l'ordre des acides aminés sera toujours le même.

Comment peut-on expliquer ce fait?

Le DNA est porteur des informations nécessaires à la mise en place d'un acide aminé en position correcte dans l'enchaînement polypeptidique. Mais il est situé dans le noyau, alors que la synthèse protéique se déroule dans le cytoplasme grâce aux ribosomes qui associent les acides aminés les uns aux autres.

Il est donc indispensable que l'information génétique nucléaire soit transférée au ribosome. Le transfert s'effectue grâce à une molécule de RNA qui sert de messager.

Les informations que contient le DNA sont *transcrites* sous forme de RNA.

La transcription est la synthèse d'une copie complémentaire d'un des brins de DNA sous la forme d'une molécule de RNA qui porte l'information génétique du DNA.

Le ribosome a pour rôle essentiel de lire le message venant du DNA, et de le traduire, cette traduction s'exprimant par la synthèse de protéines.

L'information génétique est conservée sous la forme d'un code basé sur le fait que chaque brin d'une molécule d'acide nucléique est composé de séquences d'adénine, de cytosine, de guanine et de thymine (A. C. G. T.).

Les protéines sont constituées de vingt acides aminés différents. Avec seulement quatre signes A, C, G, T (ou plus simplement 1, 2, 3, 4 pour les commodités de l'exposé), la molécule de DNA est capable d'ordonnancer en séquences précises les acides aminés.

Supposons donc que nous ayons à nous exprimer par code avec 4 chiffres. Il faudra coder toutes les lettres de l'alphabet : il est évident qu'en utilisant 1 chiffre par lettre, nous ne codons que 4 lettres, avec 2 chiffres, 16 lettres. Par contre, si nous utilisons 3 chiffres pris parmi les 4 proposés, le nombre de combinaisons est tel que nous pouvons coder la totalité de l'alphabet (64 combinaisons possibles).

Le code génétique est donc constitué par des triplets ou codons, groupe de trois bases prises parmi les quatre du DNA (A. C. G. T.). Ces codons se succèdent tout au long du brin de DNA (il existe 64 codons différents). L'ordre des codons préside à l'assemblage des acides aminés dans un ordre déterminé.

La traduction se fait grâce à une machinerie capable de lire la molécule de mRNA et d'associer les acides aminés les uns aux autres. Cette machinerie comprend :

- des enzymes d'activation, les amino-acyl RNA synthétases qui lient l'ATP et un amino-acide spécifique (cette liaison est riche en énergie) :

  $$\text{ES} + \text{Ac. NH}_2 + \text{ATP} \leftrightarrow \underset{\text{adénylaminoacide}}{\text{ES. AMP. Ac. NH}_2} + 2\text{Pi}$$

  (ES = une aminoacyl tRNA synthétase)
- des RNA de transfert (tRNA aussi appelés sRNA) qui fixent chacun par liaison covalente un acide aminé et le transportent vers le mRNA :

  $$\text{ES. AMP. Ac. NH}_2 + \text{tRNA} \leftrightarrow \text{Aminoacyl tRNA} + \text{ac. adénylique}$$
- les ribosomes qui réunissent les tRNA chargés de leurs acides aminés (aminoacyltRNA) et permettent l'association de ces derniers en une chaîne peptidique, en fonction des informations apportées par le mRNA.

FONCTIONNEMENT DU RIBOSOME

La synthèse protéique réalisée par le ribosome se décompose en 3 phases :
- la phase d'initiation,
- la phase d'élongation,
- la phase de terminaison.

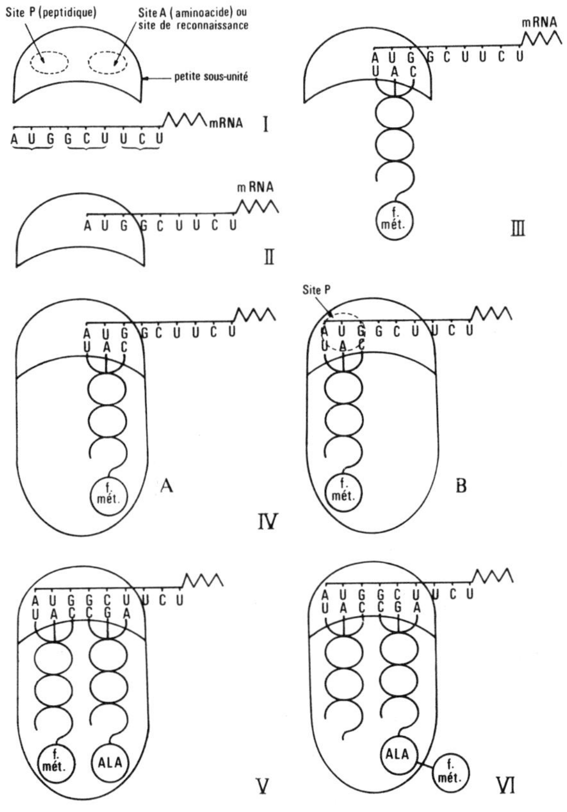

FIG. 107.

I : *phase d'initiation :* la petite sous-unité est séparée de la grande sous-unité;
II : *phase d'initiation :* formation du complexe mRNA – petite sous-unité;
III : *phase d'initiation :* signal de début de lecture; le N-formyl-méthionyl tRNA se fixe sur le codon de début de lecture AUG;
IV A : *phase d'initiation :* fixation de la sous-unité 50 S sur la petite sous-unité;
IV B : *fin de la phase d'initiation :* le ribosome a glissé le long du mRNA de manière à amener le f mét tRNA au site peptidique.

■ ***La phase d'initiation.***

a) **Formation du complexe d'initiation.** – Les protéines sont synthétisées sur le ribosome qui est le centre des réactions (ces réactions nécessitent la présence de plusieurs cofacteurs enzymatiques). Chez Escherichia coli, il a été démontré que le ribosome se dissocie en ses deux sous-unités avant la fixation du mRNA (fig. 107 A).

Le mRNA se fixe sur la petite sous-unité en présence de Mg^{++} et d'un facteur d'initiation F_3 (complexe II du schéma) (fig. 107 B).

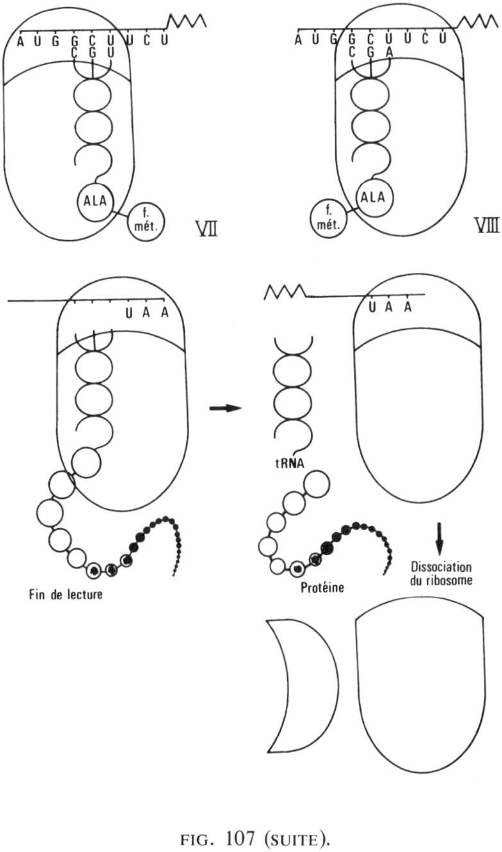

FIG. 107 (SUITE).

V : *phase d'élongation :* l'alanyl tRNA se fixe sur le codon suivant GCU placé dans le site A;

VI : *phase d'élongation, transpeptidation :* la méthionine est transférée du f mét tRNA au radical aminé libre de l'alanine;

VII et VIII : *phase d'élongation, translocation :* le tRNA qui était porteur de la f mét est libéré en même temps que le ribosome glisse pour amener le codon suivant UCU au site A;

IX : *phase de terminaison :* le signal de fin de lecture UAA se place sur le site A; la molécule protéique synthétisée est libérée en même temps que le ribosome est dissocié en ses deux sous-unités.

b) **Signal de début de lecture : le codon AUG.** – Le début de la lecture du mRNA par le ribosome correspond toujours à la fixation du même acide aminé, un acide aminé initiateur sur l'extrémité 5' du mRNA. Le mRNA est porteur d'un codon indiquant le point à partir duquel il doit être décrypté.

Chez les bactéries, E. coli en particulier, cet acide aminé est la méthionine. Le tRNA la transporte sous la forme de N-formyl-méthionyl-tRNA (f. mét. tRNA) : il se fixe par son anticodon UAC en présence des facteurs F_1, F_2 et GTP, sur le codon AUG (codon de début de lecture du mRNA (complexe III). Dans les cellules des Eukaryotes, l'acide aminé initiateur est le même dans le cas de la protéogenèse cytoplasmique (fig. 107 c).

La sous-unité 50 S s'unit à la sous-unité 30 S pour former le complexe IV. Le f. mét. tRNA est fixé au site A *(site amino-acide ou site de décodage)* du ribosome *(le ribosome possède en effet deux sites : un site A et un site P, site peptidique)* (fig. 107 d).

Le ribosome glisse le long du mRNA de manière à placer le f. mét. tRNA au niveau du site peptidique. L'énergie nécessaire est fournie par l'hydrolyse de GTP en GDP + Pi (fig. 107 e).

La phase d'initiation est terminée.

Elle comprend donc :
- la reconnaissance du codon de début de lecture,
- la fixation de l'acide aminé initiateur au site A par l'intermédiaire du tRNA porteur,
- le déplacement du ribosome qui amène f. mét. tRNA au site P.

■ ***La phase d'élongation*** (1). – Au cours de la phase d'élongation, les tRNA chargés de leur acide NH_2, se fixent sur le codon correspondant du mRNA occupant le site A. Ceci implique donc que les tRNA reconnaissent les codons.

Cette phase de reconnaissance nécessite la présence du facteur Tu, Ts et de GTP. Reconnu, le complexe Tu-GTP-alanyl tRNA (si l'alanine est le deuxième acide aminé de la chaîne peptidique à synthétiser) se lie alors au codon GCU du mRNA pour former le complexe V (fig. 107 f).

Une transpeptidation se produit ensuite : la méthionine est transférée du f. mét. tRNA au radical aminé libre de l'alanine, pour former f. mét. ala. (VI). Cette transpeptidation nécessite seulement le ribosome et des ions K^+. L'alanyl-tRNA devient porteur de la f. méthionine (fig. 107 g).

La translocation : le tRNA qui était porteur de la f. méthionine est libéré en présence d'un facteur G (translocase) et de GTP (VII), en même temps qu'un mouvement de mRNA et du ribosome l'un par rapport à l'autre (translocation), place f. mét. ala. tRNA (le peptidyl tRNA) au site P, tandis que le codon suivant UCU se place au site A (VIII) (fig. 107 h).

Le tRNA porteur de la sérine se fixe sur le codon UCU.

Une succession de transpeptidations et de translocations aboutit à la synthèse d'une protéine.

■ ***La phase de terminaison.*** – Cette synthèse s'arrête lorsque le codon de fin de lecture UAA apparaît sur le site de reconnaissance A (fig. 107 i).

La protéine est libérée grâce à un facteur de libération, et le ribosome est dissocié en ses sous-unités s'il n'y a pas d'autres cistrons à traduire.

En résumé :
- Le début de la synthèse se caractérise par la formation d'un complexe d'initiation (petite sous-unité mRNA). Un amino-acyl tRNA intiateur se fixe sur le codon de début de lecture, puis la grosse sous-unité s'unit à la première.
- La phase d'élongation survient immédiatement avec ses alternances de transpeptidation et de translocation successive qui lient les acides aminés les uns aux autres.
- La phase de terminaison est déclenchée par le codon de fin de lecture : le ribosome libère la protéine.

(1) Le terme d'élongation caractérise l'allongement de la molécule protéique par addition successive d'acides aminés.

H. – RIBOSOMES ET ANTIBIOTIQUES

La dernière partie de la protéogenèse qui se déroule au niveau du ribosome comporte des phases de reconnaisance ou de transfert, de transpeptidation, de translocation, qui sont sensibles à l'action des antibiotiques : d'où l'importance de la connaissance d'un tel mécanisme dans la lutte contre les bactéries et les maladies qu'elles provoquent, car ils agissent sur les ribosomes bactériens.

■ ***Action sur la phase de transfert.*** – *Les tétracyclines* inhibent la synthèse des protéines aussi bien chez les bactéries que chez les Mammifères. Mais il faut des concentrations beaucoup plus élevées pour bloquer cette protéogenèse chez ces derniers.

Les tétracyclines inhibent la fixation de l'amino-acyl tRNA sur le site A. Le mécanisme précis n'en est pas connu.

■ ***Action sur la transpeptidation.*** – De nombreux antibiotiques agissent sur cette phase :

- le chloramphénicol se fixe sur la sous-unité du ribosome qui catalyse la transpeptidation et interfère avec la fixation d'un peptidyl tRNA;
- la puromycine se fixe sur le site de reconnaissance A, car elle a la même configuration que la portion terminale du tRNA. Son activité est alors identique à celle de la peptidyl transférase, avec ceci de particulier qu'elle fixe la tyrosine sur les groupements peptidyles du pôle D, et que la libération d'une molécule suit la formation du peptide de peptidyl puromycine.

Ces deux antibiotiques sont extrêmement actifs : l'un, le chloramphénicol, est spécifique des bactéries; l'autre, la puromycine, n'est pas électif : il est redoutablement toxique, donc inutilisable en thérapeutique.

Le chloramphénicol, par contre, se révèle être un antibiotique de choix, mais il faut savoir qu'il agit aussi sur les ribosomes mitochondriaux, de la même manière que celle précédemment décrite, et qu'il stoppe les synthèses protéiques. Ceci explique pourquoi, chez certains patients, le chloramphénicol bloque l'hématopoïèse et provoque une pancytopénie.

■ ***Action sur la translocation.*** – La streptomycine perturbe la synthèse protéique en se fixant à un protide sur la petite sous-unité du ribosome, et provoque la synthèse de protéines anormales : les bactéries formées ne sont pas viables.

La fucidine bloque la translocation.

I. – RAPPORTS DU RETICULUM ENDOPLASMIQUE AVEC LES AUTRES CONSTITUANTS CELLULAIRES

Le reticulum endoplasmique s'ouvre à l'extérieur de la cellule, mais ces ouvertures sont temporaires. Il communique avec l'espace périnucléaire. Il est souvent en rapport étroit avec les mitochondries : l'action couplée mitochondrie – reticulum endoplasmique joue un rôle important dans les synthèses cellulaires. Il est en rapport avec la face de formation de l'appareil de Golgi (voir 8e partie).

J. – FONCTIONS DU RETICULUM ENDOPLASMIQUE

I. – FONCTIONS DE TRANSPORT

Le reticulum endoplasmique assure le transport :
- d'électrolytes,
- d'électrons grâce à un système de transfert extramitochondrial,
- de substances élaborées par la cellule, dans toute la cellule, depuis l'espace périnucléaire jusqu'au milieu extracellulaire.

II. – FONCTIONS DE SYNTHÈSE

■ ***Synthèse des protéines.*** – Le rôle du REG dans la synthèse des protéines a été étudié précédemment avec les fonctions du ribosome. Les protéines élaborées par ces organites pénètrent dans les cavités du reticulum endoplasmique.

■ ***Synthèse des lipides.*** – Le REL est responsable de la synthèse des lipides. Il est très abondant dans les glandes sébacées, dans les spongiocytes, les lutéocytes... bref, partout où la synthèse des lipides est très active.

Il intervient par exemple dans la synthèse des stéroïdes (hormones dérivés du cholestérol). Le REL est capable de synthétiser cette molécule complexe à partir de l'acétate de sodium. Le cholestérol qui sert de noyau pour la synthèse des stéroïdes est stocké dans les liposomes en attendant son utilisation par les mitochondries.

■ ***Synthèse des glycoprotéines.*** – La fraction protéique est synthétisée par le REG, mais certains sucres comme le N acétylglucosamine, sont incorporés par le REL, puis transportés et combinés aux protéines.

■ ***Synthèse des membranes.*** – Ce système membranaire hautement différencié, où se synthétisent les phospholipides et les protéines, est à l'origine de la formation des membranes de la cellule. L'étude de la cytodifférenciation indique que l'apparition du REG précède celle du REL.

Les protéines et les phospholipides sont assemblés dans le REG, puis transportés pour constituer le REL. La quantité de phospholipides synthétisés est réglée par la quantité de protéines capables de se lier aux phospholipides, ce qui signifie que la quantité de nouvelles membranes synthétisées est déterminée par la quantité de protéines disponibles dans le REG où la liaison phospholipides – protéines s'effectue.

La synthèse des membranes du REL pourrait s'effectuer aussi sur place, sans qu'il y ait un transfert de membranes (ce concept repose sur l'étude des lésions provoquées par certaines substances toxiques pour la cellule). L'administration de phénobarbital stimule la formation du REL. Les membranes sont synthétisées par le REG qui perd ses ribosomes dès que la synthèse est achevée.

Le blocage de la synthèse protéique par l'actinomycine ou la puromycine d'hépatocytes soumis à un traitement par le phénobarbital, inhibe la synthèse du REL.

III. – FONCTIONS D'EMMAGASINEMENT ET DE STOCKAGE

Le reticulum endoplasmique emmagasine et concentre des substances provenant soit du milieu extracellulaire, soit du milieu intracellulaire.

■ ***Substances d'origine extracellulaire.*** – Les vacuoles de pinocytose captent des substances, protéines par exemple, dans le milieu intercellulaire. Ces vésicules pénètrent dans le hyaloplasme et déversent leur contenu dans des tubes du REG.

■ ***Substances élaborées par la cellule.*** – Dans le cas de l'hépatocyte, les grains lipoprotéiques élaborés par la cellule se concentrent, s'accumulent et sont mis en réserve temporaire dans des expansions vésiculaires du reticulum endoplasmique lisse.

Mais, l'exemple le plus frappant, est certainement celui des plasmocytes qui élaborent les anticorps grâce à un REG très développé.

Les plasmocytes des animaux hyperimmunisés contiennent de grandes quantités d'anticorps dans des vacuoles, les corps de Russel, dont les membranes appartiennent au reticulum endoplasmique.

8

APPAREIL DE GOLGI

La découverte de cet organite est due à Golgi en 1898. L'imprégnation de cellules de Purkinje de Chouette par des sels d'argent révèle un réseau périnucléaire auquel il donne le nom « d'appareil réticulaire interne ».

A. – L'APPAREIL DE GOLGI EN MICROSCOPIE PHOTONIQUE

I. – LA FORME
(fig. 108 et 109)

La forme de l'appareil de Golgi est extrêmement variable d'une cellule à une autre; dans la même cellule aussi, car la forme semble varier avec le cycle fonctionnel.

On le décrit tantôt comme un réseau dense formé par des trabécules anastomosées, tantôt comme une plaque irrégulièrement fenêtrée, tantôt comme des sphères unies les unes aux autres, et tantôt comme un anneau.

Dans les cellules glandulaires, il constitue un réseau très dense. Cette forme, en dépit de sa variabilité, est caractéristique de chaque type cellulaire. Il semble que sa structure soit liée à l'organisation de la cellule.

Dans de nombreux cas, l'appareil de Golgi apparaît fragmenté en granules plus ou moins dispersés dans le cytoplasme. Ce phénomène s'observe au cours de certains stades fonctionnels, et avec une très grande fréquence dans les états pathologiques.

La fragmentation en fins granules (auxquels on donne le nom de dictyosomes, ou golgiosomes) s'effectue normalement au cours de la mitose : il s'agit là d'un processus qui favorise la dispersion du matériel de l'appareil de Golgi et assure la distribution, en quantités équivalentes, de ce matériel entre les deux cellules filles.

FIG. 108. – *Cellule glandulaire.* Réseau de Golgi.

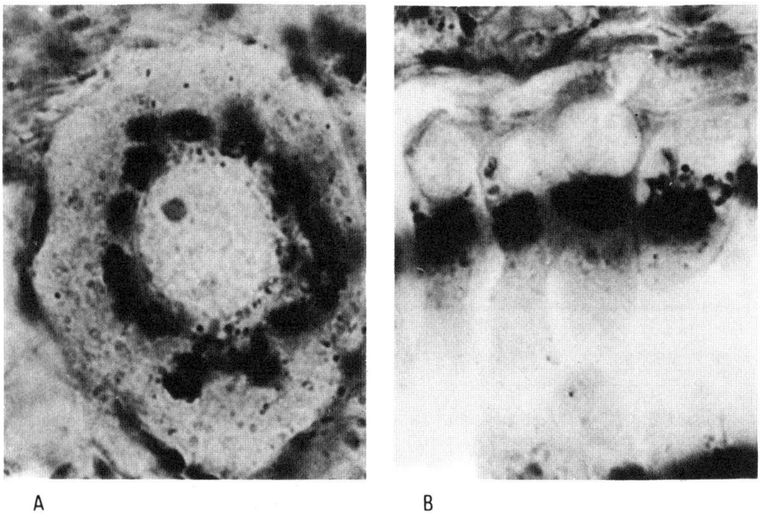

FIG. 109. – *Imprégnation par la technique au tétraoxyde d'osmium – iodure de zinc* (technique de M. MAILLET) (X 1 530).

A : cellule ganglionnaire spinale;

B : cellules glandulaires.

(Cliché du Service de Microscopie électronique, Département de Biologie humaine, Tours.)

II. – LA TAILLE

Elle est généralement très variable. Très important dans les cellules glandulaires ou nerveuses, l'appareil de Golgi est petit dans les cellules musculaires. Cette taille varie avec le cycle fonctionnel : très développée dans les cellules en hyperactivité, peu développée dans les cellules au repos ou hypoactivité. Au cours du vieillissement cellulaire, l'appareil de Golgi diminue progressivement pour disparaître.

III. – LA POSITION

Elle est relativement fixe pour chaque type cellulaire.

Dans les cellules d'origine ectodermique, l'appareil de Golgi est polarisé, placé entre le noyau et la périphérie de l'épithélium.

Dans les cellules à sécrétion exocrine, on observe aussi une polarisation de l'appareil de Golgi, placé entre le noyau et le pôle apical ou excréteur.

Dans les glandes endocrines, la disposition est variable, sauf cependant dans la thyroïde où l'appareil de Golgi est placé entre le noyau et le centre de la vésicule. Mais, au cours du fonctionnement des cellules thyroïdiennes, la position de l'appareil de Golgi varie. Il semble que, si l'appareil de Golgi subit des déplacements, ceux-ci sont sous la dépendance de facteurs mécaniques.

B. – L'APPAREIL DE GOLGI EN MICROSCOPIE ÉLECTRONIQUE

L'apport considérable réalisé par des travaux récents (Rambourg) nous oblige à donner de l'appareil de Golgi deux descriptions :

- l'une classique, qui correspond à celle de l'appareil de Golgi étudié sur coupe mince,
- l'autre, récente, qui montre la structure tridimensionnelle de cet organite.

DESCRIPTION CLASSIQUE DE L'APPAREIL DE GOLGI

■ ***Définition.*** – C'est un organite dont les unités élémentaires sont les citernes fenêtrées, empilées, carrefour de la circulation des cytomembranes, qui joue un rôle essentiel dans le transfert et l'emballage des protéines élaborées par le reticulum endoplasmique, dans la synthèse des glycoprotéines et des mucopolysaccharides.

■ ***Organisation ultrastructurale de l'appareil de Golgi.*** – L'appareil de Golgi, à l'échelle ultrastructurale, a deux niveaux d'organisation :

- la citerne,
- le dictyosome.

a) **La citerne.**

A. DEFINITION. – C'est l'unité de base du dictyosome.

B. STRUCTURE. – Elle a la forme d'un compartiment aplati et fenêtré, limité par des membranes lisses, d'un diamètre de 0,5 à 1 μ. Ce compartiment se prolonge à la périphérie par des tubules de 300 à 500 Å de diamètre, disposés en un réseau complexe pouvant s'étendre à plusieurs microns du bord de la citerne.

b) **Le dictyosome** (fig. 110).

A. DEFINITION. – C'est un sytème lamellaire formé par l'association ou l'empilement de plusieurs citernes ou saccules.

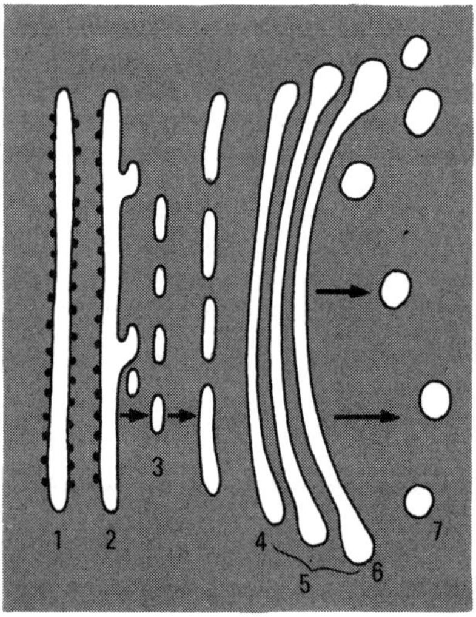

FIG. 110. – *Origine des citernes du dictyosome :*
1 : réticulum endoplasmique; 2 : bourgeonnement et vésiculisation du réticulum endoplasmique; 3 : vésicules de transition; 4 : face de formation du dictyosome; 5 : citernes du dictyosome; 6 : face de maturation; 7 : grains de sécrétion.

B. STRUCTURE. – Le nombre de citernes est variable, en moyenne de 5 à 8, mais il peut parfois atteindre 30 citernes et même davantage.

Un espace, d'une épaisseur de 100 à 150 Å, sépare chaque citerne de sa voisine (il est totalement dépourvu de ribosome, de glycogène, de même que le hyaloplasme qui entoure chaque dictyosome).

C. POLARITE DU DICTYOSOME. – Chaque dictyosome possède deux faces, entre lesquelles se placent les citernes empilées :

- une face de formation (ou face proximale) convexe, en rapport avec l'enveloppe nucléaire ou le reticulum endoplasmique,
- une face de maturation (face distale) concave, en rapport avec des vésicules ou vacuoles de sécrétion.

A cette polarité morphologique correspond une polarité cytochimique.

La face de formation contient de la thiamine pyrophosphatase et des nucléosides diphosphatases.

Par contre, les glycoprotéines, peu abondantes au pôle proximal, atteignent une concentration maxima sur la face de maturation.

L'imprégnation osmiée colore les structures golgiennes de la face de formation.

■ ***Ultrastructure tridimensionnelle de la face de formation.*** – L'étude sur coupe ultrafine donne l'impression que l'appareil de Golgi est formé d'unités, les dictyosomes.

En réalité, l'examen stéréoscopique de coupes épaisses de 1 et 7 μm sous 1 000 KV a démontré (Rambourg) que la face de formation (c'est-à-dire celle qui contient la thiamine pyrophosphatase et qui s'imprègne par le tétraoxyde d'osmium) est une structure continue, de forme réticulaire (fig. 111 et 112).

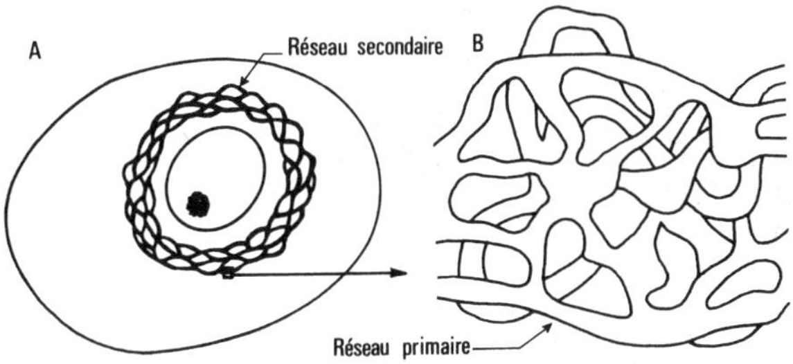

FIG. 111. – *Structure de l'appareil de Golgi* (d'après RAMBOURG). Les mailles du réseau de l'appareil de Golgi vu en microscopie optique (A) sont formées par un système de tubules anastomosés et dessinant des hexagones (B).

C'est le réseau primaire. Des tubules fins, de calibre variable, sont anastomosés les uns aux autres, disposés autour d'espaces polygonaux. Ils dessinent un réseau tridimensionnel complexe.

Les éléments de ce réseau primaire sont groupés et forment les mailles de l'appareil réticulaire interne (ou réseau secondaire de la microscopie optique).

C. – ORIGINE DES DICTYOSOMES AU COURS DE LA CYTODIFFÉRENCIATION

Le dictyosome se forme à partir d'une masse granulo-filamenteuse (ou zone d'extrusion), ou à partir d'une membrane préexistante.

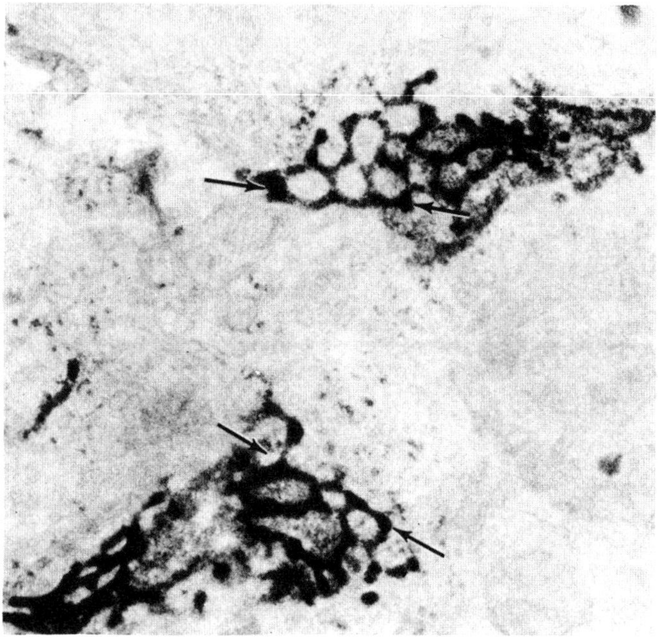

FIG. 112. – *Appareil de Golgi.* Mise en évidence de l'adénosine triphosphatase (coupe épaisse de 0,5 μ; les trois sections de l'appareil de Golgi montrent une disposition hexagonale de tubules anastomosés les uns aux autres (X 38 000).
(Cliché de P. M. NOVIKOFF et coll.; *J. Cell Biol., 50,* 1971, 859-886.)

I. – A PARTIR D'UNE MASSE GRANULO-FILAMENTEUSE

Cette différenciation se divise en :
- une phase précisternale,
- une phase cisternale,
- une phase d'association des dictyosomes.

■ ***La phase précisternale.*** – En l'absence de dictyosome préexistant, les dictyosomes apparaissent dans une zone dite *zone d'extrusion.*

Cette zone d'extrusion est entourée par des éléments du reticulum endoplasmique granulaire et des éléments tubulaires à membrane lisse.

Dans l'oocyte des Vertébrés Supérieurs (Cobaye par exemple) les vésicules apparaissent dans la zone d'extrusion.

Dans les œufs de Grenouille, la zone d'extrusion est occupée par de nombreuses fibres. Cette zone est riche en protéines, bien qu'elle soit totalement dépourvue de ribosomes. Des vésicules naissent également dans cette zone.

■ ***La phase cisternale.*** – Les vésicules s'associent de manière à constituer une seule citerne qui est somme toute l'intermédiaire le plus précoce de la dictyogenèse.

■ ***La phase d'association.*** – Les citernes apparues dans les conditions précédentes s'associent les unes aux autres pour former des appareils de Golgi.

II. – A PARTIR D'UNE MEMBRANE PRÉEXISTANTE

■ ***A partir de la membrane nucléaire.***

a) Par l'intermédiaire d'une microvésiculisation de la membrane externe de l'enveloppe nucléaire.

- Des microvésicules formées par la membrane nucléaire fusionnent afin de constituer un premier saccule fenêtré.
- Les saccules suivants apparaissent selon le même processus. Le dictyosome se complique ainsi progressivement jusqu'à l'apparition des vésicules hérissées.
- L'organite est mûr lorsque les extrémités sacculaires sont délimitées et que les vacuoles de sécrétion apparaissent.

b) Par l'intermédiaire des lamelles annelées. – Cette origine est fortement contestée.

■ ***A partir du reticulum endoplasmique.*** – Ce mode de différenciation, pour beaucoup d'auteurs, ne s'effectuerait pas dans les cellules embryonnaires, mais uniquement dans les cellules déjà différenciées (v. fig. 110).

D. – LE FONCTIONNEMENT DES DICTYOSOMES

I. – DÉFINITION

Le fonctionnement du dictyosome est représenté par l'ensemble des phénomènes qui se déroulent depuis l'apparition de la citerne proximale jusqu'à sa résolution en grains de sécrétion de la citerne distale.

II. ORIGINE DES CITERNES

a) **Le reticulum endoplasmique granulaire.** – Dans les cellules différenciées, les citernes sont formées essentiellement à partir du reticulum endoplasmique. Celles-ci sont disposées parallèlement à la face de formation du dictyosome : elles sont toutes recouvertes de ribosomes, à l'exception de la face la plus proche de la citerne proximale.

b) **Les vésicules de transition.** – Cette face lisse, agranulaire, est le lieu de formation de vésicules par un mécanisme de bourgeonnement de la membrane (v. fig. 110).

Ces vésicules s'unissent en un premier saccule ou saccule proximal.

Les membranes du dictyosome proviennent donc de la fusion de vésicules produites par la face lisse d'une citerne du reticulum endoplasmique granulaire.

III. – L'ÉVOLUTION DES CITERNES

■ ***Le mouvement de translation des citernes.*** – Au cours du fonctionnement de l'appareil de Golgi, de nouvelles citernes sont sans cesse produites.

Elles se déplacent de la face de formation vers la face de maturation, chaque nouvelle citerne « poussant » en quelque sorte la précédente. Le nombre constant des citernes d'un dictyosome dans une cellule modérément active implique leur transformation.

■ ***Leur transformation en vésicules ou vacuoles sécrétrices.*** – La citerne distale, c'est-à-dire celle de la face de maturation, se transforme complètement en vacuoles ou en vésicules remplies de produit de sécrétion.

La perte de citernes au pôle distal est compensée par la formation de citernes au pôle proximal.

■ ***La nature transitionnelle ou intermédiaire du dictyosome.*** – Le rôle de transition de l'appareil de Golgi est évident quand on envisage successivement :

- le renouvellement complet ou turn-over du dictyosome,
- la morphologie et la constitution lipidique des membranes,
- le contenu enzymatique des différentes citernes.

a) **Le turn-over du dictyosome.**

A. MISE EN EVIDENCE. – Il a été étudié grâce à l'emploi de substances marquées.

Les précurseurs membranaires marqués au C^{14} ou le glycérol tritié, sont incorporés dans les membranes du reticulum endoplasmique, puis transitent par l'appareil de Golgi avant de gagner les grains de sécrétion et enfin la membrane plasmique.

B. LA VITESSE DE RENOUVELLEMENT. – Le renouvellement complet de l'appareil de Golgi de chaque dictyosome se fait en 20 à 40 minutes. Il se forme en moyenne une nouvelle citerne toutes les 1 à 4 minutes.

b) **La morphologie.**

A. L'EPAISSEUR MOYENNE DES MEMBRANES DU DICTYOSOME. – Elles sont plus épaisses que celles du reticulum endoplasmique, et moins que celles des grains de sécrétion et de la membrane plasmique.

B. L'EPAISSISSEMENT PROGRESSIF (fig. 113). – Les membranes des différentes citernes du dictyosome n'ont pas la même épaisseur. Elle augmente progressivement de la citerne proximale à la citerne distale.

c) **La constitution lipidique.** – La quantité de sphingomyéline et de stérols augmente depuis la citerne proximale jusqu'à la citerne distale dans une proportion correspondant à la baisse de la quantité de lécithine. Cette évolution de la constitution lipidique est intéressante puisque les membranes de la face

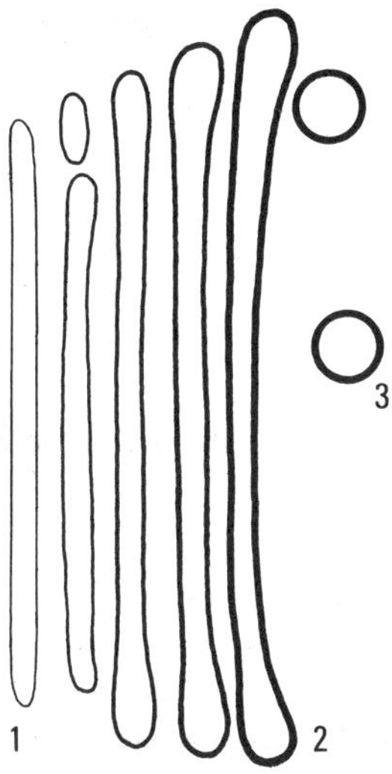

FIG. 113. – *Augmentation d'épaisseur des membranes de citernes golgiennes :*
1 : face de formation;
2 : face de maturation;
3 : grains de sécrétion.

de maturation ont une composition en lipides très voisine de celle de la membrane.

d) **Le contenu enzymatique des citernes.**

A. L'ACTIVITE PHOSPHATASIQUE ACIDE est localisée dans les citernes de la face de maturation.

B. L'ACTIVITE TRIPHOSPHATASIQUE ET DIPHOSPHONUCLEOTIDASIQUE n'existe que dans la face de formation. Cette dernière enzyme joue un rôle important dans l'adjonction des glucides aux protéines sécrétées.

Les citernes subissent donc une transformation importante au cours de leur migration d'une face du dictyosome à une autre, transformation qui souligne sa polarité.

IV. – LE CONTROLE NUCLÉAIRE DE L'ACTIVITÉ DU DICTYOSOME

La forme, la fonction, la formation et l'organisation du dictyosome sont sous contrôle nucléaire.

a) **Mise en évidence chez l'Amibe (Amœba proteus).**

L'énucléation de l'Amibe entraîne une disparition de l'appareil de Golgi en deux jours : elle est précédée par une réduction du nombre et de la taille des citernes. L'appareil de Golgi régénère si on transplante le noyau d'une autre Amibe.

Il en est de même au cours du jeûne ou après traitement par l'actinomycine D, qui en trois ou quatre jours provoque une baisse considérable du nombre des citernes.

b) **Confirmation du phénomène chez les Vertébrés Supérieurs.** – L'actinomycine D administrée chez le Rat, provoque dans les dictyosomes de la glande salivaire, une régression superposable à celle précédemment décrite. Tout rentre dans l'ordre après la cessation du traitement.

E. – FONCTIONS DE L'APPAREIL DE GOLGI

L'appareil de Golgi a des rôles multiples. Il intervient :
- dans le transfert et la concentration des protéines destinées à être excrétées,
- dans la formation de nouvelles membranes,
- dans la synthèse des polysaccharides et des glycoprotéines,
- dans une partie du catabolisme cellulaire.

I. – ROLE DANS LE TRANSFERT DES PROTÉINES ET LEUR CONCENTRATION

La synthèse des protéines a lieu dans le reticulum endoplasmique granulaire grâce à l'activité des ribosomes. Les protéines synthétisées gagnent les dictyosomes, puis les grains de sécrétion. Ce mécanisme a d'abord été mis en évidence dans les cellules pancréatiques exocrines.

■ ***Rôle de l'appareil de Golgi des cellules séreuses pancréatiques.*** – Le pancréas est une glande acineuse séreuse, composée, amphicrine, dont le produit de sécrétion, déversé dans la lumière duodénale, compte essentiellement des protéines enzymatiques.

Les cellules responsables de l'élaboration de ces enzymes sont disposées en acini, formations semblables à des grumes de raisin dont la tige représenterait le canal excréteur. Chaque cellule est conique, triangulaire à la coupe, et repose sur une lame basale qui entoure chaque acinus.

Un riche reticulum endoplasmique granulaire associé à des mitochondries occupe le tiers basal de la cellule, tandis que les dictyosomes de l'appareil de Golgi sont supra-nucléaires. Enfin, les grains de sécrétion appelés grains de zymogène (qui contiennent les diverses enzymes pancréatiques) se répartissent au pôle apical de la cellule.

■ ***Étude de la migration des protéines synthétisées (la migration de la leucine H^3 dans la cellule pancréatique)*** (fig. 114).

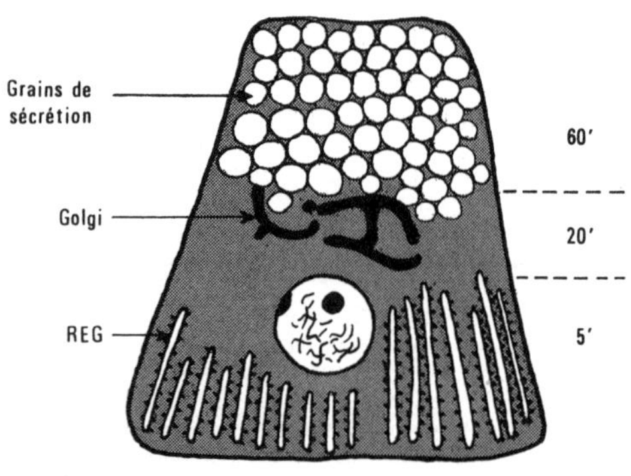

FIG. 114. – *Étude de la migration des protéines synthétisées* (cellule pancréatique). La leucine tritiée apparaît :
- dans le REG 5′ après l'injection,
- dans les citernes golgiennes 20′ après l'injection,
- dans les grains de sécrétion 60′ après l'injection.

La leucine est un acide aminé qui est utilisé dans la synthèse des protéines enzymatiques. La leucine tritiée est incorporée dans le reticulum endoplasmique environ 5 minutes après son injection intraveineuse.

Après 20 minutes, les citernes proximales de l'appareil de Golgi sont marquées : les grains de sécrétion le sont une heure après.

– **Interprétation de cette migration :**

La synthèse des enzymes pancréatiques se fait donc dans le reticulum endoplasmique granulaire.

Les protéines sont transférées vers l'appareil de Golgi par le reticulum endoplasmique.

L'appareil de Golgi concentre les produits élaborés. Il les transforme en grains de sécrétion en leur fournissant ses propres membranes.

II. – PARTICIPATION DE L'APPAREIL DE GOLGI A LA FORMATION DE NOUVELLES MEMBRANES (fig. 115)

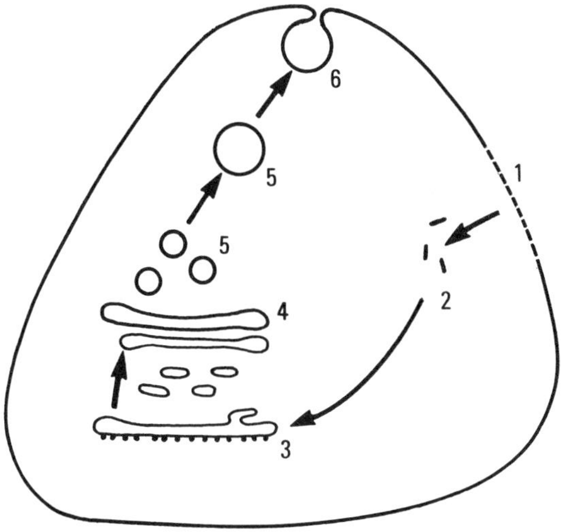

FIG. 115. – *Le continuum membranaire :* 1 : membrane et ses sous-unités; 2 : sous-unités membranaires; 3 : REG; 4 : Golgi; 5 : grains de sécrétion; 6 : exocytose.
La membrane des grains de sécrétion qui est d'origine golgienne s'incorpore à la membrane plasmique tandis que des sous-unités membranaires pénètrent dans le cytoplasme. Leurs composés sont utilisés pour former les membranes du réticulum endoplasmique.

Il existe dans la cellule un véritable continuum membranaire. En effet, la membrane externe de l'enveloppe nucléaire et celle du reticulum endoplasmique sont toutes deux à l'origine des membranes golgiennes. Or, les membranes golgiennes subissent une transformation morphologique et biochimique très importante. Ces nouvelles membranes limitent les grains de sécrétion, et, lors de l'exocytose, elles s'incorporent à la membrane plasmique, compensant ainsi la perte de segments de membrane due à l'endocytose.

III. – SYNTHÈSE DES POLYSACCHARIDES

Le rôle de l'appareil de Golgi dans la synthèse des polysaccharides a été mis en évidence pour la première fois en 1966, en étudiant la différenciation des cellules caliciformes du colon.

■ ***Les cellules caliciformes*** (fig. 116) :

FIG. 116. – *Synthèse des polysaccharides* (cellule caliciforme à pôle muqueux ouvert) : (A, B) : les grains de mucigène apparaissent dans les vésicules golgiennes, (C) puis augmentent en nombre et en taille, (D) déforment le pôle apical de la cellule, (E) dont la membrane plasmique se rompt pour libérer le produit élaboré.

a) **Définition.** – Ce sont des cellules glandulaires qui élaborent et excrètent le mucus, une glycoprotéine sulfatée qui recouvre d'un film protecteur la surface libre des entérocytes.

b) **Structure.** – Ces cellules prismatiques possèdent une partie apicale renflée, distendue par les gouttelettes de cigène qui sont déversées dans la lumière intestinale par une ouverture, zone de rupture localisée de la membrane apicale.

Le cytoplasme, avec le noyau et les organites, est refoulé au pôle basal : il dessine une fine zone autour du mucus.

■ ***Mise en évidence de l'élaboration de la fraction polysaccharidique.*** – Si on injecte, par voie intrapéritonéale, un précurseur marqué du polysaccharide contenu dans la molécule de glycoprotéine sulfatée, comme du glucose tritié, on retrouve le précurseur dans l'appareil de Golgi, 5 minutes après l'injection. La radioactivité, témoin de la localisation du glucose, atteint, après 40 minutes, les grains de mucigène, voisins des dictyosomes, après 4 heures, les grains de mucigène voisins de la membrane apicale.

IV. – SYNTHÈSE DES GLYCOPROTÉINES (fig. 117)

Il est possible de distinguer suivant leur destination :

- des *glycoprotéines intracellulaires* comme celles qui constituent certaines enzymes des lysosomes,
- des *glycoprotéines extracellulaires* qui se divisent en glycoprotéines de *surface* dont on connaît les caractères antigéniques spécifiques et en glycoprotéines *excrétées*.

(Comme l'haptoglobine, les glycoprotéines de la substance interstitielle du conjonctif, la thyroglobuline, les immunoglobulines.)

La biosynthèse des glycoprotéines, qu'elles soient de surface, excrétées ou intracellulaires, fait participer plusieurs organites. Prenons comme type d'exemple l'*élaboration des glycoprotéines de cell coat.*

■ *Synthèse des glycoprotéines de cell coat*

a) **Synthèse de la fraction protéique.** – Le premier stade de synthèse se déroule selon le mécanisme habituel d'assemblage des protéines par les polysomes. La fraction protéique est donc d'abord synthétisée; par contre, les sucres sont ajoutés en différents points de la cellule.

b) **Addition des sucres.** – Des sucres se combinent à la protéine. Cette association s'effectue dans le reticulum endoplasmique, puis dans l'appareil de Golgi.

A. LE RETICULUM ENDOPLASMIQUE. – Le premier sucre, soit la N-acétyl-galactosamine, est introduit dans le reticulum endoplasmique, puis associé à la molécule protéique par des transférases spécifiques, soit avant que la protéine ne soit encore détachée du polyribosome, soit immédiatement après sa libération dans les cavités du reticulum endoplasmique granulaire. D'autres résidus sucres sont ensuite ajoutés, comme le mannose hexosamine qui est accepté dans le reticulum endoplasmique granulaire et le réticulum endoplasmique lisse.

B. L'APPAREIL DE GOLGI. – La synthèse de la molécule glycoprotéique est achevée dans l'appareil de Golgi, par addition des résidus les plus périphériques comme le galactose, le fucose, le mannose et l'acide sialique.

Le galactose, le fucose, le mannose tritiés sont incorporés dans l'appareil de Golgi comme le glucose, 5 minutes après l'injection intrapéritonéale. Après 2 à 3 heures, la radioactivité cytoplasmique est moins marquée : elle commence à apparaître à la surface de la cellule.

L'appareil de Golgi joue donc un rôle très important dans la synthèse des glycoprotéines de surface : c'est dans ses citernes que s'effectue la liaison des groupes glucidiques aux protéines. Or, ces groupes glucidiques terminaux sont responsables du déterminisme de l'information de la macromolécule à laquelle ils appartiennent.

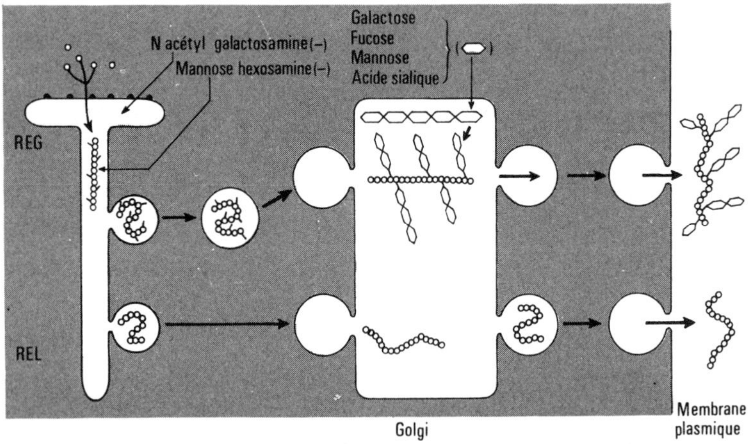

FIG. 117. – *Synthèse des glycoprotéines, des protéines, et excrétion.* Appareil de Golgi. o acides aminés; — N acétyl galactosamine et mannose hexosamine. ⬭ galactose, fucose, mannose, acide sialique.

Le schéma montre l'incorporation des acides aminés et la synthèse des protéines par le REG, l'association des sucres (—) dans la même région, leur transfert à l'appareil de Golgi, et l'adjonction du sucre (⬭) dans les citernes golgiennes pour former des glycoprotéines. La partie inférieure du schéma représente simplement le tranfert d'une molécule protéique du REG au Golgi. Les produits transportés par les vésicules golgiennes sont excrétés par exocytose.

9

LES LYSOSOMES

A. – CLASSIFICATION

Le terme de lysosome englobe de nombreuses structures dont le point commun est d'être limité par une membrane et de contenir des hydrolases (1), dont les phosphatases acides.

Il est possible de classer les lysosomes suivant leur état fonctionnel en :

- *lysosomes primaires,* organites néoformés qui ne sont pas encore intervenus dans les phénomènes de dégradation,
- *lysosomes secondaires* qui proviennent des vacuoles phagocytaires (hétérophagosomes (2)) ou de parties du cytoplasme limitées par une membrane (autophagosomes), dans lesquelles se déversent les enzymes du lysosome primaire.

Ainsi, en fonction de leur origine, on distingue :

- *les vacuoles digestives ou hétérolysosome,* résultant de la fusion d'un hétérophagosome et d'un lysosome primaire,
- *les cytolysomes* (vacuoles autophagiques) résultant de la fusion de cette région cytoplasmique circonscrite par une membrane (autophagosome) et d'un lysosome secondaire.

Il est possible avec De Duve de considérer les hétérophagosomes et les autophagosomes comme des prélysosomes (encore que ce terme puisse prêter à confusion), c'est-à-dire des formations vacuolaires dans lesquelles le produit enzymatique des lysosomes primaires ne s'est pas encore déversé.

---

(1) Les hématies et les bactéries n'en contiennent pas, mais ces dernières possèdent un grand nombre d'hydrolases qu'elles libèrent.

(2) Le terme « phagosome » est souvent utilisé à la place d'hétérophagosome. L'hétérophagosome se forme au cours de la phagocytose ou hétérophagie. L'autophagie désigne la formation de l'autophagosome.

CLASSIFICATION FONCTIONNELLE DES LYSOSOMES
(d'après DE DUVE)

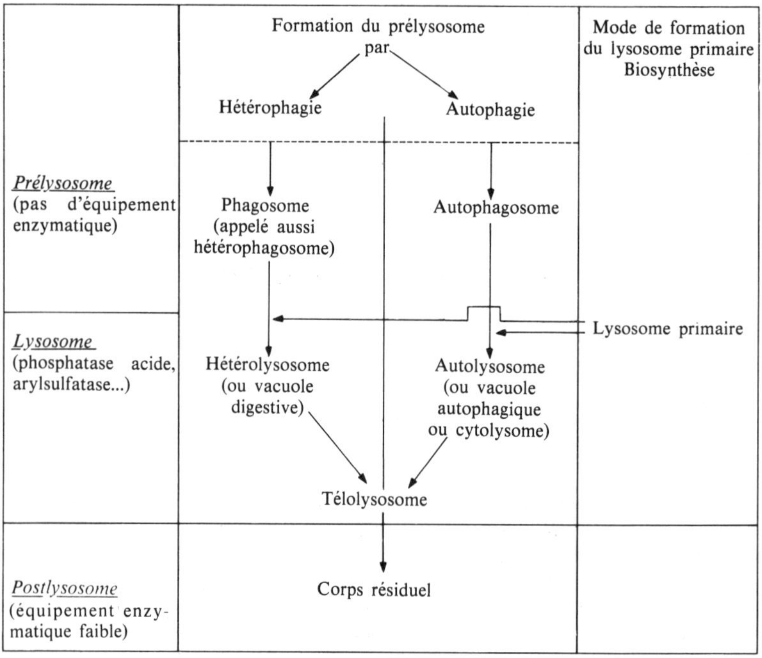

B. – LES LYSOSOMES PRIMAIRES

■ ***Définition.*** – Le lysosome primaire est un organite cellulaire constant (sauf hématie) limité par une membrane, contenant des hydrolases qui ne sont pas encore intervenues dans les processus de catabolisme.

■ ***Structure.*** – Ils se présentent sous la forme de « corps denses », arrondis ou ovalaires, ayant un diamètre compris entre 0,3 et 1,5 μ (fig. 118).

Leur contenu est homogène, dense aux rayons électroniques. Ils sont limités par une membrane qui assure la « latence enzymatique ». Elle est probablement plus complexe que les autres cytomembranes, doublée sur sa face interne par une couche de matériel colorable par l'acide phosphotungstique à bas pH, fait qui implique la présence de glycoprotéines.

Ces formations qui occupent dans le foie les régions péricanaliculaires ressemblent aux constituants de la fraction lysosomale. Le terme de *lysosome primaire* est généralement employé uniquement pour désigner ces corps denses.

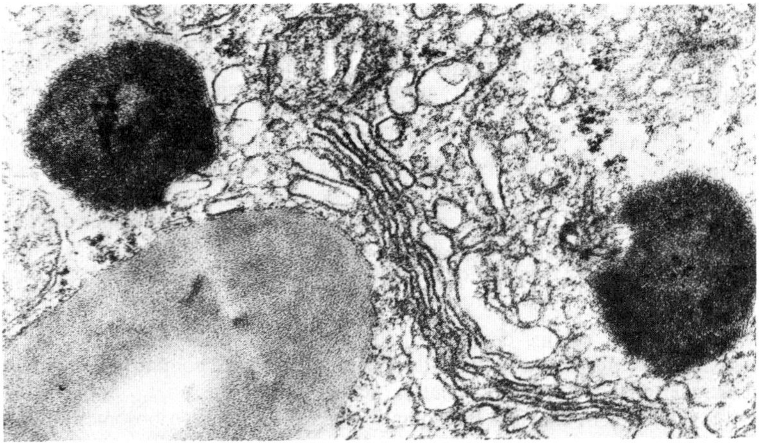

FIG. 118. – *Le cliché montre deux lysosomes,* éléments sphériques (plus colorés que les autres structures) à contenu finement granuleux. Une inclusion lipidique occupe le coin inférieur gauche (× 38 880).
(Cliché du Service de Microscopie électronique, Département de Biologie humaine, Tours.)

FIG. 119. – *Coated vesicules.*

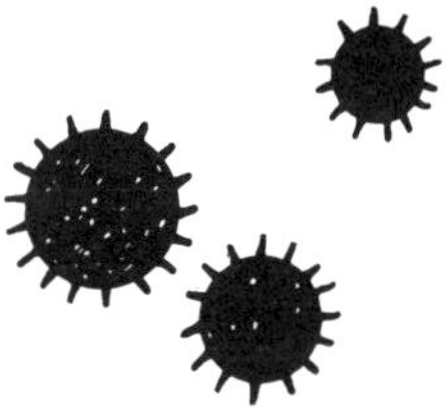

Mais d'autres structures sont chargées d'une activité lytique latente :

– **des vésicules golgiennes** (le nom de protolysosomes a été proposé pour les désigner); certaines vésicules golgiennes ont une forte activité phosphatasique.
– **les « coated vesicules »** ou *vésicles à manteau* ou vésicules hérissées, que l'on rencontre au voisinage de l'appareil de Golgi; elles ont un diamètre de 750 Å; leur paroi est hérissée de prolongements radiaires de 150 Å environ de longueur (fig. 119).

■ ***Localisation.*** – Si les lysosomes primaires furent découverts dans les hépatocytes en raison de leur grande richesse en un tel organite, les techniques histochimiques ont démontré que leur quantité varie en fonction de l'activité de la cellule dont ils dépendent.

Ils sont très abondants dans les macrophages, les histiocytes, les granulocytes acidophiles et neutrophiles (cellules qui jouent un rôle prépondérant dans les mécanismes de défense de l'organisme).

■ ***Biochimie des lysosomes primaires.*** – Il n'est pas possible de faire un bilan complet des enzymes contenues dans les lysosomes primaires, d'abord en raison de leur nombre (certains en contiennent plus de 40 : lysosomes des cellules hépatiques), ensuite en raison de leur nature qui varie d'une cellule à une autre.

Les enzymes des lysosomes hydrolysent les substrats des quatre principales familles des macromolécules, c'est-à-dire *les acides nucléiques, les protéines, les glucides, les lipides.*

Les hydrolases si spécifiques des lysosomes catalysent les réactions du type

$$A - B + H_2O \rightleftarrows AH + BOH.$$

Ce sont donc des enzymes de dégradation ou catabolisantes. Leur optimum d'activité est situé aux environs de pH 5.

■ ***Origine.*** – L'origine des lysosomes peut être précisée en fonction de la région où est effectuée la synthèse de l'enzyme considérée comme la plus caractéristique, c'est-à-dire la phosphatase acide.

La synthèse des enzymes lysosomales est réalisée par les ribosomes du reticulum endoplasmique (fig. 120).

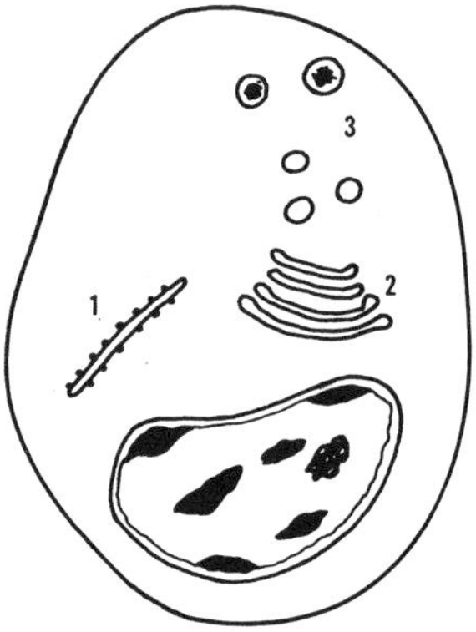

FIG. 120. – *Synthèse des enzymes lysosomales.* Il est possible de suivre la synthèse et la circulation intracellulaire des hydrolases des lysosomes par la lysine tritiée :
- 10 mn après l'injection elle est localisée dans le REG (1);
- 30 mn après l'injection elle est localisée dans le Golgi (2);
- 180 mn après l'injection elle est localisée dans les lysosomes (3).

De là elles gagnent l'appareil de Golgi. Les lysosomes sont formés par bourgeonnement de la citerne de la face de maturation considérée classiquement comme golgienne. Cette citerne est décrite sous le nom de GERL [1] par Novikoff. Pour cet auteur, le GERL est une zone de reticulum endoplasmique lisse située dans la concavité de l'appareil de Golgi qui contient des phosphatases acides et qui donnent par bourgeonnement les lysosomes et les « coated vesicles ».

Il est formé de saccules et de tubules anastomosés.

(1) G = Golgi; ER = Endoplasmic reticulum; L = Lysosome.

■ ***Rôle.*** – Le rôle essentiel des lysosomes primaires est de contenir les hydrolases, d'en assurer le transport intracytoplasmique vers les phagosomes ou les autophagosomes, de déverser leurs produits enzymatiques, soit dans les vacuoles intracellulaires du système digestif cellulaire, soit dans le milieu extracellulaire.

C. – LES LYSOSOMES SECONDAIRES

On peut les définir comme des lysosomes impliqués dans des phénomènes de digestion cellulaire.

Les lysosomes secondaires, hétérolysosomes (vacuoles hétérophagiques ou hétérophagolysomes) et les autolysosomes (vacuoles autophagiques ou cytolysosomes) résultent de la fusion des lysosomes primaires avec les phagosomes ou les autophagosomes.

I. – LES VACUOLES HÉTÉROPHAGIQUES (fig. 121)

Elles résultent de la fusion des lysosomes primaires soit avec les phagosomes, soit avec les caveolae intracellulaires, soit avec les vésicules provenant des invaginations tubuliformes, soit avec 2 ou 3 de ces éléments à la fois (les vésicules de pinocytose à membrane lisse qui assurent un transport transcellulaire ne fusionnent pas avec les lysosomes).

■ ***Évolution et devenir des phagosomes.*** – Le phagosome initial, petite enclave du milieu extérieur séparée du cytoplasme par un segment de la membrane plasmique, quitte rapidement son lieu d'origine, la périphérie cellulaire, et se dirige vers le centre de la cellule (il en est de même pour les coated vesicles; leur mouvement intracellulaire dépend des microtubules).

Pendant cette migration, il se fragmente par bourgeonnement ou il s'associe par fusion à d'autres phagosomes.

Sa course s'achève lorsque sa membrane fusionne avec la membrane plasmique ou avec celle d'un lysosome primaire.

a) **Évolution des membranes des phagosomes.** – Les phagosomes conservent leur membrane pendant toute la durée de leur existence (parfois la membrane se rompt dans la cellule; les macromolécules s'échappent librement dans le cytoplasme et la membrane disparaît).

La membrane du phagosome subit de profondes modifications qui agissent sur sa perméabilité et, par voie de conséquence, sur la nature et le taux des échanges entre le phagosome et le cytoplasme environnant.

L'inducteur a modifié le cell coat avant la fermeture du phagosome. (Les sels le gonflent, les protéines le désorganisent, le bleu Alcian le coagule.)

La paroi du phagosome, c'est-à-dire la membrane, revêtue sur sa face interne par le complexe inducteur – cell coat, est floconneux. Très rapidement le complexe se sépare de la membrane et forme dans le centre du phagosome une

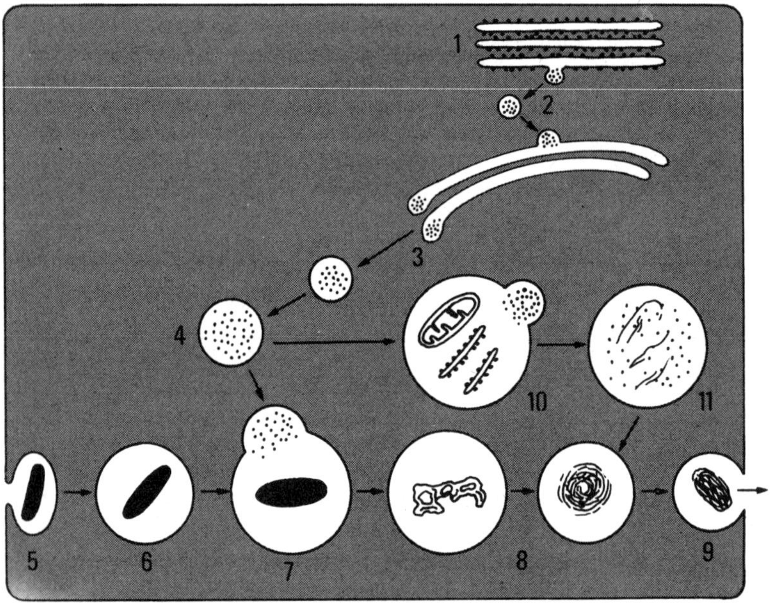

FIG. 121. – *Lysosome, hétéro et autophagosomes :*

1 : REG.
2 : hydrolases élaborées par le REG;
3 : appareil de Golgi et formation des lysosomes par vésiculisation;
4 : lysosome primaire;
5 : phagocytose d'une bactérie;
6 : hétérophagosome;
7 : vacuole hétérophagique (hétérolysosome ou lysosome secondaire);
8 : digestion et formation d'un corps résiduel;
9 : exocytose;
10 et 11 : autolysosomes.

masse amorphe, riche en mucopolysaccharides acides et neutres, qui finalement disparaît.

(Le cell coat joue donc dans l'endocytose un rôle d'une particulière importance puisqu'il établit un contact avec l'inducteur, et que ce contact déclenche le mécanisme d'invagination.)

La séparation du cell coat de la membrane modifie la perméabilité : ce fait explique la disparition de l'imperméabilité de la membrane du phagosome au glucose extracellulaire et la déshydratation précoce des jeunes phagosomes.

La disparition des mucopolysaccharides serait la conséquence d'une lyse enzymatique : dans ce cas, la disparition du cell coat représenterait la limite entre le stade de phagosome et celui de vacuole digestive (phagolysosome).

b) **Multiplication des phagosomes.** – La déshydratation des phagosomes est la cause de la perte de leur forme sphérique. Leur contour devient irrégulier, de nombreuses hernies, plus ou moins arrondies, saillent et s'isolent en « sous-phagosomes ».

Ce processus de « fragmentation du phagosome », ou de multiplication, augmente la surface qui est ainsi multipliée par un coefficient élevé (quelquefois 300). Ce phénomène accroît donc la surface d'échange avec le cytoplasme environnant.

c) **Devenir du contenu du phagosome.** – Les phagosomes subissent deux évolutions possibles :

- *ils traversent la cellule* (diacytose) sans s'associer ou se fusionner au lysosome, *et déchargent* (régurgitation) leur contenu dans le milieu extracellulaire :
- ou bien ils reçoivent leur produit de sécrétion des lysosomes primaires, et se transforment en vacuoles hétérophagiques.

■ ***Transformation du phagosome en vacuole hétérophagique.*** – Des lysosomes primaires viennent au contact de la membrane du phagosome. La membrane se rompt au point de contact et les enzymes sont libérées directement dans le phagosome. Le phagosome est alors devenu une vacuole hétérophagique.

■ ***Propriétés des vacuoles hétérophagiques.*** – Ces vacuoles ont la *propriété de concentrer des substances* qui sont puisées dans le milieu extracellulaire. Elles ont la faculté d'accumuler par exemple des colorants ou des substances médicamenteuses.

Des cellules rénales, en culture dans un milieu contenant des substances fluorescentes, sont capables de les accumuler de telle sorte que leur concentration est supérieure à celle du milieu. Cette propriété permet de colorer in vivo les vacuoles hétérophagiques.

L'agent responsable du paludisme, le Plasmodium, est une cellule dont les lysosomes assurent la digestion de l'hémoglobine des érythrocytes qu'ils parasitent. Or, ces lysosomes concentrent aussi les médicaments antipaludéens comme la *chloroquine* (1) : la chloroquine provoque une destruction de la membrane lysosomale et les enzymes libérées dans le parasite le détruisent; ainsi s'explique l'action de ces substances dans la prévention du paludisme.

■ ***Fonctions des vacuoles hétérophagiques.***

a) **Nutrition par digestion intracellulaire.** – Comme nous l'avons vu précédemment, les aliments solides ou liquides, capturés par la cellule, sont dégradés et leurs constituants traversent la membrane du lysosome pour être utilisés comme matériaux de synthèse.

b) **Fonction de défense.** – Les lysosomes protègent la cellule contre les agressions pathogènes. Les bactéries, les virus sont phagocytés et détruits par les enzymes lytiques. Les substances toxiques ou médicamenteuses sont dégradées par les lysosomes (détoxication).

c) **Invasion de régions peu pénétrables par lyse.** – Les cellules, par un phénomène d'exocytose, déversent dans le milieu extérieur le produit de sécrétion contenu dans les lysosomes. Les enzymes libérées lysent les éléments voisins de la cellule et permettent ainsi à celle-ci de se frayer un chemin à travers des zones tissulaires difficilement pénétrables.

---

(1) Rappelons que la chloroquine agit aussi en inhibant la replication du DNA du parasite.

II. – LES VACUOLES AUTOPHAGIQUES

■ ***Définition.*** – Les vacuoles autophagiques sont des vacuoles dans lesquelles les propres structures de la cellule sont détruites.

■ ***Place de l'autophagie dans le catabolisme.*** – La cellule renouvelle constamment ses structures en dégradant les protéines de structure et en les remplaçant.

Cette dégradation des constituants cellulaires se produit grâce à trois processus se déroulant parfois simultanément :

- le catabolisme est dû à la présence, dans le noyau et le cytoplasme, de traces d'hydrolases qui ne sont pas d'origine lysosomale;
- une quantité suffisante d'enzymes s'échappe des lysosomes primaires et dégrade les constituants cellulaires à renouveler;
- le troisième processus est l'autophagie.

■ ***Formation de la vacuole autophagique.*** – La vacuole autophagique est formée par la fusion d'un autophagosome avec des lysosomes primaires.

a) **Origine de la membrane de l'autophagosome.** – Cette origine est discutée; l'origine de novo a été définitivement réfutée : l'autophagosome est entouré par une double membrane. On comprendrait mal son mécanisme de formation si on admettait cette hypothèse. D'autre part, les inhibiteurs qui bloquent la synthèse des protéines membranaires n'empêchent pas la formation des autophagosomes.

En réalité, trois hypothèses méritent d'être retenues et il est très vraisemblable d'admettre qu'elles sont toutes trois exactes, mais dépendent du type cellulaire considéré et des conditions dans lesquelles s'effectue l'autophagie.

A. L'ORIGINE RETICULAIRE (fig. 122). – Le reticulum endoplasmique lisse, par un mouvement d'enroulement, entoure la vacuole en cours de formation. Mais il peut aussi se fragmenter et les citernes ou saccules du reticulum se disposent bout à bout puis s'accolent et se fusionnent par leurs extrémités. Dans les deux cas, l'autophagosome est limité par deux membranes. Les lysosomes primaires viennent alors déverser leurs enzymes dans l'espace compris entre les deux membranes. La membrane interne s'épaissit puis disparaît par lyse enzymatique, et seule persiste la membrane externe. Ce mode de formation est sans conteste le plus fréquemment observé.

B. L'ORIGINE GOLGIENNE. – Une région cytoplasmique plus ou moins volumineuse est entourée par un saccule golgien.

C. Enfin, dans certains cas, la membrane de l'autophagosome apparaîtrait par fusion de vacuoles d'endocytose.

b) **Transformation de l'autophagosome en vacuole autophagique.** – L'autophagosome renferme divers organites cellulaires (mitochondries, reticulum endoplasmique, etc...). Dès que l'autophagosome est entièrement limité par une membrane, les lysosomes primaires viennent déverser leur contenu.

■ ***L'autophagie dans les cellules normales.*** – L'autophagie est un phénomène physiologique observé d'abord dans le rein et le foie, puis dans d'autres organes.

Dans les conditions normales, ce mode de destruction des organites cellulai-

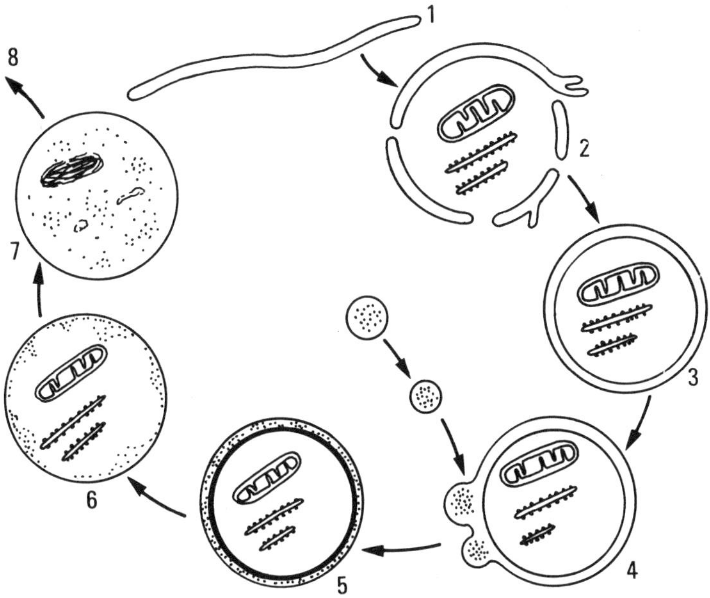

FIG. 122. – *Autophagie.* Formation de l'autophagosome par isolement d'un « territoire » cytoplasmique par le REL.

1 : REL;
2 : les constituants du REL se disposent autour du territoire lésé.
3 : les membranes du REL fusionnent pour former un autophagosome limité par deux membranes;
4 : les lysosomes déversent leurs hydrolases dans l'espace compris entre les deux membranes;
5 : la membrane interne s'épaissit pour disparaître (6);
7. autolysosome;
8 : exocytose.

res est constant. L'autophagie est un mécanisme grâce auquel la cellule se « débarrasse » des organites et des fragments cytoplasmiques hors d'usage, sans perte de leurs constituants chimiques qui sont réutilisés par la cellule.

a) **Autophagie et turn over des organites.** – Elle intervient dans le turn over des composants cellulaires, comme un processus dont on ne saurait dire s'il est essentiel ou accessoire.

L'étude du turn over des mitochondries hépatiques indique que *pour un gramme de parenchyme hépatique, un milliard de mitochondries sont détruites par heure.*

Les mitochondries sont renouvelées 15 fois pendant la demi-vie (150 jours) d'une cellule hépatique.

Ce fait implique que, dans chaque cellule, une mitochondrie est détruite toutes les 15 minutes. Or, les autophagosomes sont nombreux, et, tant que des études quantitatives de ces structures n'auront pas été faites, il ne sera pas possible d'élucider les relations entre le turn over et l'activité autophagique de la cellule.

Par contre, le turn over du reticulum endoplasmique ne dépend pas de l'activité autophagique. Le nombre des autolysosomes n'augmente pas lors de la régression du reticulum endoplasmique dont l'accroissement a été induit par des agents toxiques comme le phénobarbital.

Il est généralement admis que l'autophagie est un mécanisme de réserve qui, dans les conditions physiologiques normales, a une importance mineure.

b) **Au cours de la différenciation.** – Au cours de la différenciation, la cellule subit des transformations importantes. L'autophagie est alors le mécanisme essentiel de ce modelage de la cellule.

Elle a été particulièrement étudiée dans le rein du nouveau-né, le duodénum du fœtus ou au cours de la métamorphose des têtards de Grenouille. La régression de la queue du têtard dépend de l'activité des vacuoles autophagiques : cette régression est induite par la thyroxine, hormone thyroïdienne dont dépend la métamorphose.

c) **L'autophagie :** *une réponse cellulaire à des substances toxiques.* – De nombreux agents toxiques provoquent des altérations cellulaires n'entraînant pas la mort de la cellule. Les lésions cellulaires sont du type focal, c'est-à-dire localisées à des parties plus ou moins volumineuses du cytoplasme.

A. AGENT CAUSAL. – Les agents responsables sont très variés et nombreux.

Citons parmi ceux-ci les inhibiteurs métaboliques :

Inhibiteurs métaboliques	*Action*	*Organe où se déroule l'autographie*
β-3-thiénylalanine Tripiaranol Actinomycine Cycloheximide Puromycine	Inhibiteur du cholestérol Inhibiteur de la synthèse du RNA Inhibiteur de la synthèse protéique au niveau des ribosomes Inhibiteur de la synthèse protéique par compétition avec les amino-acyl tRNA	Foie Pancréas

- l'intoxication par la phalloïdine, l'obstruction biliaire, les infections virales qui agissent également sur le foie;
- les radiations X, UV, γ;
- l'hypoxie ou l'anoxie...

B. SIGNIFICATION. – Ces zones lésées s'entourent d'une membrane et forment une vacuole autophagique. *L'autophagie est alors un mécanisme de défense tendant à limiter l'extension d'un processus dégénératif.*

d) **Autophagie et endocytose.** – Les vacuoles autophagiques augmentent quantitativement lorsque l'endocytose est très active. Ce phénomène est provoqué par exemple par le *dextran* ou des agents tensioactifs (*triton* WR 1339).

Le mécanisme de cette autophagie n'est pas élucidé. A titre d'hypothèse, il est admis que les vésicules de pinocytose, très nombreuses, fusionnent les unes aux autres après avoir entouré complètement un organite ou une portion du cytoplasme.

La vacuole ainsi formée acquiert des propriétés hydrolytiques par fusion avec des lysosomes primaires.

e) **Autophagie et jeûne.** – Elle assure la nutrition cellulaire au cours de conditions défavorables. La cellule vit de sa propre substance qu'elle digère. Elle peut assurer dans ce cas les fonctions les plus élémentaires.

f) **Autodestruction des cellules mortes.** – Ces cellules mortes sont « digérées » par les enzymes de leurs propres lysosomes dont les membranes se sont rompues au cours du phénomène de nécrose cellulaire.

g) **Régulation de la sécrétion ou crinophagie.** – Ce phénomène s'observe dans les cellules sécrétrices endocrines ou exocrines. Lorsque les besoins de l'organisme sont couverts, les grains de sécrétion ne sont plus excrétés, mais s'accumulent dans la cellule. Ils sont détruits par les lysosomes. Les lysosomes et des grains de sécrétion fusionnent et forment ainsi des « crinolysosomes » où le matériel en excès est résorbé (fig. 123).

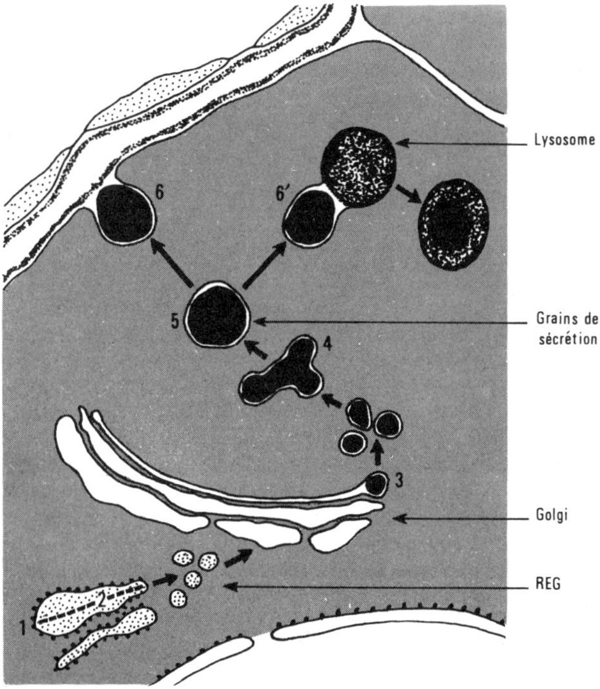

FIG. 123. – *Crinophagie.*
1 et 2 : synthèse de produits de sécrétion par le REG;
3, 4 et 5 : formation des grains de sécrétion;
6 : excrétion par exocytose;
6′ : fusion du grain de sécrétion avec un lysosome (crinophagie : destruction du produit sécrété).

D. – LES CORPS RÉSIDUELS

Les différentes enzymes déversées dans les phagolysomes et les autolysomes provoquent une désagrégation par lyse des divers constituants de ces vacuoles.

Cette dégradation transforme profondément le contenu des hétéro et des autolysomes : la majorité des substances contenues dans ces vacuoles sont digérées; cependant, certaines d'entre elles ne sont pas sensibles à l'action des enzymes, de telle sorte que des résidus insolubles persistent.

■ ***Définition.*** – *Un corps résiduel est une vacuole provenant d'un hétérolysome ou d'un autolysome, dans laquelle persistent des résidus non digérés par les enzymes lysosomales.*

■ ***Nature du résidu.*** – Les résidus sont de nature et de forme très variables car leur aspect dépend de leur origine.

Les corps résiduels contiennent :

- des figures myéliniques,
- des pigments biliaires,
- de la ferritine,
- la lipofuscine,
- ou une substance étrangère injectée.

a) **Les figures myéliniques.** – Elles sont un produit de degradation altérée des phospholipoprotéines. Or, ces substances sont des constituants habituels des membranes des divers organites. C'est-à-dire que ces figures myéliniques apparaîtront comme résidu des autolysomes.

Leur apparition s'explique facilement si on tient compte de la quantité d'enzymes contenues dans les lysosomes. Les protéases existent en très grande quantité mais, par contre, les lipases sont toujours peu abondantes, de telle sorte que la fraction protéique des phospholipoprotéines est digérée tandis que la fraction lipidique, peu modifiée, s'accumule.

Or, les molécules lipidiques qui possèdent un groupement polaire hydrophile, ont toujours tendance à former des couches monomoléculaires. Les figures myéliniques sont donc constituées par des couches monomoléculaires parallèles les unes aux autres, disposées souvent en tourbillons ou en lamelles concentriques.

b) **Les lipofuscines.** – Les lipofuscines sont des pigments bruns appartenant au groupe des chromolipoïdes. Elles résultent de l'oxydation non enzymatique des lipides.

Dans la plupart des cas, ce type de pigment apparaît dans des cellules altérées ou sénescentes d'où le nom de « pigment d'usure » qui lui est fréquemment attaché. L'analyse biochimique de ce résidu indique la présence de phospholipides (cholestérol triglycérique) et de protéines en petite quantité.

c) **Le contenu enzymatique des corps résiduels.** – Bien que les corps résiduels représentent la fin de l'évolution d'un hétérolysome ou d'un autolysome, ils renferment encore une activité phosphatasique acide décelable par les techniques histochimiques.

■ ***Évolution des corps résiduels.*** – Le matériel « indigeste » qui persiste dans la vacuole est éliminé à l'extérieur par exocytose (défécation cellulaire). La membrane du corps résiduel établit un contact étroit avec la membrane plasmique, puis la membrane commune se rompt et libère le contenu de la vacuole.

Cette fusion des deux membranes ne peut se comprendre que dans la mesure où l'on a accepté comme vrai le modèle en mosaïque. On comprend alors facilement comment les protéines et les lipides des deux membranes s'interpénètrent. Le mécanisme qui préside à la rupture de la membrane commune n'est pas connu.

Parfois la cellule est dans l'impossibilité d'éliminer ces résidus (constipation cellulaire) : ceux-ci persistent jusqu'à la mort de la cellule.

E. – LES MALADIES LYSOSOMALES

L'analyse morphologique et biochimique des lysosomes, faite dans ce chapitre, nous permet de définir ce type de maladie. Les maladies lysosomales sont liées à une anomalie ou une atteinte :

- soit de la membrane lysosomale,
- soit du contenu enzymatique.

I. – MALADIES LIÉES A UNE LÉSION DE LA MEMBRANE LYSOSOMALE

■ ***Par destruction de la membrane lysosomale.*** – La membrane du lysosome n'est pas attaquée par les enzymes qu'elle renferme : cette « résistance » dépend d'un revêtement glycoprotéique placé sur sa face interne.

La membrane est détruite par des facteurs extrêmement divers (choc traumatique, anoxie, oxygène hyperbar, substances polyanioniques, endotoxines, virus, particules de silice, de béryl, d'étain ou de zinc).

Les maladies suivantes choisies à titre d'exemples démontrent bien ce type d'atteintes du lysosome :

a) **Les pneumoconioses.** – Les pneumoconioses sont des affections pulmonaires provoquées par inhalation de poussière de charbon, de silice, de béryl, d'étain, de zinc. La pneumoconiose est donc une maladie fréquente des mineurs. Elle se caractérise par des lésions pulmonaires entraînant une dyspnée. Le sujet est fragilisé. Il peut être plus facilement atteint par exemple de tuberculose pulmonaire. Les réactions inflammatoires tissulaires sont très importantes, entraînant des lésions des bronches et une réaction scléreuse du parenchyme pulmonaire.

Mécanisme cellulaire : Les macrophages alvéolaires phagocytent ces particules. Il se forme des vacuoles de phagocytose,dans lesquelles les lysosomes primaires viennent déverser leur produit enzymatique. Or, la paroi des lysosomes secondaires ainsi constituée, se rompt sous l'influence de la substance qui y est contenue (silice, amiante, béryl). Les macrophages meurent et libèrent leurs enzymes au contact des alvéoles des muqueuses bronchiques.

b) **Les streptococcies.** – Les streptocoques sont responsables de nombreuses maladies infectieuses. Les streptocoques possèdent la particularité de lyser la membrane des lysosomes, ce qui entraîne la mort de la cellule par libération des enzymes. La cellule morte libère à son tour, dans l'organisme, les agents pathogènes.

■ ***Par modification d'origine génétique de la structure et de la propriété des membranes lysosomales.*** – Certains gènes sont responsables de la synthèse des membranes des lysosomes. La maladie de Chadiak-Streinbrink-Higashi est la seule maladie connue des membranes lysosomales d'origine génétique. Dans cette maladie, les divers types de leucocytes possèdent de volumineuses inclusions.

Le contenu enzymatique des lysosomes est normal, mais, par contre, leur membrane a une aptitude singulière à fusionner avec celle des autres lysosomes, fait qui provoque la formation de lysosomes géants à contour irrégulier (2 à 5 μ de diamètre).

Sa perméabilité est anormalement augmentée.

Cette maladie se traduit sur le plan clinique par :

- une baisse de la résistance aux infections,
- une splénomégalie,
- une hépatomégalie,
- une hypertrophie des ganglions lymphatiques,
- une photophobie,
- un albinisme.

Les enfants atteints par cette affection succombent très rapidement.

II. – MALADIES PAR SURCHARGE DES LYSOSOMES OU THÉSAURISMOSES

Cette surcharge peut être d'origine *génétique* par absence d'une ou de plusieurs enzymes lysosomales, ou *acquise.*

■ ***Les thésaurismoses génétiques*** – Dans ces affections, la membrane lysosomale est strictement normale, par contre, un gène responsable de la synthèse des enzymes hydrolasiques est absent ou altéré.

Ces maladies s'expliquent schématiquement par la séquence suivante (HERS) :

Absence ou mutation d'un gène
↓
Absence ou altération d'une ou plusieurs enzymes
↓
Défaut de lyse d'une ou plusieurs molécules
(substrat de l'enzyme ou des enzymes absentes)
↓
Surcharge viscérale
↓
Manifestations cliniques

a) **Carence en α glucosidase acide.** – l'α glucosidase acide est une hydrolase responsable de la dégradation du glycogène : en son absence, le glycogène s'accumule dans les lysosomes qui deviennent volumineux.

Cette affection porte le nom de glycogénose **II, cardiomusculaire ou maladie** de Pompe. Elle se traduit cliniquement, dès la naissance, par une dyspnée avec polypnée, une toux associée à des troubles cardiaques (présence d'un souffle systolique). La mort survient à la fin de la première année. Anatomiquement, on observe une cardiomégalie, parfois une hépatomégalie, une hypertrophie musculaire avec hypotonie, une macroglossie.

b) **Autres exemples de thésaurismoses génétiques.** – Ces maladies sont nombreuses.

Dans les maladies de Niemann-Pick, Gaucher, Tay-Sachs, Fabry, Wolman, Hurler (comme dans l'exemple précédent), les substances qui pénètrent dans les lysosomes, et dont la digestion ultérieure exigerait la présence de l'enzyme déficiente, s'accumulent sur place. Les lysosomes augmentent en taille, puis en nombre, et occupent une partie considérable de la cellule. Les désordres qui en découlent sont d'autant plus graves que ces processus intéressent des cellules plus spécialisées. Ainsi, l'accumulation de substances dans le système nerveux central provoque des atteintes motrices et intellectuelles profondes et une issue souvent fatale.

QUELQUES EXEMPLES DE THESAURISMOSES GENETIQUES
(d'après ALLISON)

Thésaurismoses génétiques	*Substance chimique accumulée*	*Enzyme absente*
Maladie de Pompe (Glycogénoses type II)	Glycogène 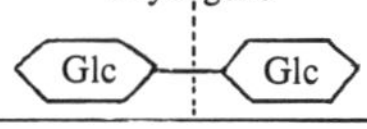	α – 1-4 Glucosidase
Niemann-Pick (Sphingomyélinoses)	Sphingomyéline 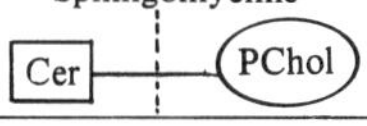	Sphingomyélinase
Gaucher (Glucosyl-céramidoses)	Glucocérébroside 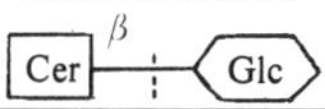	β Gluco-cérébrosidase
Tay-Sachs (Gangliosidoses à GM_2)	Ganglioside GM_2 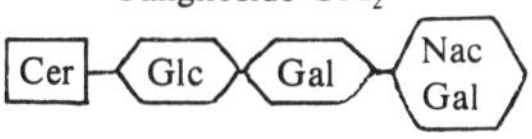	Hexosaminidase A
Fabry (Triglycosyl-céramidoses)	Céramide trihexoside 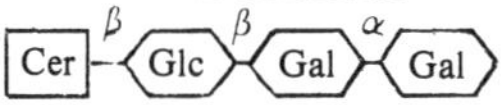	α galactosidase

Glc = glucose
Cer = céramide
Gal = galactose
NacGal = N acétylgalactosamine

■ ***Les thésaurismoses acquises.*** – Dans les néphrites ou certaines néphroses, les cellules des tubes contournés proximaux se remplissent de grosses gouttelettes hyalines. Ces gouttelettes hyalines sont des lysosomes chargés de protéines qui n'ont pas le temps d'être hydrolysés, car la réabsorption par le tube contourné proximal est trop rapide. La cellule rénale dégénère.

Le terme de lysosome recouvre un ensemble de formations (lysosomes primaires, secondaires, corps résiduels) dont le contenu hydrolasique assure la dégradation des substances accumulées. Leur rôle est de contenir des hydrolases. Leur fonction est d'assurer l'homéostase du milieu intracellulaire et du milieu intérieur de l'organisme.

Tout dysfonctionnement de ces structures quelqu'en soit l'origine, congénitale, acquise, physique (UV, RX, chaleur), chimique (endotoxine, substance toxique ou médicamenteuse), provoque dans les cellules des altérations qui peuvent se traduire par une maladie ou un syndrome grave.

10

LES PEROXYSOMES

A. – CARACTÈRES MORPHOLOGIQUES

On distingue deux catégories de peroxysomes, en fonction de leurs dimensions :

- *les peroxysomes proprement dits* qui ont une taille identique à celle des peroxysomes décrits pour la première fois par Rhodin puis par Rouiller;
- *les microperoxysomes* dont la taille est nettement plus petite que les précédents.

I. – LES PEROXYSOMES

Ce sont des particules de O,5 μ de diamètre, donc plus petits que les mitochondries. Certains éléments de structure sont constants (la membrane et la matrice), d'autres sont inconstants (le nucléoïde et la plaque marginale).

■ ***La membrane*** (fig. 124 et 125). – Elle limite le peroxysome à sa périphérie; dans les conditions classiques de fixation, elle a une structure tripartite semblable à celle de la membrane plasmique : son épaisseur est de 60 à 80 Å.

Elle est parfois en continuité avec celle du reticulum endoplasmique lisse, par l'intermédiaire d'expansions tubulaires souvent sinueuses.

■ ***La matrice.*** – Homogène ou finement granulaire, modérément opaque au rayonnement électronique, elle contient quelquefois des filaments ramifiés de 40 à 45 Å de diamètre.

■ ***Le nucléoïde.*** – Le centre des peroxysomes de nombreuses espèces animales est occupé par une structure dense : le nucléoïde (fig. 126).

Il est absent chez les Primates.

Le nucléoïde est une structure poly ou multitubulaire, dont l'unité est le tubule primaire.

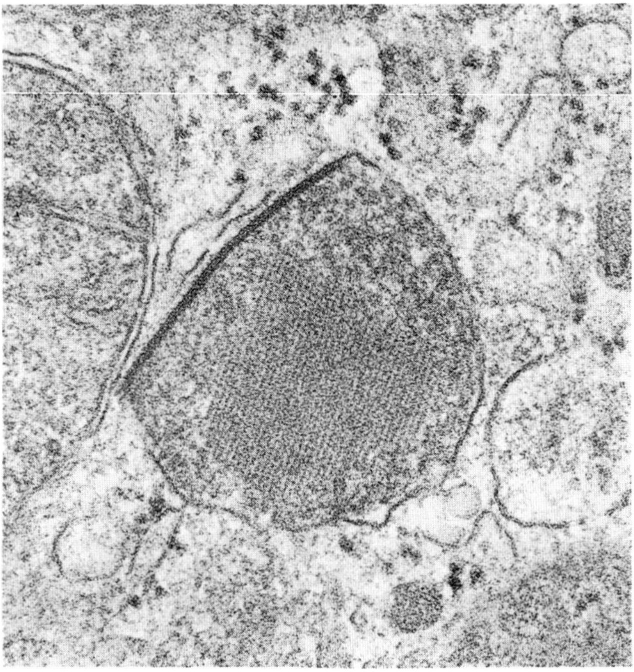

FIG. 124. – *Microbody (peroxysome) avec une matrice dense* occupée par un cristalloïde et une plaque marginale (86 000).
(Cliché de Z. HRUBAN et M. RECHEIGL; *Microbodies and related particles,* Academic Press.)

La disposition des tubules est variable; ils peuvent être :
- soit unis étroitement en formation dense,
- soit disposés autour d'un espace, constituant la paroi d'un tubule secondaire.

Dans les nucléoïdes des peroxysomes du foie de Rat, les tubules primaires, dont la lumière a 30 à 45 A de diamètre et la paroi une épaisseur de 40 A, sont groupés en faisceaux.

Ces tubules primaires se disposent de manière à constituer un tubule secondaire dont la paroi est formée par dix tubules primaires. La lumière de ce tubule secondaire a un diamètre de 95 à 115 A.

■ *La plaque marginale.*

a) **Définition.** – La plaque marginale est une structure plate, épaisse, linéaire, disposée à la périphérie du peroxysome, et séparée de la face interne de la membrane par un espace étroit dont la densité au rayonnement électronique est faible.

b) **Présence dans de nombreuses espèces.** – La plaque marginale existe dans les peroxysomes de foie et de reins de nombreux Primates, et dans d'autres familles animales, mais elle est loin d'être constante.

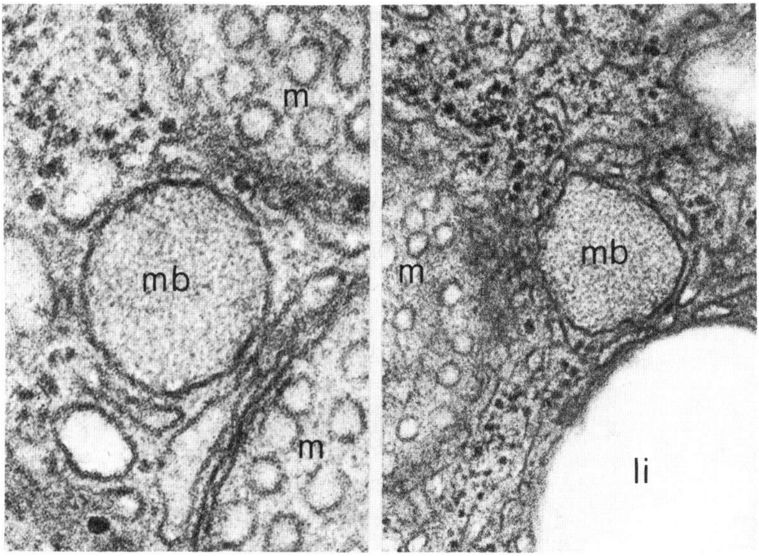

FIG. 125. – A : péroxysome (mb) au voisinage de deux mitochondries (m) (× 96 600); B : péroxysome (mb) entre une mitochondrie (m) et une vacuole lipidique (li) (× 62 160).
(Cliché de M. M. MAGALHAES et M. C. MAGALHAES; *J. Ultrastr. Res., 37,* 1971, 563-573.)

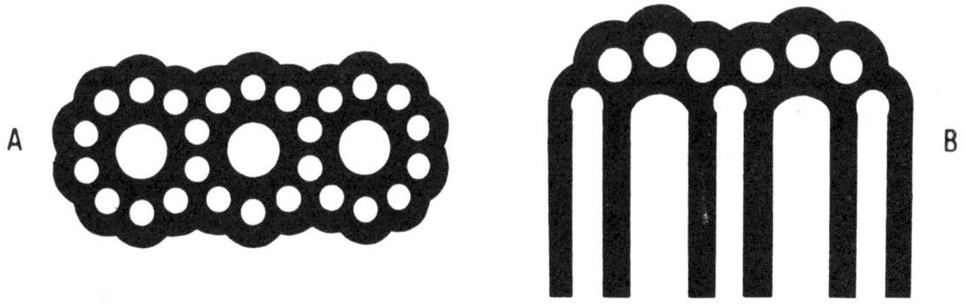

FIG. 126. – *Structure des cristalloïdes des péroxysomes des cellules hépatiques de Rat.* Ils sont constitués par des faisceaux de cylindres parallèles de deux tailles différentes.
A : × 660 000;
B : × 880 000.
(D'après Z. HRUBAN et H. SWIFT; *Uricase : localization in hepatic microbodies,* Science, vol. 146.)

c) **Structure.** – La plaque marginale est très dense au rayonnement électronique : elle est homogène et légèrement plus épaisse (85 Å) que la membrane du peroxysome.

II. – LES MICROPEROXYSOMES
(fig. 127)

Le terme de microperoxysome a été utilisé pour la première fois (Novikoff) pour décrire des particules ayant une forte activité peroxydasique dans les entérocytes du Cobaye et du Rat.

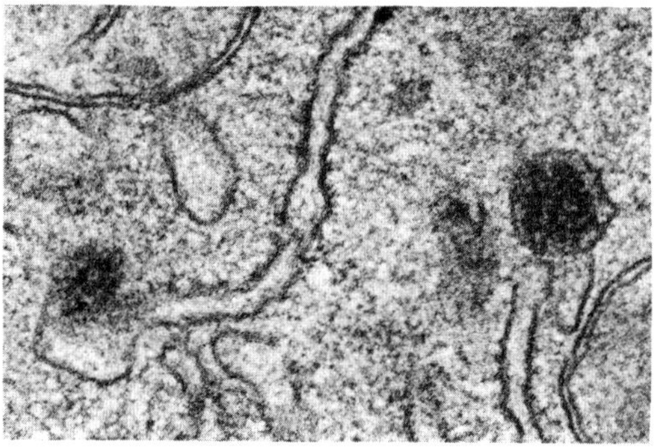

FIG. 127. – *Micropéroxysome.* Les deux structures denses situées respectivement à gauche et à droite sont des micropéroxysomes. Noter l'abondance du REL. L'un d'eux est en continuité évidente avec le REL (× 65 000).
(Cliché de P. M. NOVIKOFF et A. B. NOVIKOFF; *J. Cell Biol., 53,* 1972, 532-560.)

■ ***Structure.***

a) **Taille.** – Ces peroxysomes ont un diamètre compris entre 0,15 et 0,25 μ.

b) **La membrane.** – Leur membrane a l'épaisseur de celle du reticulum endoplasmique lisse avec laquelle elle est en continuité.

c) **La matrice.** – Elle est finement granulaire ou hétérogène, mais ne renferme jamais de nucléoïde ni de plaque marginale quelle que soit l'espèce considérée. Les hauts pouvoirs de résolution y révèlent des tubules disposés irrégulièrement, et parfois des fibrilles centrales ou périphériques.

■ ***Localisation.*** – Les microperoxysomes s'observent dans de nombreux organes (œsophage, estomac, caecum, colon, rectum, fibroblastes, cellules endothéliales, granulocytes éosinophiles), mais aussi et surtout dans les cellules élaborant des stéroïdes.

■ ***Distribution intracellulaire.***

a) **Polarité.** – Dans les cellules dont l'activité est polarisée, les microperoxysomes occupent une région déterminée de la cellule. Dans les entérocytes, ils se localisent au pôle apical sous le « terminal web ».

b) **Relation avec le reticulum endoplasmique lisse.** – Ils sont situés préférentiellement dans les régions où le reticulum endoplasmique lisse est abondant : dans ces régions, où le REL est sinueux, ondulé, les canalicules peuvent courir parallèlement aux peroxysomes ou les entourer.

III. – COMPARAISON DES PEROXYSOMES ET DES MICROPEROXYSOMES

Les peroxysomes et les microperoxysomes diffèrent les uns des autres par de nombreux caractères, mais ils ont un caractère commun, fondamental, la *présence de peroxydase.*

TABLEAU COMPARATIF DES CARACTERES DES PEROXYSOMES ET DES MICROPEROXYSOMES

Caractères	*Peroxysomes*	*Microperoxysomes*
Structure	Nombreuses variétés	Identité de structure
Taille	0,4 à 0,5 μ	0,15 à 0,25 μ
Nucléoïde	Inconstant	Absent
Plaque marginale	Inconstante	Absente
Continuité avec le RE	Difficile à prouver	Évidente
Caractères biochimiques	Peroxydase	Peroxydase

B. – LE CONTENU ENZYMATIQUE DES PEROXYSOMES

Les enzymes des peroxysomes sont :
* LA CATALASE qui assure la destruction du peroxyde d'hydrogène et sa transformation en H_2O selon deux mécanismes différents :
  - *un mécanisme peroxydasique* qui fait intervenir un « donneur d'hydrogène », substance réduite ($B.H_2$) :

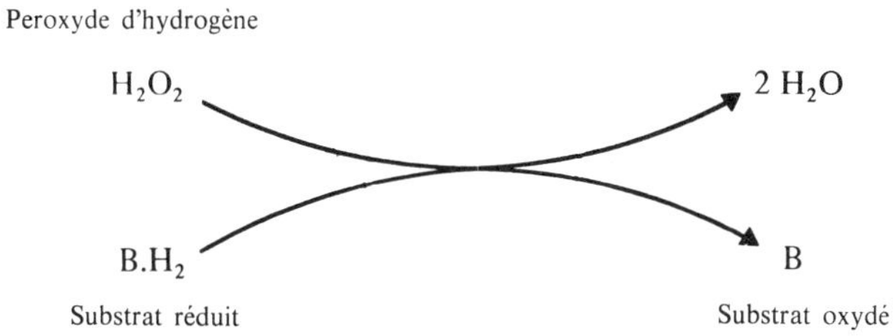

Le substrat $B.H_2$ est oxydé et se transforme en B.

– *un autre mécanisme de nature catalasique* dans lequel le donneur d'électrons est une autre molécule de peroxyde d'hydrogène :

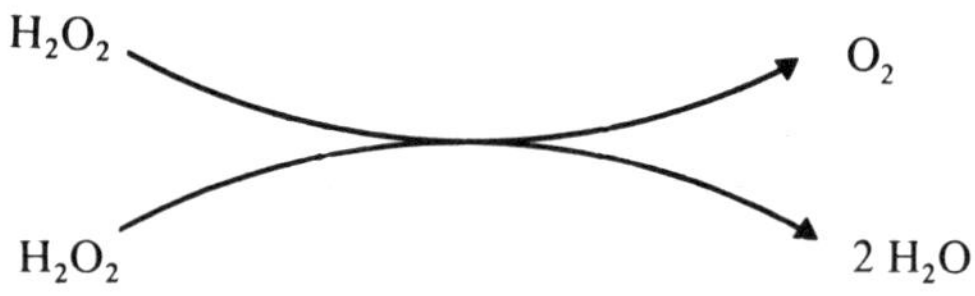

Chacune de ces deux réactions est favorisée par certaines conditions liées à la quantité de catalase, de $B.H_2$ et d'H_2O_2.

* LA L-α-HYDROXY-OXYDASE qui catalyse la réaction :

$$2RCHOH\ COOH + O_2 \leftrightarrow 2RCO\ COOH + H_2O$$

* LA D AMINO-OXYDASE qui agit sur les D amino-acides d'une manière spécifique et dont on ne comprend pas la signification, puisque ces acides aminés n'existent pas chez les Primates.

* L'URICASE, localisée dans le nucléoïde qui catalyse la dégradation de l'acide urique, produit du catabolisme des purines, selon la réaction :

$$\text{Acide urique} \leftrightarrow \text{Allantoïne} + CO_2 + H_2O$$

Acide urique ⟶ Allantoïne + CO_2 + H_2O

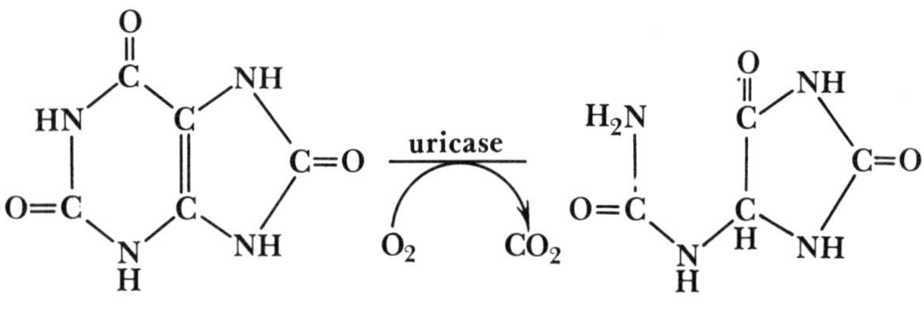

(Cette réaction se déroule chez presque tous les Mammifères, à l'exception des Primates.)

C. – ORIGINE DES PEROXYSOMES

On groupe sous cette rubrique :
- la cytodifférenciation,
- la formation de nouveaux peroxysomes.

I. – LA CYTODIFFÉRENCIATION

L'étude en microscopie électronique du développement du foie chez la Souris, montre qu'au 16e jour de la gestation, apparaissent des peroxysomes dépourvus de nucléoïdes et que, par contre, au 19e jour, se différencient, à partir du reticulum endoplasmique granulaire, de très nombreux peroxysomes contenant un nucléoïde.

Par contre, les microperoxysomes dont la différenciation a été étudiée dans la surrénale du Cobaye, se forment à partir de régions dilatées du reticulum endoplasmique lisse.

II. – FORMATION DE NOUVEAUX PEROXYSOMES

Dans les cellules adultes, l'étude de l'origine de ces organites a surtout été faite pour les microperoxysomes (Novikoff, duodénum de Rat). La différenciation de ces organites s'effectue à partir de régions du reticulum endoplasmique lisse qui se dilatent progressivement. Un contenu granulaire remplit peu à peu ces zones dilatées; il est légèrement hétérogène, séparé de la membrane par un espace clair.

Les réactions histochimiques identifient la catalase uniquement dans la région dilatée.

On admet que la catalase active est synthétisée à partir de précurseurs qui se combinent dans les microperoxysomes.

L'apocatalase (synthétisée par le REG) gagnerait, par le REL, le peroxysome où elle se combinerait avec le coenzyme (HEME).

D. – FONCTIONS DES PEROXYSOMES

Ils produisent *une faible quantité d'énergie* (qui produit de la chaleur et sert à oxyder le NADH cytoplasmique en NAD) grâce à un transfert d'électrons qui s'opère selon le schéma p. 210.

Ils règlent le *catabolisme du glucose* en maintenant un certain taux de NAD dont on sait qu'il contrôle la dégradation des glucides en pyruvate.

Ils jouent un *rôle dans la gluconéogenèse,* c'est-à-dire la synthèse du glucose à partir de précurseurs non glucidiques, *dans le métabolisme* des lipides et la synthèse des stéroïdes.

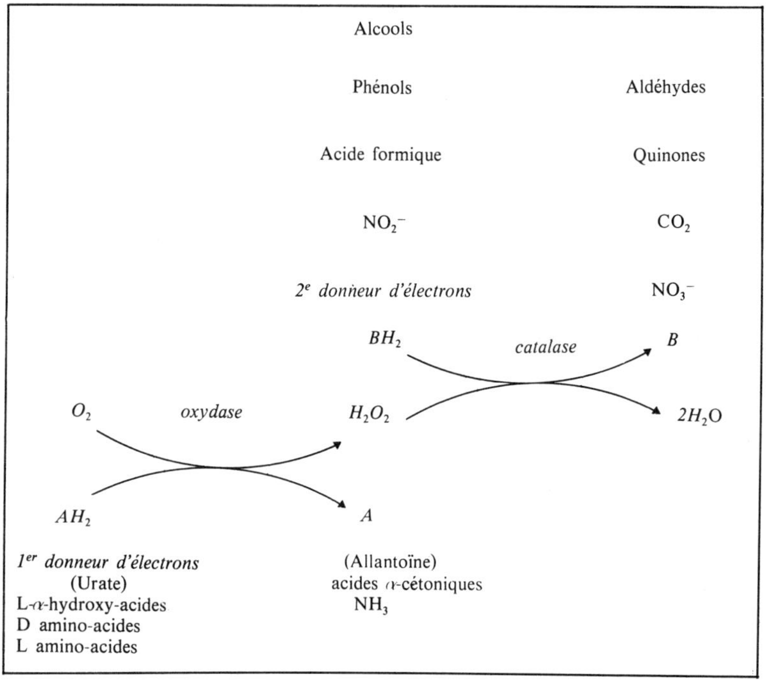
Alcools
Phénols
Aldéhydes
Acide formique
Quinones
NO_2^-
CO_2
2e donneur d'électrons
NO_3^-
BH_2
catalase
B
O_2
oxydase
H_2O_2
$2H_2O$
AH_2
A
1er donneur d'électrons
(Urate)
L-α-hydroxy-acides
D amino-acides
L amino-acides
(Allantoïne)
acides α-cétoniques
NH_3

11

LE CENTRE CELLULAIRE ET LES DÉRIVÉS CENTRIOLAIRES

I. – LE CENTRE CELLULAIRE

A. – DÉFINITION

Organite de petite dimension, bien souvent situé au centre d'une zone mal délimitée, la centrosphère, cet élément existe dans toutes les cellules susceptibles de se diviser.

B. – STRUCTURE

Le centriole a la formule d'un cylindre de 0,15 à 0,25 μ de largeur, de 0,3 à 0,7 μ de longueur. Sa paroi a une épaisseur de 0,04 à 0,05 μ; elle est dense au rayonnement électronique, elle contient neuf groupes de trois tubules ou triplets (fig. 128).

On distingue une extrémité proximale, la plus proche du centre de la cellule, et une extrémité distale, dirigée vers la périphérie, qui renferme un système complexe « en roue de charrette ».

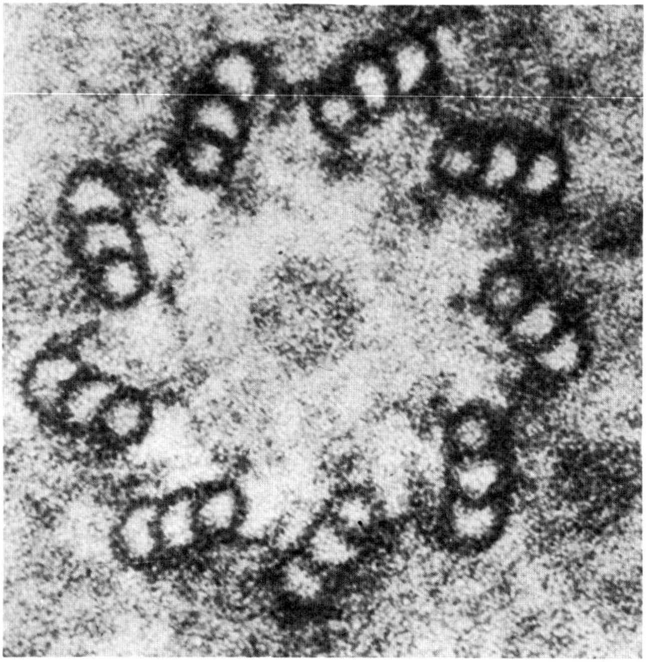

FIG. 128. – Coupe transversale d'un centriole montrant la disposition des triplets (160 000).
(Cliché de A. Ross.)

I. – LES TRIPLETS

■ ***Disposition des tubules.*** – L'observation de sections transversales de triplets révèle que les trois tubules sont étroitement associés les uns aux autres, et que l'axe virtuel passant par le centre de chacun des tubules fait avec le rayon un angle de 40° (fig. 129).

Chaque tubule est désigné par une des trois lettres A, B ou C. Le tubule le plus interne, c'est-à-dire le plus proche de l'axe central du cylindre, est le tubule A, le plus externe le tubule C. Les tubules A et B ont une paroi commune, il en est de même pour les tubules B et C. Ils ont un diamètre de 200 à 260 Å.

■ ***Structure des tubules.*** – Des microfilaments composent la paroi de chaque tubule. La réunion en un cylindre de 13 microfilaments décomposables en sous-unités globulaires (voir microtubules) autour d'une cavité centrale claire, réalise le tubule A. A et B ont en commun trois à quatre microfilaments, ainsi que B et C. Le tubule A est circulaire à la coupe, tandis que les tubules B et C ont une forme semi-lunaire. Chaque microfilament a un diamètre de 45 Å (fig. 130).

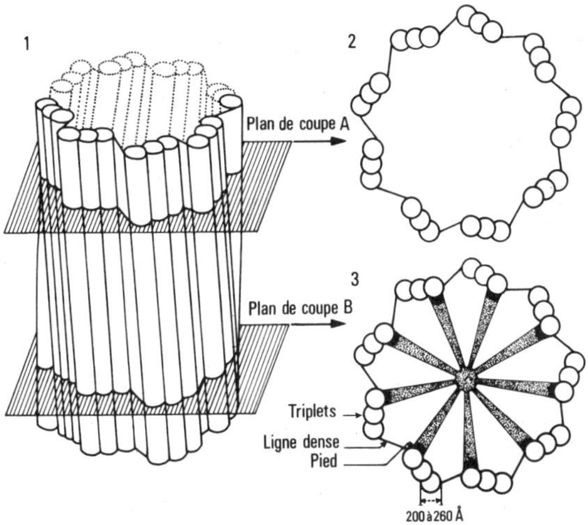

FIG. 129. – 1 : reconstruction tridimensionnelle d'un centriole : une coupe transversale selon le plan A; 2 : montre la disposition des trois triplets. Les pieds, les zones denses linéaires et le moyeu sont absents de cette région. On observe ces structures si la coupe passe par le plan B, intéressant l'extrémité distale (3).
Le plan B intéresse l'extrémité distale, le plan A l'extrémité proximale (distale et proximale sont définies par rapport au centre de la cellule).
Section transversale de l'extrémité du centriole : vue depuis le centre de la cellule.

■ ***Liaison entre les triplets.*** – Un lien dense, linéaire sur une coupe transversale, unit les tubules C et A de deux triplets voisins; il serait probablement responsable de leur inclinaison par rapport au rayon.

II. – LE DISPOSITIF DIT « EN ROUE DE CHARRETTE »

Le centre de la partie distale est occupé par un cylindre de matériel opaque, vers lequel convergent des lignes denses à disposition radiaire qui s'insèrent en dehors sur des pieds, zones sombres adhérant à la face interne des tubules A.

A l'extrémité du centriole, les rayons et les pieds sont tous disposés dans un plan perpendiculaire à l'axe du centriole. Au-dessus, les rayons sont répartis de telle sorte que la réunion par une ligne virtuelle de leur point d'insertion sur le cylindre central décrirait une spirale.

III. – STRUCTURES ASSOCIÉES

Le centriole est très souvent associé soit à un autre centriole, soit à des structures comme les satellites, les microtubules.

FIG. 130. – *Coupe transversale de microtubules* montrant la disposition des micro-filaments qui le constituent (× 1 000 000).
(Avec l'autorisation de A. Roos.)

■ ***Association avec un autre centriole : le diplosome.*** – La microscopie optique montre qu'au voisinage du noyau ou près de la surface de certaines cellules, le centriole est associé à un autre centriole situé à très faible distance. L'association de deux centrioles est désignée par le terme de diplosome.

Les deux cylindres sont rarement disposés bout à bout. Le plus souvent, l'un est perpendiculaire à l'extrémité de l'autre (fig. 131).

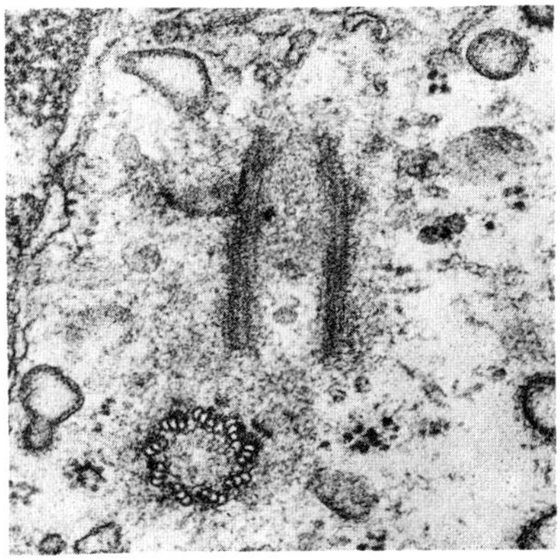

FIG. 131. – *Un diplosome avec la disposition caractéristique de ses centrioles* (X30 000).
(Cliché de E. WISSE; *J. Ultrastr. Res.*, *38,* 1972, 528-562.)

■ ***Les satellites péricentriolaires*** (fig. 132). – Les centrioles sont en rapport avec des structures opaques au rayonnement électronique qui sont :

- soit *des massules (au nombre de 9),* sphères d'un diamètre de 400 à 700 Å, voisines du centriole et reliées aux microtubules;
- soit *des « appendices striés »;* dans certains cas, lorsque les centrioles sont séparés par un espace de 0,8 μ, quatre bras denses, sortes « d'appendices striés », s'étendent radiairement à partir de la paroi de chaque centriole; les microtubules pénètrent dans ces régions (phase S et G2).

■ ***Les microtubules.*** – Ils sont le plus souvent associés aux satellites péricentriolaires; ils entrent rarement en contact avec le centriole, mais le centriole est situé au point de convergence des microtubules. Ceux-ci arrivent au voisinage de l'extrémité proximale.

C. – CONSTITUTION CHIMIQUE

Les techniques d'isolement des centrioles ne sont pas réalisables facilement, de telle sorte que les études biochimiques des centrioles *reposent* uniquement *sur l'analyse des corpuscules basaux* (dérivés centriolaires placés à la base des cils vibratiles).

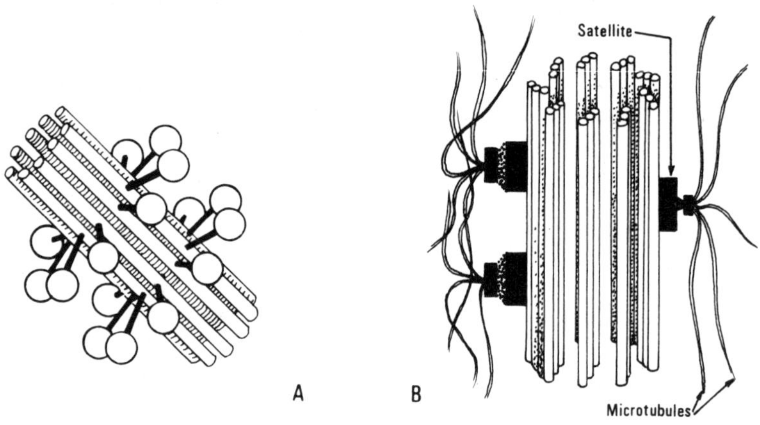

FIG. 132. – *Satellites péricentriolaires :*
A : les satellites péricentriolaires apparaissent sous la forme de 3 massules;
B : les centrioles sont porteurs d'appendices striés.
(D'après M. MAILLET. *Éléments de cytologie animale.* Bordas, Paris, 1970.)

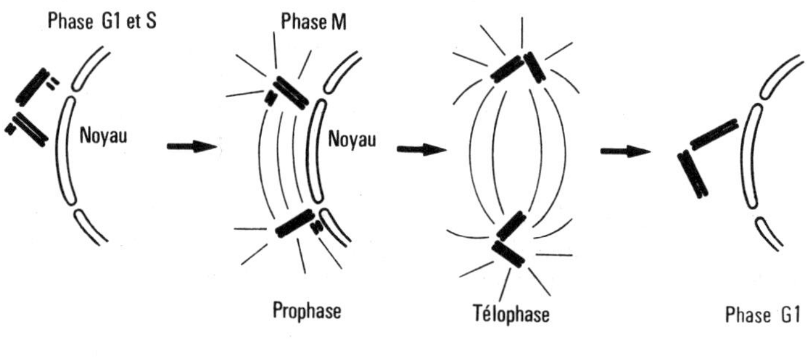

FIG. 133. – *Cycle du centriole* (voir explication dans le texte). (La différenciation des procentrioles se produit dans certaines cellules au cours de la télophase.)

Les centrioles obtenus à partir d'un infusoire cilié (Seaman) Tetrahymena, contiendraient :

- 50 % de protéines,
- 2 % de RNA,
- 2 % de glucose.

Mais les techniques d'isolement ne permettent pas d'éviter les contaminations par des substances provenant d'autres organites.

La présence de DNA est discutée bien qu'on ait pu en confirmer la présence par la réaction Feulgen positive (corpuscules basaux de Stentor et de Tetrahymena), et par l'autohistoradiographie (^{3}H thymidine est incorporé par les corpuscules basaux).

D. – LE CYCLE DU CENTRIOLE

La division cellulaire se déroule grâce au fuseau mitotique dont l'origine est essentiellement centriolaire (fig. 133).

Le centriole intervient donc dans la formation et la régulation de l'appareil mitotique responsable d'une bipartition égale des chromosomes.

■ ***Phase G1.*** – La cellule contient un diplosome (2 centrioles) au début de cette phase. Les procentrioles apparaissent à l'extrémité de chaque centriole à la fin de la phase G1 ou au début de la phase S.

■ ***Phase M.*** – Tandis que les centrioles et leurs procentrioles migrent, et que le fuseau se constitue, chaque procentriole s'allonge et se différencie en un centriole. La différenciation de chaque centriole néoformé est achevée à la fin de la prophase.

Chaque diplosome se place ainsi au pôle de la cellule de sorte que chaque cellule fille reçoit un diplosome qui ne subira aucune modification durant la phase G1, sauf à la fin de cette phase.

E. – FONCTIONS DES CENTRIOLES

Les centrioles jouent un rôle dans la formation des nouveaux centrioles et des corpuscules basaux (fig 134).

Un centriole se développe le plus souvent à partir d'un procentriole, structure annulaire d'un diamètre de 100 à 195 Å et d'une longueur de 125 Å. Il a la forme d'un cylindre court à paroi homogène, dont l'axe est perpendiculaire à celui du centriole. Il siège toujours à l'extrémité proximale du centriole préexistant. Ce procentriole s'allonge en même temps que les structures microtubulaires se différencient [(1)].

---

(1) Lorsque la cellule a besoin rapidement d'un grand nombre de centrioles, des deutérosomes d'un diamètre de 100 mμ, de structure fibrillaire, apparaissent dans le cytoplasme. Plusieurs procentrioles se différencient au voisinage des deutérosomes. Ces procentrioles subissent la même évolution que celle décrite ci-dessus.

Une de leur fonction essentielle est d'associer les sous-unités protéiques microtubulaires de manière à former le fuseau de l'appareil mitotique, l'axonème (système microtubulaire des cils).

Les centrioles sont également capables d'induire la formation des racines ciliaires en permettant l'agrégation de protéines fibreuses en fibres à striations transversales.

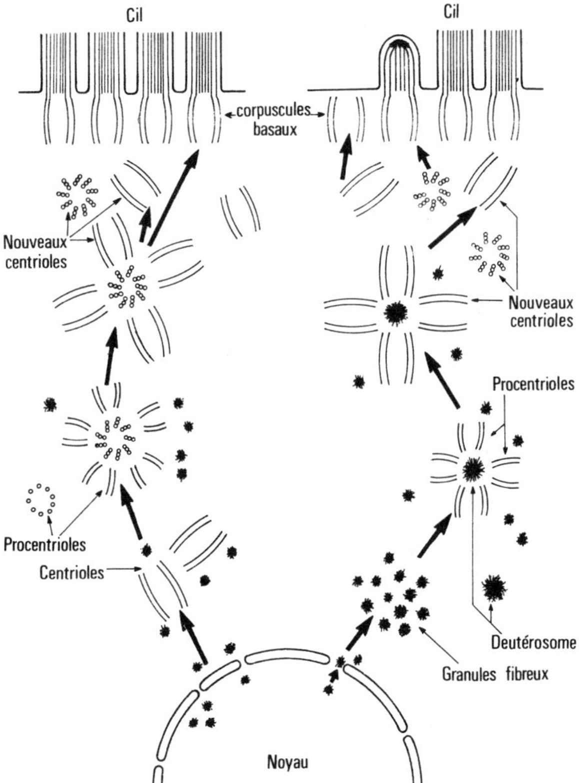

FIG. 134. – *Les centrioles se différencient* soit au contact de centrioles préexistantes comme l'indique la partie gauche du schéma, soit au contact d'un deutérosome provenant de la fusion de granules fibreux d'origine nucléaire.
(In Proc. Int. Symp. the genetics of the spermatozoon, Edinbourg, 1971; W. FAWCETT, Observations on cell differenciation and organelle continuity in spermatogenesis.)

II. – LES DÉRIVÉS CENTRIOLAIRES

On peut définir par les termes de « dérivés centriolaires » toutes les formations dont le développement est induit par l'activité du centriole, c'est-à-dire les corpuscules basaux, les cils et leurs racines, les microtubules.

A. – LES CILS

I. – DÉFINITION

Expansions cytoplasmiques mobiles, douées de mouvements pendulaires ou ondulants, les cils entraînent les particules, brassent et font circuler les liquides à la surface des épithéliums tubaires, des voies respiratoires et de certains tubes des voies excrétrices du testicule.

II. – STRUCTURE

Les cils se décomposent en (fig. 135) :
- une tige,
- une zone de transition,
- un corpuscule basal, centre cinétique,
- des racines ciliaires inconstantes.

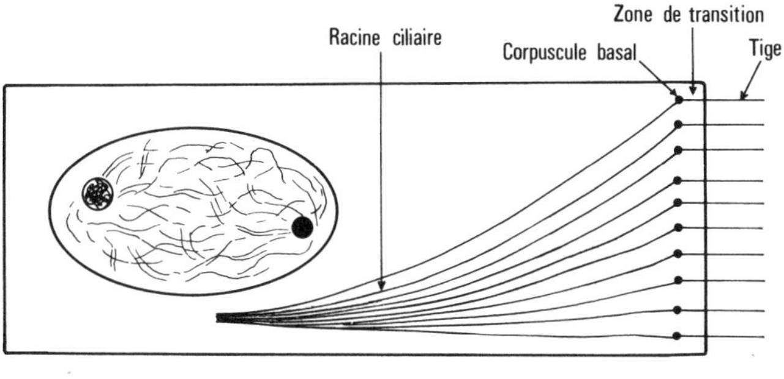

FIG. 135. – *Structure générale d'un cil en microscopie optique.*

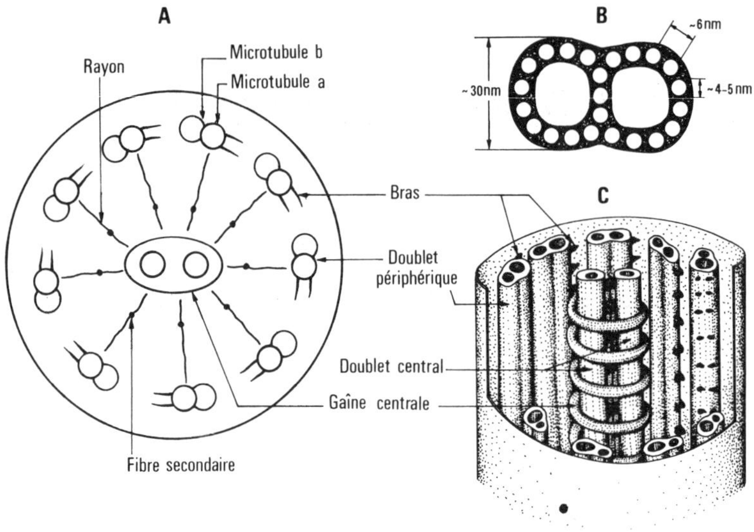

FIG. 136. – *Tige d'un cil.*
A : coupe transversale de la tige;
B : sous-unités fibrillaires des tubules a et b;
C : représentation tridimensionnelle de l'axonème.

■ ***La tige.*** – Elle a un diamètre de 0,2 μ en moyenne, une longueur de 5 à 10 μ.

Elle est limitée par une membrane de 90 Å d'épaisseur, se poursuivant par la membrane plasmique du pôle apical. Elle renferme (fig. 136) :

- une *matrice* faiblement opaque aux rayons électroniques
- et *l'axonème,* ensemble de 11 tubules longitudinaux, rectilignes, parallèles les uns aux autres, divisés en deux groupes :
  - une paire de microtubules centraux de 200 Å de diamètre, dont la paroi est épaisse de 50 à 70 Å. Ces tubules sont disposés de telle sorte que la ligne passant par leur centre est perpendiculaire à la direction du battement des cils;
  - 9 doubles microtubules périphériques disposés autour de la paire centrale. Leur axe longitudinal, c'est-à-dire la droite unissant les centres de chacun des microtubules du doublet, forme un angle de 5 à 10° avec une ligne tangentielle à la surface ciliaire, en un point opposé du doublet. Il a une longueur de 300 à 500 Å. Le diamètre de chaque tubule est de 180 à 220 Å.

Chaque doublet est distant de 500 Å de ses voisins et est constitué de deux tubules que l'on peut désigner par les lettres A et B. Le tubule A est plus proche du centre du cil que le tubule B. Son diamètre est plus petit. Il porte deux bras dirigés dans le sens des aiguilles d'une montre et constitués par une protéine, la dynéine.

Sur une coupe transversale, les bras limitent des petits rectangles de 150 Å de longueur sur 50 Å de largeur. Ils sont disposés tout au long du tubule A et distants les uns des autres de 130 Å. Ils sont absents à la base de la tige.

Le tubule B est plus large, moins dense au rayonnement électronique que le tubule A.

a) **Structure des parois des tubules.** – Les tubules centraux et périphériques sont eux-mêmes constitués par des protofibrilles de nature protéique (tubuline A et B; voir microtubules). Les doublets périphériques en contiennent 18, tandis que les doublets centraux en contiennent 10 chacun.

b) **La gaine centrale.** – Sur une coupe transversale, à de très forts grossissements, on peut observer une ligne dense de forme ovalaire, la gaine centrale qui entoure les deux tubules centraux.

c) **Les rayons.** – Ce sont des fibres à disposition radiaire qui s'insèrent sur la gaine centrale et les tubules A.

d) **Les « fibrilles » secondaires.** – Au nombre de 9, ces fibrilles cheminent parallèlement à la base de la tige. Elles sont placées entre les doublets externes et les tubules centraux, sur le trajet des rayons.

■ ***La zone de transition.*** – Elle se situe entre la tige et le corpuscule basal; suivant l'origine des cils, elle peut être intracytoplasmique ou limitée par la membrane plasmique du cil (voir cils vibratiles des cellules tubaires).

De toute manière, à son niveau :

- les deux tubules centraux s'interrompent,
- une plaque basale, placée fréquemment au-dessous de la région où s'arrêtent les fibres centrales, obture cette zone dans sa partie supérieure.

Chez les Mammifères et les Protozoaires, les fibres périphériques passent à travers la plaque basale, et participent à la constitution du corpuscule basal (fig. 137).

■ ***Le corpuscule basal.*** – Dans sa forme la plus simple, le corpuscule basal a 5 000 Å de long et de 1 200 à 1 500 Å de large; il est de forme cylindrique. Les parois du cylindre sont constituées de 9 triplets (3 microtubules dont 2 proviennent de l'axonème).

Au niveau de la plaque basale, les triplets délimitent une circonférence; à l'autre extrémité, l'axe passant par le centre de chaque tubule d'un triplet s'incline de 50° par rapport au rayon du cylindre qu'il délimite [(1)]. Le tubule additionnel, situé en dehors du tubule B, est désigné sous le nom de tubule C.

Le tubule A de chaque triplet est lié au tubule C du triplet voisin par une ligne dense de 45 Å d'épaisseur.

La partie la plus éloignée de la surface cellulaire a une structure en « roue de charrette ».

---

(1) Les triplets ont alors la même disposition que ceux du centriole : le corpuscule basal et le centriole ont une structure superposable.

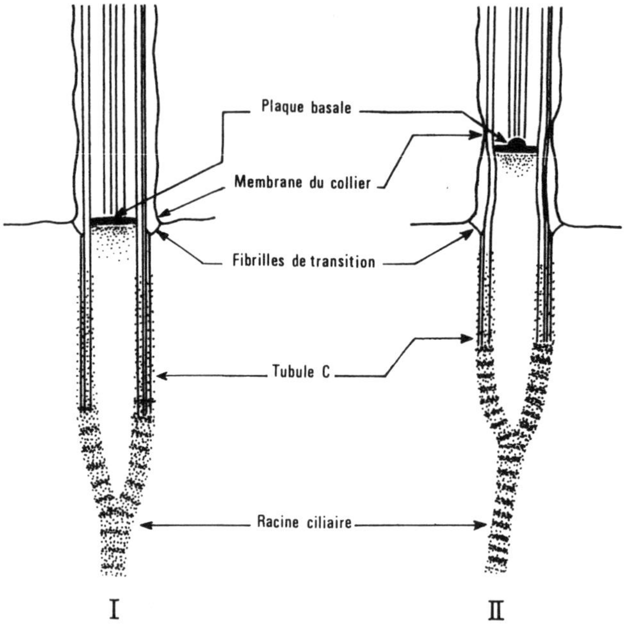

FIG. 137. – *Schéma montrant les différences entre les deux types extrêmes, type* I *et* II, *de la zone de transition.* Dans le type I, la plaque basale est au niveau de la membrane et les tubules C s'achèvent à une courte distance.
Dans le type II, la plaque basale est au-dessus du niveau de la membrane plasmique; la zone de transition est plus longue que dans le type I.

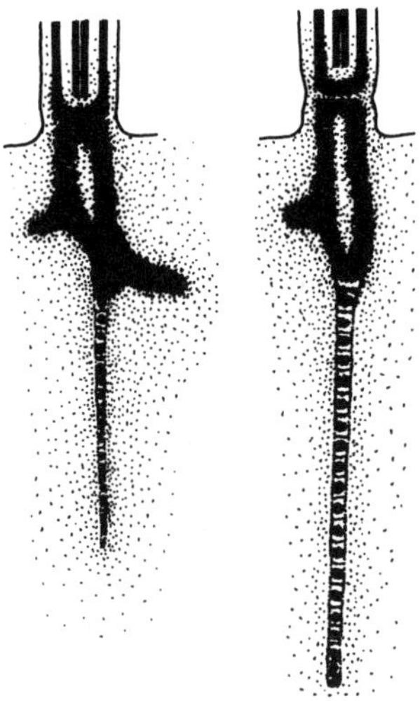

FIG. 138. – *Racine ciliaire.*

■ ***La racine ciliaire*** (fig 138).

a) **Structure.** – La racine ciliaire « s'insère » sur les corpuscules basaux. Elle résulte de l'association de microfilaments parallèles les uns aux autres, où alternent des zones denses et claires. Comme ces zones sont placées au même niveau d'un microfilament à l'autre, la racine ciliaire a un aspect strié, dont la périodicité est de l'ordre de 700 Å.

L'angle compris entre la racine ciliaire et le prolongement intracellulaire de l'axe de la tige est généralement aigu.

b) **Fonctions.** – Les racines ciliaires assureraient la propagation du stimulus déclenchant le mouvement ciliaire et seraient responsables du rythme métachrone.

III. – LES MOUVEMENTS DU CIL

■ ***Forme des mouvements.*** – L'analyse de la forme du battement du cil est rendue difficile par la rapidité du mouvement. Un cil a entre 600 à 1 300 battements par minute. Il existe deux types de mouvements en fonction de la nature du cil (fig. 139).

a) **Le mouvement pendulaire.** – La tige reste rigide, sauf à la base où elle se courbe pour permettre au cil des mouvements d'aller et retour. Ce type de mouvements est rare.

b) **Le mouvement en crochet.** – Chaque cycle de ce mouvement complexe comporte une phase active (ou efficace) et une phase de retour, de telle sorte que les produits liquides ou les particules balayées par les cils sont déplacés dans une seule direction.

Ce mouvement se déroule dans un plan perpendiculaire à la membrane cellulaire.

Pendant la phase efficace, la tige est en extension, légèrement recourbée : elle décrit un angle de 180° autour d'un point fixe qui est une partie limitée de la base de la tige.

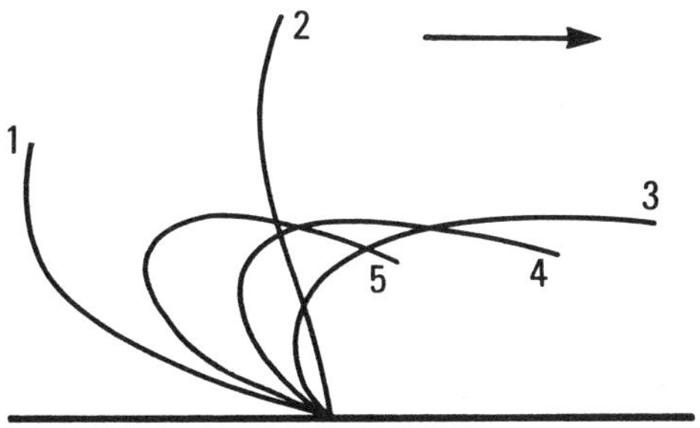

FIG. 139. – *Mouvement en crochet d'un cil vibratile.* La flèche indique la direction du mouvement efficace (1, 2, 3). 4 et 5 correspondent à l'extrémité du cil lors de la phase de retour.

A la fin de la phase active, alors que l'extrémité distale de la tige continue à se déplacer dans la même direction, le segment proximal commence son mouvement de retour en amorçant une courbure.

Le mouvement de retour se poursuit grâce à cette courbure qui gagne progressivement l'extrémité distale de la tige, se redresse et revient à sa position de départ.

■ ***Vitesse du mouvement.*** – La vitesse angulaire est de 12° par milliseconde. Pour un cil qui aurait 12 μ de longueur, l'extrémité se déplacerait à une vitesse de 2,5 mm par seconde.

■ ***Mécanisme du mouvement.*** – Le mécanisme est mal connu.

Le battement ciliaire se ferait par glissement des microtubules les uns par rapport aux autres.

Il n'y a pas de raccourcissement des microtubules. Lorsque la tige est perpendiculaire à la surface cellulaire, les 9 doublets périphériques et le doublet central se terminent à égale distance de la membrane plasmique de l'extrémité du cil.

Lorsque le cil est infléchi et qu'il est à peu près parallèle à la surface cellulaire, l'extrémité des différents doublets n'est pas située à égale distance de la membrane plasmique (fig. 140).

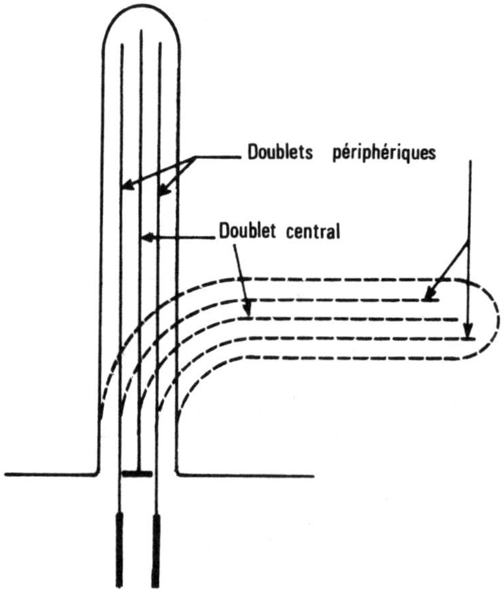

FIG. 140. – *Hypothèse de* SATIR. Lorsque le cil est infléchi, les différents doublets ne se terminent pas à égale distance de la membrane plasmique apicale.

Les doublets les plus proches de la surface cellulaire s'achèvent plus près de la membrane plasmique de l'extrémité de la tige que les doublets les plus éloignés.

Ce fait d'observation implique que les doublets ont une longueur constante, et que le mouvement ciliaire ne peut être provoqué que par un glissement des microtubules les uns par rapport aux autres.

Les bras de dynéine interviendraient par leurs jonctions avec les microtubules B des doublets voisins (ces jonctions ne sont pas visibles, car elles sont fragiles et non conservées par les techniques de fixation).

Tous les doublets seraient réunis par les bras.

Au début du cycle du mouvement, les jonctions entre les microtubules sont situées au même niveau. Puis, les points d'insertion des bras sur les tubules B se déplaceraient en direction de l'extrémité de la tige, provoquant ainsi un glissement des doublets les uns par rapport aux autres, et par voie de conséquence une courbure à la base du cil (cette région est moins résistante *puisque les bras sont absents*).

Lors du début du mouvement de retour, le glissement des fibres les unes par rapport aux autres se ferait dans une direction inverse, mais uniquement dans la région recourbée. Puis la région de glissement gagnerait progressivement l'extrémité distale de la tige, assurant le redressement complet.

L'énergie nécessaire au glissement actif proviendrait de l'hydrolyse de l'ATP par la dynéine en présence de Ca^{++} et de Mg^{++} :

$$ATP \xrightarrow[\text{dynéine}]{} ADP + Pi + E$$

IV. – LES BORDURES CILIAIRES

Ce sont des groupements fonctionnels que l'on rencontre au niveau de l'épithélium qualifié d'épithélium de mouvement.

Ces bordures ont des mouvements coordonnés, c'est-à-dire que les cils s'agitent soit :

- suivant un rythme isochrone : ils battent en même temps;
- selon un rythme métachrone : dans lequel chaque cil a une position légèrement en avance par rapport à celui qui le précède; il se forme ainsi des vagues qui cheminent à la surface de l'épithélium.

Dans ce type de mouvement, la coordination dépend de la transmission de l'excitation. Il semble que l'excitation passe rapidement d'un corpuscule basal au suivant et ainsi de suite avec une très grande rapidité.

La vitesse de déplacement de particules placées à la surface d'un épithélium cilié est de 6 à 35 mm par minute.

Les mouvements des cils sont toujours dirigés dans la même direction : ils sont liés à une action directe des cellules auxquelles ils appartiennent et ne dépendent pas du système nerveux. Si on inverse un épithélium bronchique par exemple, les cils, au lieu de battre vers la trachée, battent en sens inverse.

Ces mouvements dépendent de la présence du corpuscule basal. Si l'on réalise des sections de la tige intra-épithéliale au-dessus du corpuscule basal, les mouvements cessent.

Le mouvement de battement des cils est perpendiculaire à un plan passant par les deux tubules centraux.

B. – LES MICROTUBULES

I. – DÉFINITION

Les microtubules, organites cellulaires dont la découverte est entièrement due à la microscopie électronique, sont des formations cylindriques, longues, de faible diamètre (250 Å en moyenne), qui constituent une sorte de cytosquelette intervenant dans la mobilité de la cellule, la différenciation morphologique, le maintien de la forme des cellules et le transport des substances.

II. – STRUCTURE

Les microtubules ont un diamètre externe de 240 Å, une paroi dense, épaisse de 50 Å et une cavité axiale moins dense, de 140 Å de large. Leur diamètre est uniforme; leur longueur atteint plusieurs microns; ils ne se ramifient pas.

Sur des sections perpendiculaires à leur axe, on observe en général 13 sous-unités de 50 Å de diamètre, qui représentent la section transversale des protofibrilles (fig. 141).

En effet, les techniques de coloration négative des tubules révèlent l'existence de microfilaments parallèles à l'axe du tubule.

Le nombre des protofibrilles est fixe pour des microtubules d'origine identique, mais peut différer suivant les espèces (il varie de 9 à 14).

III. – ORGANISATION MACROMOLACULAIRE DES MICROTUBULES

Chaque protofibrille est un polymère de haut poids moléculaire dont le nom général est tubuline.

Chaque sous-unité est un dimère d'un poids moléculaire de 110 000 à 120 000.

Il existe une tubuline I et une tubuline II.

Les monomères de la tubuline I ne sont pas les mêmes sur le plan de la constitution chimique que ceux de la tubuline II. Un dimère peut donc être constitué de deux monomères identiques, c'est un homodimère, ou de deux monomères différents (monomère de la tubuline I + monomère de la tubuline II), c'est un hétérodimère.

Les protofibrilles résultent de l'assemblage soit d'homodimères, soit d'hétérodimères, suivant l'origine du microtubule auquel elles appartiennent.

La colchicine a la propriété de se combiner aux sous-unités microtubulaires et d'inhiber ainsi leur association en microtubules (c'est pour cette raison qu'elle inhibe la division cellulaire au stade de la métaphase).

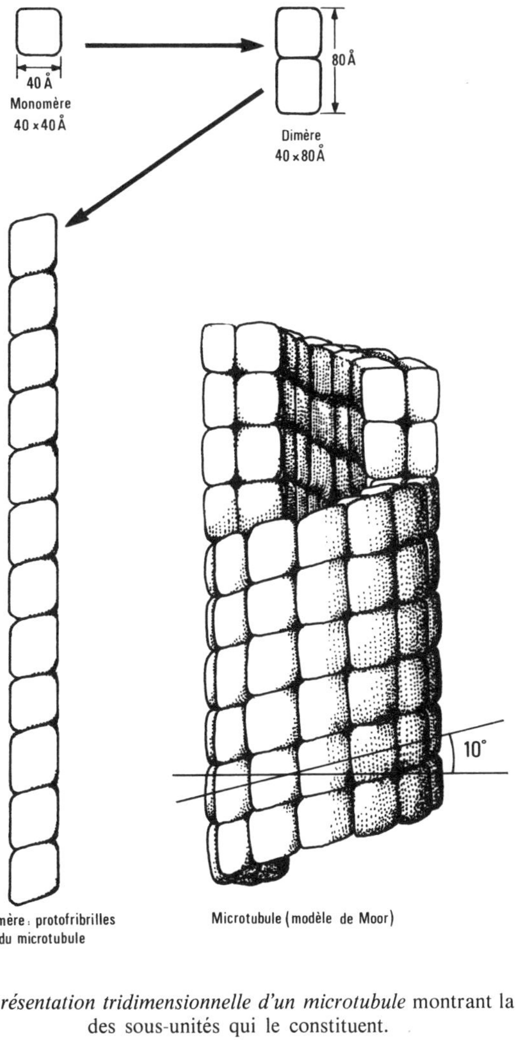

FIG. 141. – *Représentation tridimensionnelle d'un microtubule* montrant la disposition des sous-unités qui le constituent.

IV. – FONCTIONS DES MICROTUBULES

Les microtubules interviennent dans :
- les mouvements des chromosomes au cours de la division cellulaire,
- le transport de substances ou de matériel intracellulaire,
- la morphogenèse de la cellule,
- le maintien de la forme de la cellule,
- les mouvements de la cellule (voir cils et flagelles),
- la migration des vacuoles d'endocytose,
- la libération des grains de sécrétion,
- la polarité cellulaire,
- le maintien de la structure de la membrane cellulaire.

■ ***Transport intracellulaire; un exemple de transport de matériel, la migration des grains de pigment dans les cellules pigmentaires.*** – La cellule pigmentaire est un excellent matériel pour étudier le rôle des microtubules dans les mouvements intracellulaires. Ces cellules, de forme étoilée, contiennent des mélanosomes, grains de pigments enfermés dans une membrane, qui, sous l'influence d'hormones, se déplacent dans la cellule. Leur dispersion confère aux structures revêtant un organisme (peau, écaille, etc...) une coloration voisine de la teinte des pigments. Celle-ci s'éclaircit lorsque les pigments migrent vers le centre de la cellule.

a) **L'érythrophore** *(Holocentrus ascensionis).* – Les érythrophores appartiennent au groupe des cellules pigmentaires. Leur pigment rouge a la forme de petites gouttelettes. Ils sont situés sous l'épithélium de la face profonde des écailles. La cellule a la forme d'un disque de 70 à 80 Å de diamètre.

b) **Structure de l'érythrophore** (fig. 142).

A. PIGMENT DISPERSE. – Lorsque le pigment est dispersé (1) la cellule contient de nombreux microtubules de 240 Å de diamètre, qui convergent vers le centre de la cellule. Les grains pigmentaires ont une disposition identique. Le nombre

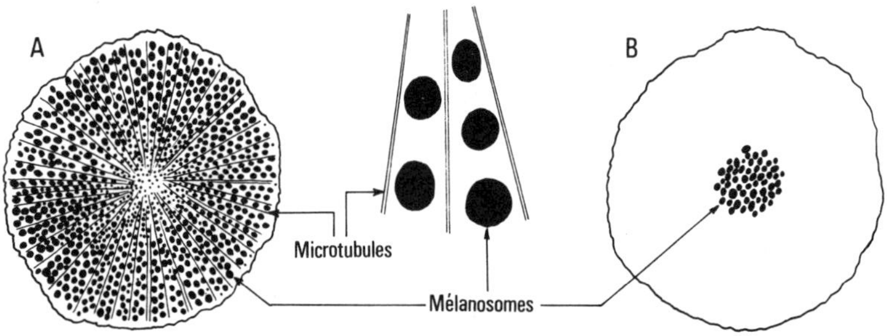

FIG. 142. – *Erythrophore :*
A : phase de dispersion des mélanosomes; les tubules sont nombreux et conditionnent la disposition radiaire du pigment;
B : le pigment est agrégé au centre de la cellule qui ne contient plus de microtubules.

(1) La disposition du pigment dépend d'une hormone, la M.S.H.

des microtubules est deux fois plus important à la périphérie qu'au centre : donc tous les microtubules n'atteignent pas le centre cellulaire. Le noyau est périphérique.

B. PIGMENT AGREGE. – Sous l'influence de l'adrénaline, le pigment s'agglomère immédiatement dans le centre de la cellule, tandis que la M.S.H. induit la dispersion des mélanosomes.

Lorsque les pigments sont agrégés, les microtubules disparaissent et les pigments perdent leur disposition radiaire.

Les microtubules interviennent donc dans la répartition du matériel pigmentaire.

c) **L'érythrophore au cours de la phase de dispersion.** – Au cours de la dispersion induite par la M.S.H., les microtubules réapparaissent entre les grains pigmentaires qui occupent le centre de la cellule. Le matériel pigmentaire se dispose à nouveau radiairement. En même temps que les microtubules s'accroissent en direction centrifuge, les grains pigmentaires se dispersent.

Bien qu'aucun lien structural entre les granules de pigments et les microtubules n'ait pu être mis en évidence, il n'en demeure pas moins que la migration des pigments dépend des microtubules.

Les microtubules interviennent donc dans la migration des mélanosomes, mais il n'est pas possible actuellement d'en expliquer le mécanisme.

■ *Microtubules et forme de la cellule.*

a) **Maintien de la forme des cellules différenciées.** – L'echinosphaerium (actinosphaerium) est un protozoaire dont le corps cellulaire a un diamètre de 5 à 10 μ, et dont les axopodes ont une longueur de 400 μ. Ils servent à capter la nourriture. La particule nutritive adhère à l'extrémité de l'axopode qui se rétracte.

Ce protozoaire est un excellent modèle pour étudier le rôle des microtubules car les axopodes contiennent approximativement 500 microtubules. De plus, ils renferment des granules dont les déplacements sont cellulipètes. La destruction des microtubules (par l'abaissement de la température ambiante, l'augmentation de la pression hydrostatique, la colchicine) inhibe la migration des granules : les axopodes prennent un aspect moniliforme avant de se rétracter complètement (fig. 143).

La suppression de l'agent causal permet une « restitutio ad integrum » des axopodes.

Des études semblables sur les érythrocytes nucléés (cellules ovalaires) de certains Vertébrés, sur les cellules du cristallin (cellules très allongées) démontrent que les microtubules sont nécessaires au maintien de la forme de la cellule puisqu'après destruction, ces cellules deviennent arrondies.

Les expériences utilisant des fibroblastes (BHK 21) sont très démonstratives. Dans des conditions normales de culture, ces cellules sont allongées et possèdent quelques prolongements. Par contre, si on ajoute au milieu de culture de la colchicine, les cellules prennent l'aspect des cellules épithéliales, elles deviennent polygonales; or, les microtubules ont disparu (fig. 144).

b) **Rôle dans la morphogenèse.** – Pendant la morphogenèse, les cellules acquièrent progressivement leur forme définitive. Ces modifications de forme dépendent des microtubules et de leur croissance. Le cristallin par exemple se

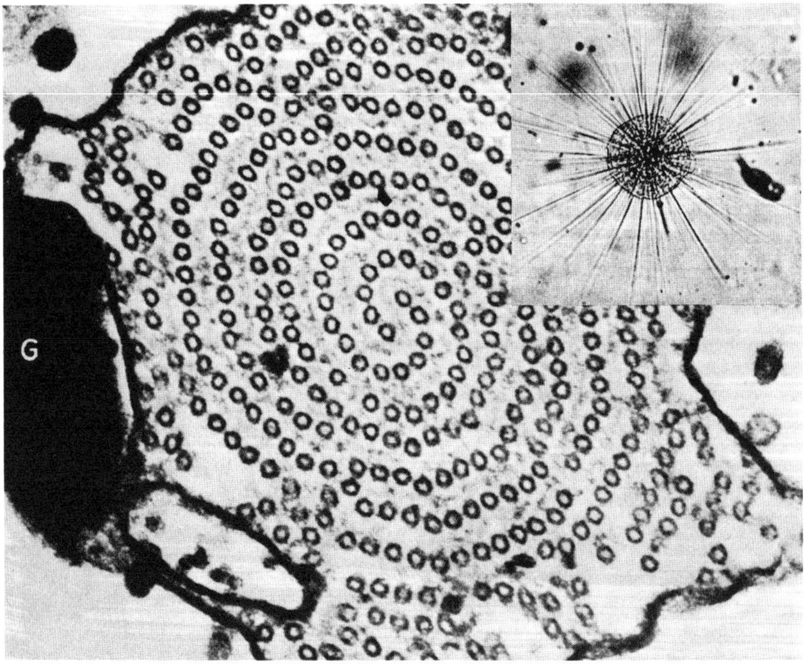

FIG. 143. – A : *Echinosphaerium* (×80).
B : Coupe transversale d'un axopode d'Echinospaerium. Distribution des microtubules (×110 000).
(TILNEY, *Origin and continuity of microtubules;* in : *Origin and continuity of cell organelles,* J. REINERT et H. URSPRUNG, Springer Verlag.)

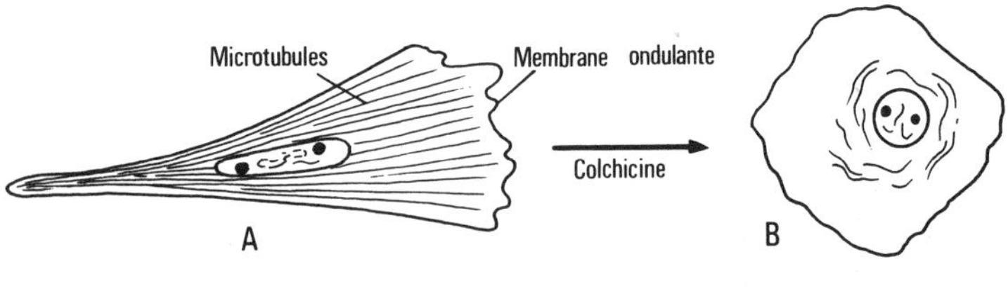

FIG. 144. – A : fibroblaste normal en culture;
B : traitement par la colchicine; les microtubules disparaissent, le fibroblaste devient polygonal.

différencie aux dépens de la placode optique. Les cellules de la placode s'allongent, deviennent prismatiques, puis la placode s'invagine en une vésicule, la vésicule cristallinienne.

L'allongement de la cellule est contemporain de la différenciation des microtubules : ils émanent d'un diplosome apical et s'allongent parallèlement au grand axe de la cellule.

La colchicine empêche la différenciation de la vésicule cristallinienne en inhibant la formation des microtubules.

■ ***Migration des vacuoles d'endocytose.*** – Les vacuoles d'endocytose se déplacent dans la cellule. Pendant longtemps, il a été admis que ce déplacement dépendait des courants cytoplasmiques; actuellement, les cytologistes considèrent que les vacuoles d'endocytose sont guidées par les microtubules.

Immédiatement après leur formation, les vacuoles d'endocytose migrent en direction de la région périnucléaire occupée par le centre cellulaire en restant en contact étroit avec les microtubules.

a) **Le mode de migration.** – Les cellules HeLa en culture sont un excellent modèle pour observer ces déplacements. La microscopie électronique a montré ici les rapports de contiguïté des microtubules et des vacuoles. La microcinématographie de vacuoles d'endocytose contenant des particules de charbon démontre que la progression s'effectue par une série de déplacements rapides, séparés par des périodes de migration lente.

b) **L'inhibition de la migration par la colchicine.** – La colchicine détruit les microtubules par dépolymérisation. Si de la colchine est ajoutée au milieu de culture, les microtubules des cellules HeLa disparaissent et la migration s'interrompt.

La colchicine n'agit pas sur la formation des phagosomes, car elle est sans action sur les microfilaments de la région sous-membranaire. Des granulocytes en présence de staphyloccoques, placés dans un milieu contenant de la colchicine, phagocytent ces bactéries, mais les vacuoles digestives ne se forment pas. **Cette inhibition de la formation des hétérolysosomes est donc directement liée à la destruction des microtubules le long desquels les lysosomes se déplacent.**

c) **Origine des forces nécessaires à la migration.** – Le déplacement des vacuoles d'endocytose dépend de forces de traction dont l'origine n'est pas connue; la puromycine qui bloque la phosphorylation oxydative n'entrave pas la migration. Il est donc tentant de penser que « la traction » des vacuoles est liée à des raccourcissements par dépolymérisation des microtubules, mais cela reste à prouver.

■ ***Microtubules et sécrétion.*** – La colchicine inhibe la libération du produit d'excrétion des phagosomes par les granulocytes, de l'histamine par les granulocytes et les macrophages, de l'insuline par les cellules des îlots de Langherans. Il semble probable que la destruction des microtubules soit à l'origine de cette inhibition de l'excrétion.

Le blocage de l'excrétion des granulocytes explique le mécanisme d'action de la colchicine dans la thérapeutique de la goutte. Cette maladie métabolique est caractérisée par l'accumulation d'urate dans les articulations. Les phagocytes situés dans l'articulation ingèrent des cristaux d'urate monosodique : la colchicine inhibe la décharge du contenu des lysosomes dans les vacuoles de phagocytes, et celle des phagosomes dans l'articulation.

■ ***Microtubules et polarité cellulaire.*** – La polarité cellulaire est à la fois structurale et fonctionnelle; elle implique que certaines activités de la cellule sont localisées à l'un des pôles cellulaires.

Elle est évidente dans les cellules épithéliales dont une des faces est en rapport avec une cavité, une autre avec une lame basale, et les deux latérales avec les cellules voisines.

Dans des fibroblastes en culture, la polarité cellulaire est indiquée par le pôle où s'effectuent les mouvements de la membrane ondulante (mouvements directionnels). La pinocytose est habituellement localisée dans cette région.

Traités par la colchicine, les fibroblastes prennent une forme polygonale et les mouvements directionnels sont remplacés par des mouvements amiboïdes au hasard.

La perte de cette polarité inhibe le chimiotactisme des leucocytes, fait important qui explique la diminution du nombre des phagocytes pénétrant dans les articulations des goutteux traités par la colchicine, et donc la diminution des réactions inflammatoires.

■ ***Microtubules et maintien de la structure de la membrane.*** – La phagocytose par les granulocytes se caractérise par la pénétration d'une partie de la membrane plasmique dans le cytoplasme.

La membrane contient des sites spécifiques de transport des acides aminés. Dans les conditions normales, au cours de la phagocytose, ces sites sont respectés et restent tous dans la membrane plasmique, de telle sorte que la membrane du phagosome n'en contient pas. Après colchicine, de grandes surfaces contenant des sites de transport d'acides aminés pénètrent avec la membrane qui limitera la vacuole de phagocytose. Ce fait implique donc que la structure de la membrane s'est modifiée. Cette répartition des sites dépendrait des microtubules.

V. – ROLE DES MICROTUBULES DANS LES MOUVEMENTS DES CHROMOSOMES AU COURS DE LA MITOSE

Il est généralement admis que les mouvements des chromosomes dépendent des microtubules du fuseau.

■ ***Formation du fuseau.*** – Un diplosome occupe une région voisine du noyau juste avant la mitose. Il est formé de deux centrioles et de deux procentrioles. Un système de microtubules à disposition radiaire, l'aster, se différencie autour de chaque centriole.

Au cours de la prophase, ces microtubules deviennent plus nombreux et s'allongent, tandis que les centrioles migrent autour du noyau pour occuper une situation diamétralement opposée. Ce mouvement est accompagné d'un développement continu des microtubules placés entre les centrioles : ces microtubules constituent le fuseau mitotique ou appareil fusorial.

■ ***Rôle du centriole dans la formation du fuseau.*** – Les microtubules de l'aster et du fuseau ont une ultrastructure identique, néanmoins, il n'est pas possible d'affirmer que les microtubules de l'appareil fusorial sont d'origine centriolaire.

En effet, des fuseaux normaux se développent en l'absence de centriole dans des cellules qui, habituellement, en possèdent. Mais, par contre, le nombre de fuseaux dépend de celui des centrioles. Le traitement d'œufs d'Oursin par le mercaptoéthanol augmente leur nombre, et il est possible d'observer alors l'apparition du fuseau tétrapolaire.

■ ***Les microtubules du fuseau.*** – Les microtubules du fuseau se classent en *microtubules continus* qui vont d'un pôle à un autre, et en *microtubules du kinétochore* (fibres chromosomiques des anciens auteurs).

Les microtubules fusoriaux ont, d'après Mc Intosh, des bras latéraux à direction oblique. Ces bras latéraux réalisent des ponts croisés unissant les microtubules. Ils joueraient un rôle en tendant les microtubules de manière à leur donner un trajet curviligne.

Les bras latéraux confèrent une polarité aux microtubules. Deux tubules antiparallèles agissent l'un sur l'autre, en créant une force motrice qui leur permet de glisser l'un par rapport à l'autre, chacun en direction d'un des deux pôles du fuseau.

Au cours de l'anaphase, les microtubules du kinétochore se raccourcissent par dépolymérisation de l'extrémité polaire des microtubules tandis que les microtubules antiparallèles se dirigent vers les pôles opposés.

GLOSSAIRE

La majorité des définitions est empruntée au dictionnaire français de Médecine et de Biologie de A. MANUILA, L. MANUILA, M. NICOLE, H. LAMBERT.

Nous conseillons aux lecteurs de se référer aussi aux ouvrages suivants :

- *Biochimie :* LEHNINGER (éd. Flammarion).
- *Biochimie :* J. KRUH (éd. Hermann).

A

Acétyle, *m.* :

Radical $CH_3 - CO$ dérivant de l'acide acétique.

Acide phosphotungstique :

Acide minéral utilisé dans les techniques de coloration négative. L'acide phosphotungstique est opaque au rayonnement électronique. Cette propriété est utilisée pour visualiser des structures qui ne sont pas suffisamment denses. Les structures à étudier sont placées dans une solution de phosphotungstate de Na. Cette suspension est disposée sur une grille recouverte d'un film de collodion. En séchant, le phosphotungstate crée un écran entre les structures qui seules laissent passer les électrons. On obtient donc des images en négatif.

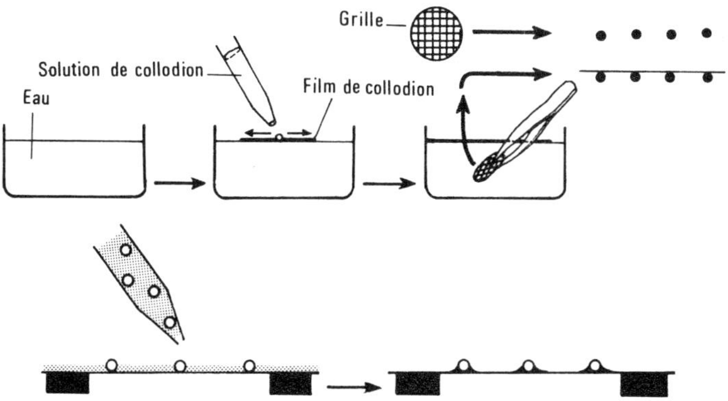

Actine :
Protéine contractile participant à la constitution des myofibrilles du muscle strié. Elle a un poids moléculaire de 70 000. Elle se présente soit sous une forme globulaire, actine G, soit sous une forme fibrillaire, actine F, qui résulte de l'association des globules. L'actine F a une structure en double hélice.

Actinomycine D :
Substance lytique produite par la culture d'un actinomycète Streptomyces albus. Elle bloque le mRNA.

Activités antigéniques :
Se dit de substances qui, introduites dans un organisme, provoquent la formation d'anticorps, c'est-à-dire de composés pouvant se combiner avec elles et les neutraliser.

Acyl :
Préfixe employé pour désigner la présence d'un groupement R – CO.

Adénovirus, *m.* :
Groupe de virus à DNA. Les adénovirus humains sont responsables de pharyngites, de conjonctivites, d'adémites.

Adénocarcinome, *m.* :
Cancer glandulaire.

Aérobie, *a.* et *s.* :
Qualifie les organismes ou les réactions chimiques qui ont besoin d'oxygène libre.

Albinisme, *m.* :
Maladie génétique caractérisée par l'absence de pigments mélaniques dans la peau, le système pileux et les yeux.

Aldéhyde, *m.* :
Substance organique possédant un groupement – CHO.

Aliphatique, *a.* :
Qualifie les corps chimiques dont la chaîne carbonée est linéaire.

ex. : $CH_3 - CH_2 - CH_2 - CH_2 - CH_2 - C \begin{matrix} \nearrow O \\ \searrow OH \end{matrix}$

Alvéolaire, *a.* :
Qui se rapporte aux alvéoles. Alvéoles pulmonaires : cavités de petites dimensions limitées par un épithélium à travers lequel s'effectuent les échanges respiratoires.

Amphipathique, *a.* :
Se dit d'une substance qui a une affinité pour deux solvants non miscibles. Les substances amphipathiques (ou amphilyophiles) ont une extrémité polaire (pôle hydrophile) et une extrémité apolaire (pôle lipophile ou hydrophobe).

Amylase hépatique :
Enzyme d'origine hépatique qui catalyse la dégradation de l'amidon en maltose et en dextrines.

Amytal (amobarbital), *m.* :
Barbiturique spécialisé en France sous le nom d'Eunoctal.

Androgène, *a.* et *a.m.* :
Substance qui induit l'apparition des caractères sexuels mâles.

Angström :
Dix millionième partie du millimètre.

Anisokaryose, *f.* :
Se dit des noyaux d'un tissu lorsque ceux-ci ont des différences de taille importantes.

Anisonucléose, *f.* :
Voir Anisokaryose.

Anticorps, *m.* :
Substances spécifiques dont la formation est provoquée soit par des éléments exogènes introduits dans l'organisme, soit par des éléments endogènes.

Anticorps cytophile :
Anticorps ayant une affinité pour les cellules.

Antigène, *m.* :
Substance induisant une réponse immunologique spécifique se traduisant par l'apparition d'anticorps.

Antigène de Forsmann :
Antigène présent dans les érythrocytes de mouton, dans les organes de divers animaux, dans certaines bactéries. Injecté au lapin, il provoque l'apparition d'anticorps qui lysent les érythrocytes.

Antigène H :
Antigène microbien contenu dans les cils ou les flagelles de certains micro-organismes.

Antigènes d'histocompatibilité :
Ou antigènes de greffes. Ce sont des antigènes attachés aux cellules. Ils sont responsables des rejets de greffes par la production d'anticorps qu'ils induisent dans l'organisme hôte.

Antigènes de Lewis :
Antigènes absorbés à la surface de l'hématie qui apparaissent primitivement dans la salive et le plasma.

Antigène M :
Antigène polyosidique contenu par des germes comme Salmonella paratyphi B, agent responsable de la paratyphoïde.

Antigènes de surface :
Certains composants membranaires s'étendent hors de la membrane dans le cell coat et exposent leurs groupes chimiques dont une des activités est antigénique. Les antigènes peuvent être soit :
- des enzymes,
- des récepteurs hormonaux,
- des composants structuraux.

Antimycine, *f.* :
Antibiotique produit par un penicillium, utilisé en inhalation dans le traitement des mycoses. Inhibiteur du transfert des électrons dans les chaînes respiratoires mitochondriales.

Apocatalase, *f.* :
Fraction protéique thermolabile de la catalase, inactive seule, mais qui, associée à son coenzyme, se transforme en catalase active. Le coenzyme est un groupement prosthétique ferriporphyrinique (hème).

Apoenzyme, *m.* :
Une enzyme peut comprendre :
- un apoenzyme, protéine thermolabile, responsable de l'activité enzymatique, mais inactive seule,
- un coenzyme qui se combine à l'apoenzyme pour former un holoenzyme actif.

Ascitique, *a.* :
Se dit d'un épanchement localisé dans la cavité péritonéale.

Atractyloside, *m.* :
C'est une substance toxique extraite de Atractylis gummifera, plante méditerranéenne, qui n'assure la pénétration d'ADP dans la mitochondrie que si une molécule d'ATP en sort. En l'absence d'ATP, elle bloque la pénétration de l'ADP.

Autohistoradiographie :
Lors de la synthèse d'une substance dont on veut connaître le métabolisme, un isotope radioactif est introduit dans la molécule (soit le carbone, l'iode, le soufre, etc.). Si par exemple on désire connaître le chemin parcouru par la cystéine dans le cartilage, on introduit dans la molécule de cystéine du soufre 35. Cet acide aminé est injecté à plusieurs rats, qui seront

sacrifiés à des intervalles réguliers, par exemple 4 h, 8 h, 12 h, 24 h après l'injection. On prélève le cartilage, on le coupe après inclusion à la paraffine. Sur les coupes étalées, on verse une émulsion photographique liquide qui, en séchant, forme une pellicule sur les cellules : les régions occupées par l'isotope réduisent l'argent à leur contact. La coupe est traitée ensuite comme une pellicule photographique (révélateur, puis fixateur), de telle sorte que les grains d'argent réduit apparaissent. Cette coupe est ensuite colorée. On peut ainsi localiser avec précision les régions où se situe l'isotope, donc la substance marquée. L'échelonnement des prélèvements dans le temps permet de suivre le devenir de cette substance. Dans le cas du cartilage, elle se localise d'abord dans les cellules, puis dans la substance fondamentale : la cellule incorpore donc cet acide aminé pour élaborer la substance fondamentale.

Axone, *m.* :
Prolongement d'une cellule nerveuse dans lequel l'influx chemine en s'éloignant de la cellule.

Axopode, *m.* :
Expansion cytoplasmique cylindrique rigide de certains Protozoaires.

Azur C :
Colorant biologique.

B

Bâtonnet :
Cellule neurosensorielle de la rétine, constituée de deux articles : un article externe et un article interne, et d'un corps cellulaire.

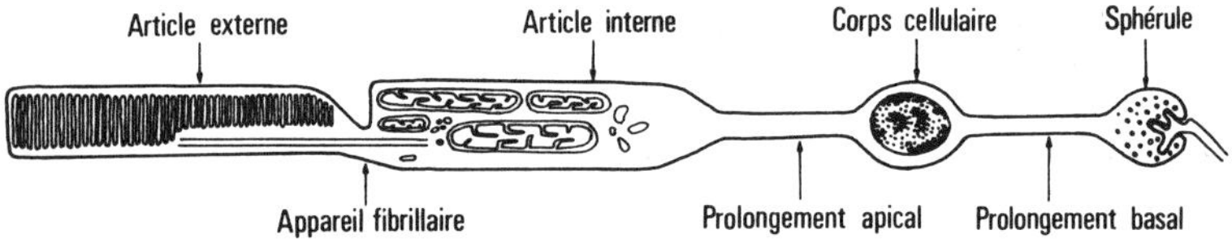

Bicaténaire, *a.* :
Se dit d'une molécule formée de deux chaînes.

Bioxyde d'osmium :
OsO_2.

Blastomères *m.* :
« Cellules » provenant des premières divisions de l'œuf fécondé.

Blastula *f.* :
C'est un stade du développement de l'œuf qui se caractérise par l'apparition d'une cavité entre les blastomères (voir gastrulation).

Bordure en brosse :
Spécialisation morphologique de la surface apicale de la membrane plasmique qui dessine de longues microvillosités parallèles les unes aux autres. Ce dispositif accroît la surface d'absorption.

Bradykinine, *f.* :
Substance protéique qui a pour action de ralentir la contraction du muscle lisse.

C

Canaux striés :
Les canaux striés sont des canaux excréteurs de la glande sous-maxillaire. Ils sont localisés dans les lobules. L'épithélium de ces canaux est formé d'une couche de cellules cubiques dont la base est occupée par des invaginations membranaires dessinant des logettes contenant des mitochondries; (id. tube contourné proximal du rein).

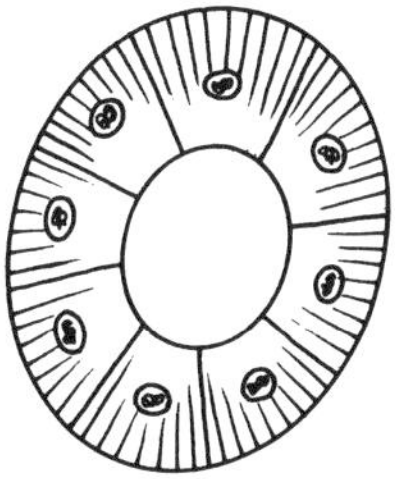

Carboxyle, *m.* **:**
Radical COOH caractérisant la fonction acide en chimie organique.

Cellule endothéliale :
Cellules qui forment le revêtement interne de tout l'appareil cardiovasculaire.

Cellule ganglionnaire spinale :
Cellule nerveuse située dans le ganglion spinal (le ganglion spinal est situé sur le trajet de la racine postérieure des nerfs spinaux).

Cellule immunologiquement compétente :
Cellule capable de former des anticorps lorsqu'elle est soumise à l'action d'antigènes.

Cellule de Leydig :
Entre les tubes séminifères (où s'effectue la spermatogenèse) des cellules, les cellules de Leydig, sont disposées en ilôts périvasculaires. Elles sont responsables de l'élaboration de la testostérone.

Cellule muqueuse :
Cellules glandulaires qui sécrètent des mucopolysaccharides.

Cellule pyramidale :
Cellule nerveuse du cortex cérébral, de forme pyramidale.

Cellule réticulaire :
Cellule de 20 à 35 μ, à contour cytoplasmique imprécis en microscopie optique, qui se rencontre dans tous les organes hématopoïétiques (moelle osseuse, ganglion lymphatique, rate, thymus, tissu lymphoïde).

Cellule séreuse :
Cellule sécrétant des protéines enzymatiques, de forme pyramidale, comprenant un pôle basal occupé par l'ergastoplasme, un pôle apical contenant les grains de sécrétion. Le noyau occupe la partie moyenne de la cellule.

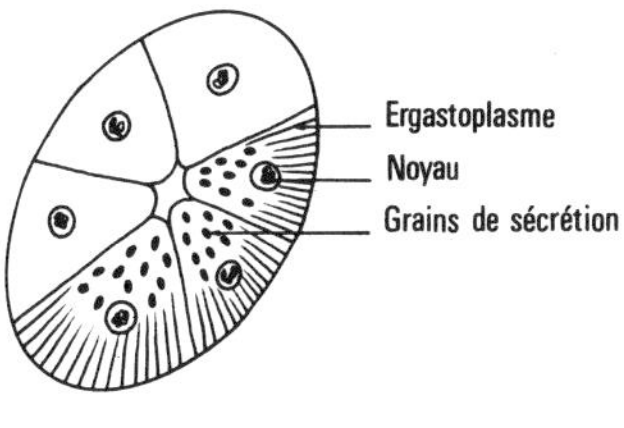

Centromère, *m.* :
Région du chromosome correspondant habituellement à une constriction (constriction primaire), sur laquelle se fixent les microtubules du fuseau. Syn. Kinétochore.

Chaîne aliphatique :
Voir Aliphatique.

Chélatant, *a.* :
Se dit d'une substance qui se combine avec des ions métalliques pour donner un complexe inactif soluble.

Chironome, *m.* :
Ver de vase.

Chloramphénicol, *m.* :
Antibiotique obtenu par culture de Streptomyces venezuelae.

Chloroquine, *f.* :
Médicament utilisé dans la prévention et le traitement du paludisme.

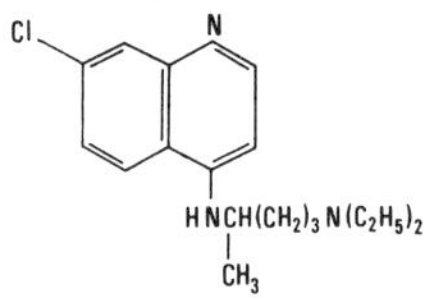

Chlorpromazine, *f.* :
Médicament sédatif, anxiolytique.

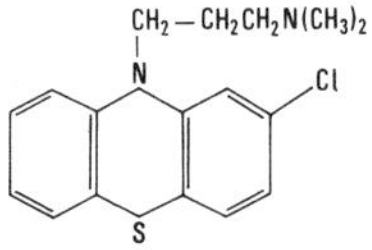

Cholostase, *f.* :
Arrêt de l'écoulement de la bile.

Cistron, *m.* :
Unité de fonction génétique.

Clampage, *m.* :
Arrêt de la circulation (viscérale ou sanguine) par pose d'un clamp (pince à mors rigide ou élastique).

Clône, *m.* :
Groupe de cellules provenant de la multiplication d'une seule cellule.

Colchicine, *f.* :
Substance antimitotique extraite de la colchique (Colchicum autumnale), utilisée dans le traitement de la goutte.

Coenzyme, *m.* :
Molécule organique ou minérale indispensable au fonctionnement d'une protéine enzymatique à laquelle elle s'associe (apoenzyme).

Colorant basique :
Base colorée, utilisée pour la coloration des cellules. Elle se combine avec les structures acides de la cellule.

Coloration négative :
Voir acide phosphotungstique.

Compétence immunologique :
Voir cellule immunologiquement compétente.

Core :
Terme anglais pour désigner le noyau, l'âme (d'un câble par ex.)

Corps ciliaire :
Le corps ciliaire est une région de la partie antérieure de l'œil située entre l'iris et l'ora serrata. Elle contient le muscle ciliaire et un épithélium à deux couches de cellules.

Cortex surrénalien :
La surrénale, glande endocrine, est constituée d'une partie centrale, la médullaire, et d'une partie périphérique, corticale, appelée cortex.

Cortisone, *f.* **:**
Hormone du groupe des stéroïdes élaborée par la surrénale (cortex surrénalien).

Cryodécapage :

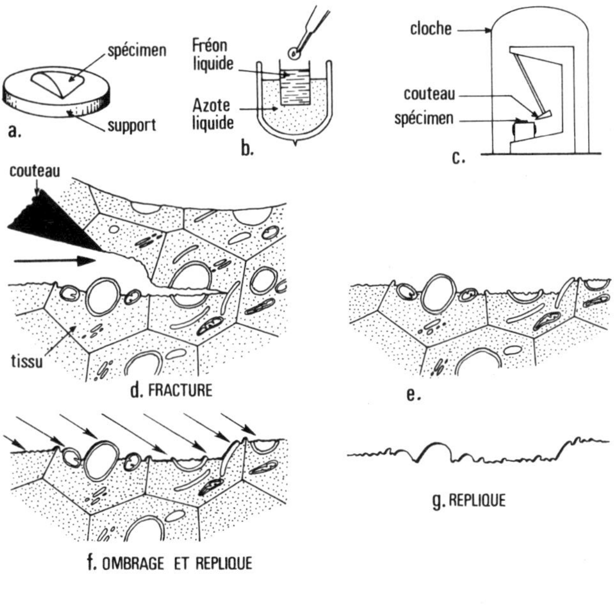

Le tissu à traiter par freezing etching ou cryodécapage est placé sur un support (a), refroidi rapidement dans du freon liquide (b) puis placé dans une cloche sous vide préalablement refroidie (c). Le spécimen congelé est fracturé (d) et la surface libérée (e) est ombrée à l'aide du platine ou du carbone (f). La replique (g) est observée en microscopie électronique.

Culture synchrone :
Cultures dans lesquelles toutes les cellules se trouvent au même stade du cycle cellulaire.

Cycloheximide, *f.* :
Antibiotique extrait des cultures de *Streptomyces griseus.* Fungicide (en agriculture).

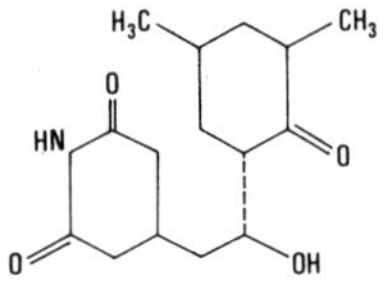

Cytochalasine, *f.* :
Métabolites en provenance de moisissures, désignés par les lettres A, B, C, D, E, F, la cytochalasine B étant la plus couramment employée.

D

Dalton, *m.* :
Unité de masse atomique égale au 1/16 de la masse d'un atome d'oxygène, soit $1{,}65 \times 10^{-24}$ grammes.

Daunomycine, *f.* :
Antibiotique isolé à partir de cultures de *Streptomyces peucetuis.* A été utilisé dans le traitement des leucémies.

Dénaturation thermique du DNA :
Le DNA bicaténaire, chauffé, se déroule en libérant ses deux brins. Au cours de la renaturation, les brins complémentaires se réunissent en une molécule bicaténaire.

Dendrite, *m.* :
Prolongement d'une cellule nerveuse dans lequel l'influx nerveux chemine en direction du corps cellulaire.

Désoxycholate de Na, *m.* :
Sel de l'acide désoxycholique qui est un des constituants de la bile.

Détoxification (détoxication), *f.* :
Mécanisme par lequel une substance perd sa toxicité.

Dextran, *m.* :
Polysaccharide de poids moléculaire élevé extrait de *Leuconostoc mesenteroides.*

Diaphorase, *f.* :
Enzyme qui catalyse la déshydrogénation du NADH ou NADPH sur un accepteur artificiel.

Digestion trypsique :
Traitement d'une structure par la trypsine.

Digitonine, *f.* :
Alcaloïde extrait de la digitale. Forme des complexes avec le cholestérol libre.

Dinitrophénol, *m.* :
Substance hyperthermisante utilisée autrefois dans le traitement de l'obésité. Abandonné en raison de sa toxicité : il peut provoquer des agranulocytoses (baisse importante du pourcentage des granulocytes par arrêt de leur formation).

Disaccharide (diholoside), *m.* :
Substance résultant de la combinaison de deux oses.

Dyne, *m.* :
Unité de force qui, appliquée à un corps dont la masse est 1 gramme, lui communique une accélération de 1 cm/seconde.

Dyspnée, *f.* :
Difficulté de respirer.

E

Ectodermique, *a.* :
Qui se rapporte à l'ectoderme, feuillet superficiel de l'embryon.

Ectoplasme, *m.* :
Partie périphérique du cytoplasme.

Enclave, *f.* :
Structures inertes de la cellule n'appartenant pas à la machinerie de synthèse. Elles sont regroupées sous le terme très général de paraplasme de moins en moins usité.

Endonucléase, *f.* :
Enzyme nucléaire intervenant dans la maturation du RNA.

Endotoxine, *f.* :
Toxine liée à la cellule bactérienne qui n'est libérée que par la destruction de la bactérie.

Entérocyte, *m.* :
Cellule à plateau strié constituant l'épithélium intestinal.

Epididyme :
Partie des voies excrétrices de l'appareil génital mâle, située entre le testicule et le canal déférent constitué par un canal sinueux, limité par un épithélium prismatique simple.

Epithélioma, *m.* :
Cancer développé à partir d'un épithélium.

Epithélium :
Ensemble de cellules limitant la périphérie ou les cavités de l'organisme.

Epithélium tubaire :
Epithélium de la trompe utérine.

Erythroblaste, *m.* :
Cellule souche des érythrocytes.

Erythrocyte (hématie), *m.* :
Cellule anucléée chez l'Homme, responsable du transport de l'oxygène et du CO_2 (4 500 000/mm^3 de sang).

Erythromycine, *f.* :
Antibiotique extrait de cultures de *Streptomyces erythreus.*

Espace de Disse :
Espace compris entre les hépatocytes et les cellules de Küpffer (cellules qui bordent les capillaires hépatiques).

F

Ferritine, *f.* :
Le fer est stocké dans l'organisme et en particulier dans la rate, le foie, la moelle osseuse sous la forme d'une hétéroprotéine. La protéine ou apoferritine (poids moléculaire : 465 000) est liée à des micelles d'hydroxyde ferrique.

Fibroblaste, *m.* :
Cellules du tissu conjonctif de 30 μ sur 10 μ, qui élaborent les fibres conjonctives, des mucopolysaccharides et de l'acide hyaluronique.

Freezing etching, *m.* :
Voir Cryodécapage.

Fucidine, *f.* :
Antibiotique produit par *Fusidium coccineum* (traitement des staphylococcies).

G

Galactose tritié :
Galactose dont les molécules d'hydrogène sont remplacées par du tritium (isotope de l'hydrogène, ^3H).

Gastrulation, *f.* :
Invagination d'une partie de la blastula transformant cette dernière en gastrula.
Formation de la gastrula chez le Triton : l'œuf fécondé (1) subit une série de divisions, qui l'amènent au stade de morula (5), puis de blastula (6) et enfin de gastrula (7, 8, 9). Le blastopore est indiqué par la lettre B, la lèvre du blastopore par les lettres LD.

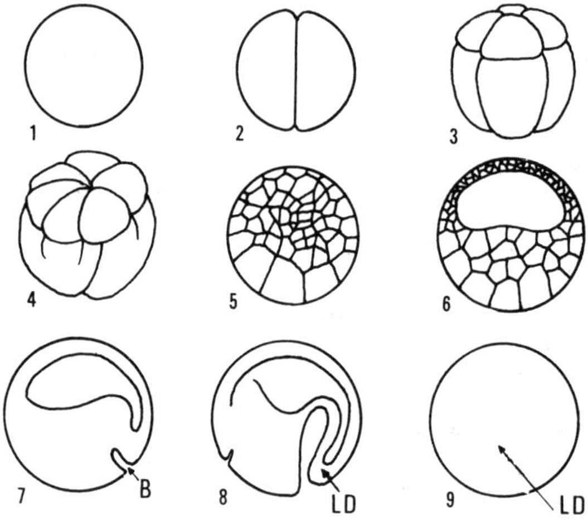

Germ free, *a.* :
Se dit pour définir des animaux de laboratoire ne contenant aucun germe pathogène. Ils sont recueillis par césarienne et élevés dans un milieu stérile.

Glande :
Organe dont la fonction essentielle est de sécréter des produits qu'il excrète soit dans le milieu extérieur (exocrine), soit dans le milieu intérieur (endocrine).

Glande sébacée :
Glande cutanée située dans le derme, annexée ou non à un poil qui sécrète le sébum.

Glucose tritié :
Glucose dont les hydrogènes sont remplacés par le tritium ^3H.

Goutte :
Affection due à un trouble du métabolisme de l'acide urique. Elle se traduit par une atteinte articulaire.

Gramicidine, *f.* :
Antibiotique extrait de culture de *Bacillus brevis*. Très toxique par voie parentérale (utilisé pour la désinfection des plaies).

Granulocyte, *m.* :
Cellule du sang, de 10 à 14 μ, caractérisée par un noyau polylobé (d'où le nom parfois encore utilisé de polynucléaire) et des granulations dont les affinités tinctoriales permettent de définir :
- des granulocytes neutrophiles,
- des granulocytes basophiles,
- des granulocytes éosinophiles.

Gregarina rigida, *f.* :
Protozoaire parasite de l'intestin.

Groupe méthyle, *m.* :
CH_3.

Groupes sanguins :
Le terme groupe sanguin s'applique aux caractères transmissibles des érythrocytes qui sont identifiables en tant qu'antigènes par leurs réactions avec des anticorps spécifiques. Les groupes sanguins peuvent être classés en système, ABO, MNS_1, P, Rh... Les antigènes (agglutinogènes) sont disposés à la surface de la cellule.

H

Hématopoïèse, *f.* :
Formation des cellules sanguines.

Hématoside, *m.* :
Ganglioside (glycolipide formé d'acide gras, de sphingosine, d'oses et d'acide neuraminidique) isolé des globules rouges du cheval.

Hématoxyline, *f.* :
Colorant utilisé en histologie. Il est extrait du bois de campêche.

Hémocytoblaste, *m.* :
Cellule souche des lignées sanguines.

Hépatite, *f.* :
Affection inflammatoire du foie.

Hépatome, *m.* :
Tumeur du foie.

Hépatomégalie, *f.* :
Hypertrophie du foie.

Hirudo medicinalis :
Terme scientifique pour désigner la sangsue.

Histiocyte, *m.* :
Macrophage du tissu conjonctif provenant des monocytes sanguins et faisant partie du système des phagocytes mononucléés. Grâce à ses activités enzymatiques et à sa remarquable aptitude à la phagocytose, il joue un rôle primordial de défense contre les infections.

Histocompatibilité, *f.* :
Ensemble des conditions qui assurent la réussite d'une greffe.

Hydrolase, *f.* :
Enzyme catabolisant une réaction d'hydrolyse : $CH_3COO\ CH_2CH_3 + H_2O \rightleftarrows CH_3COOH + CH_3CH_2OH$.

Hyperbilirubinémie, *f.* :
Augmentation du taux de bilirubine dans le sang. Le taux de bilirubine varie normalement entre 0,5 et 1,5 mg par litre de sang.

Hyperchromasie, *f.* :
Très forte affinité d'une structure cellulaire pour un colorant.

Hypotonie, *f.* :
Baisse du tonus musculaire.

Hypoxie, *f.* :
Baisse du taux d'oxygène dans le sang.

I

Immunité cellulaire, *f.* :
Aptitude des cellules à résister aux micro-organismes ou à les détruire.

Immunoglobuline, *f.* :
On groupe sous ce terme toutes les globulines du plasma ayant une fonction d'anticorps dans l'organisme. La molécule est constituée de deux chaînes polypeptidiques légères L, identiques, et de deux chaînes lourdes H identiques.

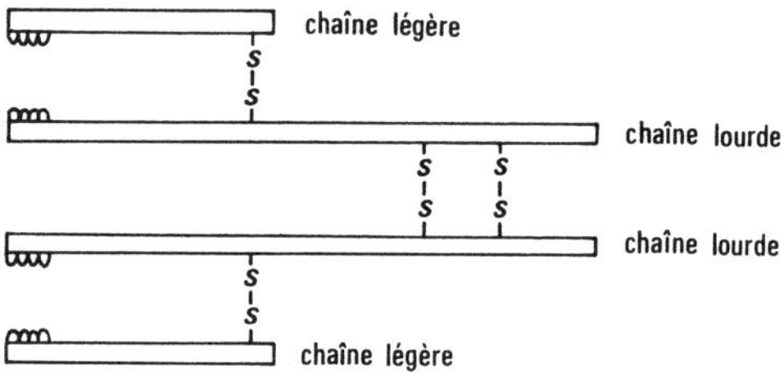

Les immunoglobulines (Ig) se classent en IgG, IgM, IgA, IgD et IgE en fonction de la constitution de la chaîne lourde.

Immunologie, *f.* :
Discipline étudiant les réactions provoquées dans l'organisme animal par l'adjonction d'antigènes.

Inclusion cytoplasmique, *f.* :
Élément intracellulaire parfois appelé enclave, provenant de l'incorporation ou de l'élaboration de produits variés. C'est une erreur d'appliquer ces termes aux « organites doués d'une certaine autonomie ».

Inclusion lipidique :
Enclave lipidique intracytoplasmique, limitée par une membrane.

Isoagglutinine (isohémagglutinine), *f.* :
Agglutinine qui ne réagit qu'avec les globules rouges de la même série animale.

Isoantigène, *m.* :
Antigène capable de former des anticorps chez un individu de la même espèce.

Isohémagglutinine :
Voir isoagglutinine.

K

Kératinisation, *f.* :
Formation d'une scléroprotéine riche en soufre par les cellules épidermiques. La kératine a une structure fibrillaire.

Kératohyaline, *f.* :
Substance se présntant sous la forme de granulations basophiles dans la couche granuleuse de l'épiderme.

L

Lectine, *f.* :
Voir phytohémagglutinines.

Leptospirose, *f.* :
Maladie provoquée par les bactéries du genre Leptospira.

Lutéocyte, *m.* :
Cellule du corps jaune qui élabore la progestérone.

Lymphoblaste, *m.* :
Cellule souche dont dérive le lymphocyte.

Lymphocyte, *m.* :
Cellule sanguine, à noyau arrondi, à cytoplasme basophile. Deux types de lymphocytes en fonction de la taille : le petit lymphocyte, 8 à 10 μ, le grand lymphocyte dont le diamètre est supérieur à 10 μ. Ils sont classés en lymphocytes à vie courte et lymphocytes à vie longue. Ces derniers jouent un rôle fondamental dans les mécanismes de défense : ils sont capables de reconnaître toutes les structures étrangères à l'organisme auquel ils appartiennent.

M

Macroglossie, *f.* :
Langue hypertrophiée.

Macrophage, *m.* :
Cellule douée de propriétés de phagocytoses très développées et qui joue une rôle de premier plan dans la défense de l'organisme : cette cellule provient des monocytes sanguins et fait partie du système des phagocytes mononucléés.

Maladie de Fabry :
Maladie familiale (liée au sexe) se traduisant par l'apparition, vers 5-10 ans, de taches cutanées violacées disposées en caleçon, d'une dystrophie cornéenne en granule et de douleurs des extrémités. L'atteinte rénale et l'hypertension artérielle sont les complications habituelles.

Maladie de Gaucher :
Maladie familiale (récessive autosomale) se traduisant par l'apparition, vers l'âge de 5 ans, d'une volumineuse splénomégalie. La moelle osseuse comporte des cellules à inclusions cytoplasmiques. La mort survient tardivement du fait de compressions des viscères abdominaux, d'anémie, d'hémorragies.

Maladie de Hurler :
Maladie familiale (récessive autosomale) caractérisée par d'importantes déformations du visage qui apparaissent au cours de la première année, une hépato-splénomégalie, des opacités cornéennes, un nanisme, une sévère débilité mentale.

Maladie de Niemann-Pick :
Maladie familiale (récessive autosomale) caractérisée par l'apparition, après quelques mois de vie, d'une dégradation neuropsychique sévère, d'une hypotonie, de lésions rétiniennes et d'une hépato-splénomégalie.

Maladie de Tay-Sachs :
Maladie caractérisée par une hypotonie musculaire profonde avec torpeur, baisse de la vision aboutissant à une cécité et une débilité mentale profonde.

Maladie de Wolman :
Maladie dont la symptomatologie est voisine de celle de Niemann-Pick. Elle s'en distingue par la présence de dépôts calciques intrasurrénaliens visibles à l'examen radiologique.

Malignité, *f.* :
Caractérise les maladies évoluant vers l'aggravation et la mort.

Mégacaryocyte, *m.* :
Cellule de la lignée thrombocytaire, c'est-à-dire de la lignée cellulaire responsable de la formation des thrombocytes ou plaquettes sanguines. Il représente un des stades d'évolution de cette lignée dont la cellule souche est le mégacaryoblaste.

Mélanosome, *m.* :
Granulation ovoïde de O,7 μ de longueur et de O,3 μ de largeur, contenant un pigment, la mélanine. Il se rencontre dans les cellules pigmentaires.

Mercaptoéthanol, *m.* :
CH_3CH_2SH. Trouvé dans l'urine des lapins après ingestion de choux. Se forme au cours de la fermentation du vin. Utilisé dans l'industrie pour la synthèse d'insecticides, d'antioxydants ou de plastiques.

Méromyosine, *f.* :
La myosine est hydrolysée par la trypsine en deux molécules de méromyosine : une méromyosine L (légère) et H (lourde).

Mésothélium, *m.* :
Revêtement d'aspect épithélial formé par des cellules d'origine mésenchymateuse (mésenchyme : forme jeune du tissu conjonctif).

Métastase, *f.* :
Foyer secondaire de cellules cancéreuses provenant d'un cancer préexistant (ou primitif) et se développant à distance de ce dernier.

Métazoaire, *m.* :
Organisme pluricellulaire.

Méthandrostérone, *f.* :
Hormone androgène synthétique.

Micelle, *f.* :
Particule en suspension dans une solution colloïdale.

Micromanipulation :
Manipulation effectuée sous microscope, à l'aide de micro-instruments.

Microspectrophotométrie :
Technique permettant une estimation quantitative basée sur l'étude de l'absorption de la lumière par certaines structures cellulaires colorées.

Morbidité, *f.* :
Nombre de cas de maladie enregistré dans une population déterminée.

Morphogenèse, *f.* :
Développement des formes et des structures d'une cellule ou d'un organisme.

M.S.H., *f.* :
Mélanostimuline. Hormone sécrétée par le lobe intermédiaire de l'hypophyse et qui stimule la synthèse de mélanine.

Myoblaste, *m.* :
Cellule à partir de laquelle se différencient les fibres musculaires.

Myocyte cardiaque, *m.* :
Cellule musculaire cardiaque.

Myofibrille, *f.* :
Élément protoplasmique différencié, permanent, du muscle strié, se présentant sous la forme de filaments cylindriques de 1 μ de diamètre, caractérisés par leur striation (stries A et I). Les stries A (disque A ou bande A) sombres, car biréfringentes, donc anisotropes, de 1,5 μ de longueur, occupées en leur milieu par la strie de Hensen.

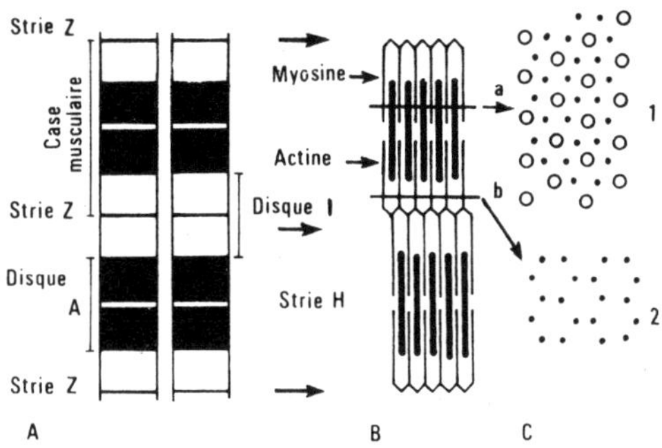

A : Les myofibrilles avec l'alternance de disques clairs et de disques sombres, les cases musculaires limitées par les stries Z.
B : La microscopie électronique montre l'infrastructure des myofibrilles, qui sont constituées par les filaments épais de myosine et les filaments fins d'actine.
C 1 : Représente une coupe transversale intéressant le plan de section (a) de la figure B.
C 2 : Représente le plan de section (b) de la figure B.
Les stries I (disques I ou bande I) sont claires, de 0,8 μ de longueur, traversées en leur milieu par la strie Z ou strie d'Amici. La case musculaire (sarcomère) correspond à la partie de la fibre comprise entre deux stries Z. Elle est donc constituée par un disque A et deux demi-disques I : c'est l'unité fondamentale de la myofibrille.

Myopathie, *f. :*
Affection primitive des muscles se caractérisant par des altérations structurales profondes de la fibre musculaire striée (synonyme : dystrophie musculaire progressive).

Myosine, *f.* :
Protéine d'un poids moléculaire de 450 000, qui est le principal constituant des disques A des myofibrilles.

Myxovirus, *m.* :
Groupe de virus à RNA.

N

Nanogramme, *m.* :
10^{-9} gramme (un milliardième de gramme).

Nématode, *m.* :
Ordre de vers cylindriques parasites des Vertébrés et des Invertébrés.

Néomycine, *f.* :
Antibiotique extrait des cultures de Streptomyces fradiae.

Néoplasie, *f.* :
Tumeur maligne.

Néphrite, *f.* :
Inflammation aiguë ou chronique des reins.

Néphrose, *f.* :
Affection dégénérative de l'épithélium des tubes rénaux.

Neurulation, *f.* :
Transformation de la gastrula en neurula, stade embryonnaire au cours duquel se différencie l'ébauche du système nerveux central.

O

Œstrogène, *m.* :
Hormone stéroïde sexuelle qui provoque les modifications survenant chez les Mammifères au cours de l'œstrus.

Oligomycine, *f.* :
Antibiotique extrait des cultures de Streptomyces diastatochromogenes.

Oncocytome, *m.* :
Tumeur de structure glandulaire généralement bénigne.

Oncogène, *a.* :
Qui favorise la formation de tumeur.

Oogenèse (syn. ovogenèse), *f.* :
Formation et développement des cellules sexuelles femelles.

Organogenèse, *f.* :
Formation et développement des organes.

Ostéoblaste, *m.* :
Cellule intervenant dans les phénomènes d'ossification.

Ostéoclaste, *m.* :
Cellule multinucléée responsable de la destruction du tissu osseux.

Oxygène hyperbar :
Oxygène à une pression supérieure à la pression qu'il a au niveau du sol.

P

Pancytopénie, *f.* :
Les cellules sanguines chez l'adulte proviennent de la différenciation de cellules souches contenues dans la moelle osseuse. La pancytopénie correspond à la diminution du nombre des érythrocytes, des leucocytes et des thrombocytes par atteinte de l'élaboration médullaire.

Pangolin, *m.* :
Mammifère mangeur de fourmis dont le corps est entièrement recouvert d'écailles (Inde, Malaisie, Afrique).

Paraplasme, *m.* :
Voir Enclaves cytoplasmiques.
Il s'oppose au protoplasme, élément actif de la cellule en ce sens qu'il regroupe toutes les structures inertes de la cellule.

Pavimenteux :
Définit la forme aplatie de certaines cellules.

Phalloïdine, *f.* :
Protéine toxique, extraite de l'amanite phalloïde.

Phénobarbital, *m.* :
Barbiturique, sédatif et antiépileptique.

Phénol, *m.* :
Tout composé organique renfermant un ou plusieurs groupements hydroxyles-OH liés à un noyau aromatique.

Phosphoryle, *m.* :
Groupe dérivé de l'acide phosphorique. En extrémité de chaîne, le groupe phosphoryle a la formule :

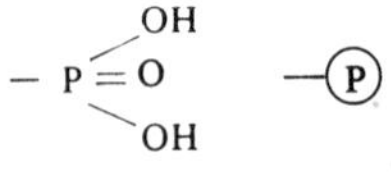

En milieu de chaîne :

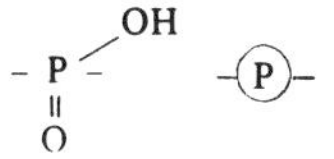

L'ATP est un composé phosphorylé :

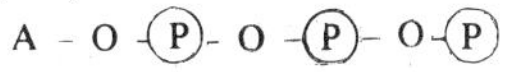

A (Adénosine).

Photophobie, *f.* :
Crainte anormale de la lumière.

Phtalocyanine, *f.* :
Pigment utilisé comme matière colorante.

Phytohémagglutinine, *f.* :
Agglutinine d'origine végétale provoquant l'agglutination des cellules sanguines.

Picogramme, *m.* :
10^{-12} gramme (un trillionième de gramme).

Pigment, *n. m.* (Lat. *pigmentum,* « couleur pour peindre ».) :
Inclusion naturellement colorée dont la diversité chimique, morphologique, fonctionnelle est très grande. On distingue :
Les pigments exogènes provenant de l'alimentation, chlorophylle, caroténoïdes.
Les pigments endogènes, soit dissous, soit granulaires :
- la mélanine est un pigment noir ou brun contenu principalement dans la peau et qui lui confère sa coloration;
- l'hémoglobine est un pigment respiratoire contenu par les hématies : son rôle fonctionnel (transport de l'O_2 et du CO_2) est très important;
- l'hémosidérine est un pigment provenant de la dégradation de l'hémoglobine (c'est un pigment contenant du fer);
- la bilirubine est une forme dégradée (ne contenant pas de fer) de l'hémoglobine;
- les lipochromes sont des pigments solubles dans les graisses; ils semblent résulter d'une activité cellulaire prolongée; on les observe dans les cellules ganglionnaires, les hépatocytes, les myocytes cardiaques (lipofucsines).

Pilocarpine, *f.* :
Alcaloïde extrait de *Pilocarpus jaborandi.*

Placode, *f.* :
Épaississement ectoblastique donnant naissance à des ganglions nerveux, à des organes des sens.

Planorbis, *m.* :
Gastéropode pulmoné des eaux douces, à spirale plane (se rencontre dans tous les étangs). Les planorbis des régions chaudes hébergent les larves des platodes responsables de la bilharziose humaine.

Plasmocyte, *m.* :
Cellule de forme ovalaire à noyau dont la chromatine a une disposition radiaire, qui sécrète et excrète des anticorps.

Plasmodium, *m.* :
Sporozoaire dont une partie du cycle se déroule dans les tissus ou les hématies des Vertébrés, l'autre se déroulant chez un insecte hématophage (anophèle pour le paludisme).

Plexus choroïde, *m.* :
Formation constituée par un épithélium primatique bas recouvrant un réseau capillaire circulant dans la pie-mère.

Pôle apical :
Qualifie la zone d'une cellule épithéliale qui est en rapport avec la cavité qu'elle limite.

Pôle basal :
Qualifie la région de la cellule située à l'opposé du pôle apical et qui est la plus proche de la lame basale.

Pôle muqueux :
Pôle cellulaire occupé par des grains de mucigène.

Polyome, *m.* **:**
Cancer à lésions multiformes dû à un virus.

Polypnée, *f.* **:**
Respiration rapide.

Polyvinylpyrolidone (Syn. Polyvidone), *f.* **:**
Polymère dont la formule est :
Forme avec l'eau des solutions colloïdales.

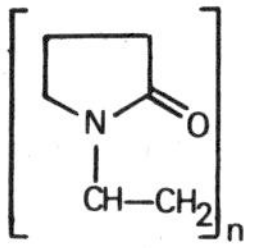

Proérythroblaste, *m.* **:**
Cellule souche de la lignée des érythrocytes.

Protozoaire, *m.* **:**
Être unicellulaire.

Pseudopode, *m.* **:**
Prolongement émis par une cellule.

Puromycine, *f.* **:**
Antibiotique extrait de Streptomyces alboniger.

R

Réaction de Feulgen :
Réaction utilisée pour caractériser histochimiquement le DNA. Elle consiste en une hydrolyse acide modérée suivie d'un traitement par le réactif de Schiff (fuchsine basique décolorée par l'acide sulfureux). La réaction est positive lorsque les structures sont colorées en rose.

Récepteur sensoriel :
Structure sensible à un excitant spécifique (lumière, son, chaleur, froid...).

Région péricanaliculaire (foie) :
Le parenchyme hépatique est constitué de travées cellulaires (travées de Remak) séparées par des capillaires. Des canalicules circulent entre les hépatocytes. Les régions péricanaliculaires correspondent aux régions cellulaires proches des canalicules.

Replicon :
Unité de replication du DNA.

Rifamycine, *f.* **:**
Antibiotique extrait de cultures de *Streptomyces mediterranei.*

Roténone, *f.* **:**
Substance toxique utilisée comme insecticide, extraite de plantes du genre Derris.

Rouge de ruthénium :
$Ru_2(OH)_2Cl_4$. Colorant ayant une affinité pour les polysaccharides.

S

S :
Voir Unité Svedberg.

Saccharomyces cerevisiae :
Levure de bière.

Sarcolysine, *f.* **:**
Agent alkylant, cytostatique.

Scanning, *m.* **:**
Le microscope à balayage permet d'observer la surface des tissus, organes ou organismes.

Segmentation :
Division de l'œuf en blastomères.

Sel de lanthane :
Traceur utilisé pour :
- visualiser les espaces intercellulaires,
- étudier la perméabilité des jonctions intercellulaires.

Sérotonine, *f.* **:**
Hormone sécrétée par certaines cellules du tube digestif, par les mastocytes et par les plaquettes sanguines, ayant une action sur la musculature lisse du tractus digestif et des vaisseaux.

Souffle systolique :
Bruit d'intensité variable, entendu pendant la systole (temps pendant lequel le cœur se contracte).

Splénomégalie, *f.* **:**
Hypertrophie splénique.

Spongiocyte, *m.* **:**
Cellule de la corticosurrénale (voir cortex surrénalien).

Stéatose, *f.* **:**
Surcharge lipidique du cytoplasme.

Streptomycine, *f.* **:**
Antibiotique extrait des cultures de *Streptomyces griseus.*

Substance polyanionique :
Composé riche en charges négatives.

Svedberg :
Voir Unité Svedberg.

Système réticulo-histiocytaire :
A l'origine on réunissait sous ce terme toutes les cellules capables d'accumuler dans leur cytoplasme des colorants dits vitaux. Il s'agit d'un système ayant essentiellement un rôle de défense.

T

Techniques de micromanipulation :
Voir Micromanipulation.

Terminal web :
Réseau de microfilaments situé à distance de la membrane plasmique apicale des entérocytes et parallèle à celle-ci.

Testostérone, *f.* **:**
Hormone mâle sécrétée par les cellules de Leydig.

Tétracycline, *f.* **:**
Antibiotique synthétique.

Tetrahymena pyriformis :
Protozoaire cilié.

Thiobarbiturique, *m.* :
Barbiturique puissant dont la formule générale est :

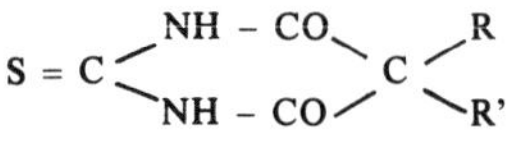

Thorium, *m.* :
Élément radioactif de numéro atomique 90 et de poids atomique 232,038.

Tissu lymphoïde :
Tissu réticulé dont les mailles renferment les lymphocytes.

Tolérance immunologique :
L'introduction d'une très grande quantité d'antigène en solution peut être suivie d'un état de non réponse : cela signifie que, si le même antigène est introduit plus tard à de faibles doses, il ne provoquera pas de réaction immunologique.

Transformation lymphoblastique :
Correspond à la transformation d'un lymphocyte en immunoblaste.

Triparanol, *m.* :
Substance hypocholestérolémiante par inhibition de la formation du cholestérol.

Trypsinisation, *f.* :
Voir digestion trypsique.

Tube proximal :
Tube du néphron situé immédiatement après le glomérule.

Tumeur de Whartin :
Adénolymphome oncocytaire. Tumeur bénigne de la glande parotide.

U

Ultracentrifugation, *f.* :
Ce terme désigne la centrifugation à une vitesse supérieure à 20 000 tours/mn, obtenue grâce à des ultracentrifugeuses. On distingue :

- des *ultracentrifugeuses de préparation* utilisées pour concentrer des suspensions sous l'action de champs centrifuges parfois supérieurs à 100 000 g ou pour séparer des particules (organites par exemple) car, suivant leur densité par rapport à celle du liquide, la migration peut être centripète ou centrifuge;
- des *ultracentrifugeuses analytiques* qui enregistrent grâce à un moyen optique le comportement des macromolécules.

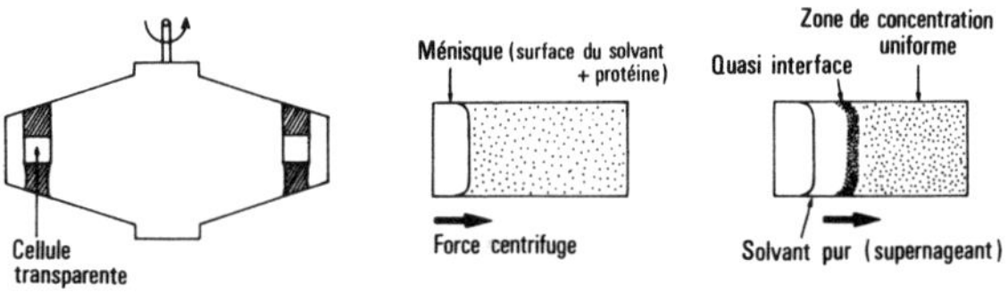

Dans les conditions normales, les molécules restent en suspension grâce aux forces de diffusion. Si la force de centrifugation est supérieure aux forces de diffusion, les molécules protéiques par exemple sédimentent à partir de la surface du solvant, en laissant derrière elles le solvant pur. La « cellule » en quartz où s'effectue la sédimentation par ultracentrifugation permet d'observer 3 régions distinctes : le supernageant, solvant pur compris entre le ménisque et la couche sous-jacente, la frontière ou zone de transition étroite (quasi interface) et une zone à concentration uniforme. La vitesse de déplacement de cette zone de transition indique la vitesse de déplacement des molécules, exprimée par le coefficient de sédimentation S qui est exprimé en Unité Svedberg. Les mouvements de cette zone de transition sont enregistrés par une caméra qui capte des rayons provenant d'une source lumineuse (UV pour les acides nucléiques).

Unité Svedberg :
S en abrégé. Le coefficient de sédimentation s est obtenu en tenant compte de la distance à l'axe de rotation r, de la vitesse angulaire en radians par seconde ω, du temps en seconde t :

$$s = \frac{1}{\omega^2 r} \cdot \frac{dr}{dt}$$

« S a les dimensions d'un temps variant entre $0{,}25 \times 10^{-13}$ et 500×10^{-13} S. Pour cette raison, on utilise une unité de mesure appropriée, le Svedberg : $S = 10^{-13}$ secondes » (E.I.S.T.). Un coefficient de sédimentation de 30×10^{-13} secondes est désigné par 30 S.

V

Vacuole (lat. *vacuum*), *f.* :
Cavité intracellulaire limitée par une membrane contenant une substance liquide.

Valinomycine, *f.* :
Antibiotique extrait de culture de *Streptomyces fulvissimus.*

Virus, *m.* :
Entité infectieuse contenant du RNA ou du DNA, se reproduisant à partir d'un seul matériel génétique, utilisant les ribosomes, le tRNA de la cellule hôte.

INDEX ALPHABÉTIQUE DES MATIÈRES

U

V

Z

Achevé d'imprimer le 20 janvier 1977
par MAURY-IMPRIMEUR S.A. - 45330 MALESHERBES
N° d'imprimeur : K76/3655
Dépôt légal : 1er trimestre 1977